太阳辐射模型及其应用

Solar Radiation Model and Its Applications

姚万祥　李峥嵘　张志刚 等　著

科学出版社

北京

内 容 简 介

本书较为详细地分析了太阳辐射理论模型的国内外研究现状，系统地梳理了太阳辐射的理论模型，并将其应用于建筑热环境和光环境的调适。此外，根据近年来大气状况的变化对太阳辐射模型进行了修正，为太阳能光热、光伏的合理利用提供了理论依据。最后，为便于这些理论模型的推广应用，本书基于相关研究成果还开发了相应的计算软件，并将这些软件的源程序附在了书后附录中，以供读者参考使用。

本书可供太阳能开发利用、建筑光热环境、建筑能耗模拟、气象及农业生产等方面的研究人员与科技工作者阅读参考，也可作为高等院校相关专业研究生参考书。

图书在版编目(CIP)数据

太阳辐射模型及其应用 = Solar Radiation Model and Its Applications / 姚万祥等著. —北京：科学出版社，2022.2

ISBN 978-7-03-071413-8

Ⅰ.①太⋯ Ⅱ.①姚⋯ Ⅲ.①太阳辐射–理论模型–研究 Ⅳ.①P422.1

中国版本图书馆 CIP 数据核字(2022)第 018229 号

责任编辑：冯晓利 / 责任校对：王萌萌
责任印制：吴兆东 / 封面设计：无极书装

科学出版社 出版
北京东黄城根北街 16 号
邮政编码：100717
http://www.sciencep.com

北京建宏印刷有限公司 印刷
科学出版社发行 各地新华书店经销
*
2022 年 2 月第 一 版 开本：787×1092 1/16
2022 年 2 月第一次印刷 印张：19 1/4
字数：438 000
定价：158.00 元
(如有印装质量问题，我社负责调换)

序

太阳能作为新能源与可再生能源的重要组成部分，具有取之不尽、用之不竭、不污染环境且不破坏生态平衡等特点。太阳能的开发利用有着巨大的市场前景，不但具有良好的社会效益和环境效益，而且具有显著的经济效益。太阳能资源开发利用是助力"双碳"目标实现的重要路径之一。

太阳辐射相关理论模型近年来发展缓慢，特别是小尺度的精确预测及评估尚不能满足使用需求，太阳辐射的数值化预报精度亟待提升，太阳辐射的时空分布规律有待进一步明晰，太阳能的资源评估准确性亟待丰富和完善。此外，数字化设计及智能运维是人工智能、数字孪生技术等信息技术与建筑结合的重要发展方向，其对太阳辐射的精确建模提出了迫切需求。提高太阳能的利用率，降低建筑能耗，实现节能减排，对促进全社会资源节约和合理利用、实现可持续发展有着举足轻重的作用，也是保障国家资源安全、保护环境、提高人民群众生活质量、切实推进生态文明建设的一项重要举措。

近年来，我国大气污染严重，雾霾天气频现，加之天气状况复杂多变，其对太阳辐射的传输及转化影响较为显著，在这种形势下，开展实际大气状况和天气状况影响下太阳辐射理论模型修正及其应用的相关研究与服务工作，对推进我国太阳能资源的开发利用和建筑节能，促进我国气候资源的开发利用以及保证国家经济持续发展，都具有十分重要的意义。《太阳辐射模型及其应用》一书正是在这样的背景下，经过长期研究和实践应用后撰写而成。该书在介绍了太阳辐射基本参数求解的基础上，系统梳理了各类太阳总辐射和散射辐射理论模型，建立并验证了各向异性散射辐射新模型，以建筑遮阳为例，阐述了太阳辐射对建筑节能诸多方面的可能影响，并结合控制算法开发了相应的计算程序。

该书是一本全面、详细介绍太阳辐射理论模型及其应用方面的专著，是该书作者用多年来的实践和潜心研究，为广大读者呈上太阳辐射、环境气象、建筑遮阳、控制算法、软件开发等领域的相关研究成果，并以此为可再生能源开发利用、建筑节能提供更好的理论指导，也为可持续发展和生态文明建设提供强有力的支撑。

李泽椿

中国工程院院士

2021 年 12 月 27 日

前　言

本书主要基于姚万祥副教授的博士论文《各向异性散射辐射模型的研究》、国家自然科学基金项目"基于雾霾散射-削弱效应的太阳辐射对建筑得热及能耗的影响机理研究"（项目批准号：51508372）和入职天津城建大学近 7 年来科研工作的积累。

首先，本书明确了太阳辐射领域的相关概念及基本公式，阐述了太阳总辐射理论模型的国内外发展现状，将太阳总辐射模型分为确定性模型及非确定性模型。其次，本书概述了太阳散射辐射理论模型的国内外研究现状，包括各向同性散射辐射模型、各向异性散射辐射模型及其他散射辐射模型。在此基础上，本书介绍了基于各向异性散射辐射模型的遮阳控制策略，可为基于建筑遮阳的光环境和热环境调适提供参考。本书还针对近年来大气状况的变化对太阳辐射模型进行了修正，该部分较为系统地阐述了太阳总辐射、太阳散射辐射的修正方法及思路，为太阳能光热、光伏的合理利用提供了理论依据。最后，为便于这些理论模型的推广应用，本书基于太阳辐射模型的相关研究成果开发了相应的计算软件，具体包括太阳辐射基本参数计算程序、基于神经网络的太阳散射辐射求解 MATLAB 工具箱 V1.0、基于神经网络算法的太阳散射辐射预测及评估 MATLAB 工具箱 V1.0、基于 GPI 的模型性能评价软件，并将这些软件源程序附在了书后附录中以供读者参考使用。

各章执笔如下：第 1 章由潘淑杰、田万峰、徐媛、张康和李晓瑞撰写；第 2 章由李明财、曹经福、黄宇、董佳俊、岳琦、任丽杰和蒋雷杰撰写；第 3 章和第 4 章由姚万祥和李峥嵘撰写；第 5 章由张志刚、张春晓、许春峰、郑智森和李赛男撰写；第 6 章由苏刚、郝浩东和席悦撰写；附录由姚万祥、苏刚、郝浩东、席悦、商佳成、王敏、韩笑和乔桂楠撰写。另外，张春晓和曹经福为本书的图表制作提供了帮助。

本书承蒙中国工程院院士、我国著名气象学家李泽椿先生在百忙之中拨冗赐序，谨向李泽椿院士表示衷心感谢！

由于水平有限，加之研究对象涉及多学科、跨领域，难度较大，难免挂一漏万，本书权作抛砖引玉，恳请各位专家学者批评指正。

作　者
2021 年 4 月 1 日

目　　录

第1章 太阳辐射基本参数的计算

与太阳辐射相关的天文学参数的计算公式较多,张富等采用 1955～1997 年的《天文年历》,以赤纬角、高度角、方位角和标杆长度为对比参数,对王炳忠法(Wang 法)、Bourges 法、Spencer 法等 7 种经典算法进行了对比验证,结果表明王炳忠法(Wang 法)最优、Bourges 法次之。因此,本章借鉴王炳忠和张纬敏、王炳忠、张鹤飞等关于与太阳辐射相关天文参数的研究,对大气层外的太阳辐射瞬时值、逐时值、日值进行了求解,为求解不同时间尺度的晴空指数、构建太阳辐射的直散分离模型及各向异性散射辐射模型提供了相对准确的基础数据。

1.1 太阳几何学基本参数的计算

1. 计算日地距离

为避免日地距离用具体长度单位表示过于冗长,以其与日地平均距离比值的平方,即 $E_R = (r/r_0)^2$ 表示,如式 (1.1) 所示。

$$E_R = 1.000423 + 0.032359 \sin\theta_s + 0.000086 \sin 2\theta_s - 0.008349 \cos\theta_s \\ + 0.000115 \cos 2\theta_s \tag{1.1}$$

$$\theta_s = 2\pi(N - N_0)/365.2422 \tag{1.2}$$

$$N_0 = 79.6764 + 0.2422 \times (Y_s - 1985) - INT\left[(Y_s - 1985)/4\right] \tag{1.3}$$

式中, θ_s 为日角, (°); N 为积日(即日序数,日期在年内的顺序号); Y_s 为年份。

2. 太阳赤纬角

太阳赤纬角 δ 可由日角 (θ_s) 求得,其计算公式如式 (1.4) 所示,即

$$\delta = 0.3723 + 23.2567 \sin\theta_s + 0.1149 \sin 2\theta_s - 0.1712 \sin 3\theta_s \\ - 0.758 \cos\theta_s + 0.3656 \cos 2\theta_s + 0.0201 \cos 3\theta_s \tag{1.4}$$

3. 时差

时差 E_t 可由日角 (θ_s) 求得,其计算公式如式 (1.5) 所示,即

$$E_t = 0.0028 - 1.9857 \sin\theta_s + 9.9059 \sin 2\theta_s \\ - 7.0924 \cos\theta_s - 0.6882 \cos 2\theta_s \tag{1.5}$$

4. 年度校正、经度校正和时刻校正

时间会因所在地点的地理经度、具体时刻与表值有异而不同，因此需进行年度校正、经度校正和时刻校正，王炳忠等针对上述校正过程复杂的特点，提出如下综合校正日地距离系数、太阳赤纬和时差的方法。

(1) 年度校正：首先假定每个月平均为 30.6d，然后给定一个校正系数 C，1～2 月份，C=30.6d；闰年 3～12 月份，C=31.8d；非闰年 3～12 月份，C=32.8d，计算系数 G，即

$$G=\mathrm{INT}(30.6Y-C+0.5)+\mathrm{YR}(2-\mathrm{YM}) \tag{1.6}$$

式中，Y、YR、YM 分别为月份、月份日和该月末。

(2) 经度校正：

$$L=(\mathrm{JD}+\mathrm{JF}/60)/15 \tag{1.7}$$

式中，JD、JF 分别为经度、经分。

(3) 时刻校正：

$$H=\mathrm{SS}-8 \tag{1.8}$$

式中，SS 为北京时间。

积日计算：$N=G+(H-L)/24$，最后将经过各种校正后的积日 N 代入式 (1.2) 中计算日角 θ_s，从而计算日地距离系数、太阳赤纬 (°) 和时差 (h)。

5. 太阳时角

为了从北京时求出真太阳时，需要两个步骤：首先，将北京时换成地方时 T_d，计算公式如式 (1.9) 所示，即

$$T_{\mathrm{d}} = \mathrm{hour}' + \left\{ \mathrm{min}' + \mathrm{sec}'/60 - \left[120° - (\mathrm{JD}+\mathrm{JF}/60+\mathrm{JM}/3600)\times4\right]\right\}/60 \tag{1.9}$$

式中，hour′、min′、sec′ 分别为北京时的时、分、秒；120° 是北京时的标准经度，乘 4 是将角度转化成时间，即每度相当于 4min，除 60 是将分钟化成小时，除 3600 是将秒化成小时；JD、JF、JM 分别为经度、经分、经秒。

其次，进行时差订正，计算公式如式 (1.10) 所示，即

$$T = T_{\mathrm{d}} + E_{\mathrm{t}}/60 \tag{1.10}$$

式中，T 为真太阳时，s；T_d 为地方时，s；E_t 为时差，s。

太阳时角 ω 的计算公式如式 (1.11) 所示，即

$$\omega = (T-12)\times15° \tag{1.11}$$

6. 太阳高度角

太阳高度角 (h) 可通过地理纬度 (ϕ)、太阳时角 (ω)、太阳赤纬角 (δ) 求得，其计算

公式如式(1.12)所示，即

$$h = \arcsin(\sin\delta\sin\phi + \cos\delta\cos\phi\cos\omega)$$ （1.12）

式中，ϕ 为地理纬度，(°)；h 为太阳高度角，(°)。

7. 太阳天顶角

太阳天顶角(θ_z)可以通过太阳高度角(h)计算得到，即

$$\theta_z = 90° - h$$ （1.13）

8. 太阳方位角

太阳方位角(γ)正南为 0，偏东(上午)为负，偏西(下午)为正，其计算公式如式(1.14)所示，即

$$\gamma = \arccos\left[(\sin h\sin\phi - \sin\delta)/(\cos h\cos\phi)\right]$$ （1.14）

1.2 倾斜面的太阳位置计算

1.2.1 朝向赤道(即正南)方向的倾斜面

1. 入射角

纬度为 ϕ 的某地朝向赤道方向以倾角 β 倾斜放置的太阳能装置，其相对于太阳光线的入射状况与纬度为 $\phi - \beta$ 地区水平放置的装置的入射状况一致。朝向赤道(即正南)方向的倾斜面入射角 θ 的计算公式如式(1.15)所示，即

$$\theta = \arccos[\sin\delta\sin(\phi - \beta) + \cos\delta\cos(\phi - \beta)\cos\omega]$$ （1.15）

式中，θ 为入射角，(°)；β 为倾斜面入射角，(°)；ϕ 为地理纬度，(°)；δ 为太阳赤纬角，(°)；ω 为时角，(°)。

2. 日出及日落时角

早晨当太阳光线第一次能入射到水平面上的时角，称为该水平面的日出时角 ω_r，其计算公式如式(1.16)所示，即

$$\omega_r = -\arccos[-\tan\delta\tan(\phi - \beta)]$$ （1.16）

式中，ω_r 为水平面日出时角，(°)。

相对应的水平面日落时角 ω_s 的计算公式如式(1.17)所示，即

$$\omega_s = \arccos[-\tan\delta\tan(\phi-\beta)] \tag{1.17}$$

式中，ω_s 为水平面日落时角，$(°)$。

　　倾斜面日出时角 ω_{trn} 的计算公式如式 (1.18) 所示，即

$$\omega_{trn} = -\min\{\omega_r, \arccos[-\tan\delta\tan(\phi-\beta)]\} \tag{1.18}$$

式中，ω_{trn} 为倾斜面日出时角，$(°)$。

　　倾斜面日落时角 ω_{tsn} 的计算公式如式 (1.19) 所示，即

$$\omega_{tsn} = +\min\{\omega_r, \arccos[-\tan\delta\tan(\phi-\beta)]\} \tag{1.19}$$

式中，ω_{tsn} 为倾斜面日落时角，$(°)$。

1.2.2　任意朝向的倾斜面

1. 入射角

任意朝向倾斜面入射角 θ 的计算公式如式 (1.20) 所示，即

$$\begin{aligned}\cos\theta = &\sin\delta\sin\phi\cos\beta - \sin\delta\cos\phi\sin\beta\cos\gamma + \cos\delta\cos\phi\cos\beta\cos\omega \\ &+ \cos\delta\sin\phi\sin\beta\cos\omega\cos\gamma + \cos\delta\sin\beta\sin\omega\sin\gamma\end{aligned} \tag{1.20}$$

式中，γ 为太阳方位角，$(°)$。

2. 日出及日落时角

由于倾斜面的朝向是任意的，故任意朝向倾斜面的日出时角 ω_{tr} 与日落时角 ω_{ts} 的大小并不相等。对于朝东(或偏东)方向的日出及日落时角的计算公式如式 (1.21) 和式 (1.22) 所示，即

$$\omega_{tr} = -\min\left\{\omega_r, \arccos\left(\frac{-xy-\sqrt{x^2-y^2+1}}{x^2+1}\right)\right\} \tag{1.21}$$

$$\omega_{ts} = +\min\left\{\omega_r, \arccos\left(\frac{-xy+\sqrt{x^2-y^2+1}}{x^2+1}\right)\right\} \tag{1.22}$$

式中，ω_{tr} 为任意朝向倾斜面的日出时角，$(°)$；ω_{ts} 为任意朝向倾斜面的日落时角，$(°)$；ω_r 为水平面日出时角，$(°)$。

对于朝西(或偏西)方向的日出及日落时角的计算公式如式 (1.23) 和式 (1.24) 所示，即

$$\omega_{tr} = -\min\left\{\omega_r, \arccos\left(\frac{-xy+\sqrt{x^2-y^2+1}}{x^2+1}\right)\right\} \tag{1.23}$$

$$\omega_{ts} = +\min\left\{\omega_r, \arccos\left(\frac{-xy - \sqrt{x^2 - y^2 + 1}}{x^2 + 1}\right)\right\} \tag{1.24}$$

式中

$$x = \frac{\cos\phi}{\sin\gamma_t \cdot \tan\beta} + \frac{\sin\phi}{\tan\gamma_t} \tag{1.25}$$

$$y = \tan\delta\left(\frac{\cos\phi}{\sin\gamma_t \cdot \tan\beta} - \frac{\sin\phi}{\tan\gamma_t}\right) \tag{1.26}$$

式中，γ_t 为倾斜面的方位角，正南为 0，偏东为负，偏西为正，(°)。

1.3 大气层外水平面辐射量的计算

1.3.1 大气层外水平面瞬时辐射照度的计算

大气层外水平面瞬时辐射照度 $I_{0,h}$ 如式 (1.27) 所示，即

$$I_{0,h} = I_n \sin h = I_{sc}(r_0 / r)^2 (\sin\delta\sin\phi + \cos\delta\cos\phi\cos\omega) \tag{1.27}$$

式中，$(r_0 / r)^2$ 为当天日地距离订正系数；I_n 为法向太阳直射辐射照度，W/m^2；I_{sc} 为太阳常数，取世界气象组织 (WMO) 1981 年的推荐值 $1367W/m^2$。

1.3.2 大气层外水平面小时辐射量的计算

由地球绕自转轴的旋转速度可以求得时角 ω 和时间 t 之间的关系如式 (1.28) 所示，即

$$\frac{2\pi}{24} = \frac{d\omega}{dt} \Rightarrow d\omega = \frac{2\pi}{24}dt \tag{1.28}$$

某一时段 dt 内的辐射量 dI 如式 (1.29) 所示，即

$$dI = I_{sc}(r_0 / r)^2 \sin h \, d\omega = \frac{12}{\pi} I_{sc}(r_0 / r)^2 (\sin\delta\sin\phi + \cos\delta\cos\phi\cos t)dt \tag{1.29}$$

对式 (1.29) 在 t_i 小时内积分可得小时辐射量 $H_{0,h}$ 如式 (1.30) 所示，即

$$
\begin{aligned}
H_{0,h} &= \frac{12 \times 3600}{\pi} I_{sc}(r_0 / r)^2 \int_{\omega - \pi/24}^{\omega + \pi/24} (\sin\delta\sin\phi + \cos\delta\cos\phi\cos t)dt \\
&= 3600 I_{sc}(r_0 / r)^2 \left(\sin\delta\sin\phi + \frac{24}{\pi}\sin\frac{\pi}{24}\cos\delta\cos\phi\cos\omega\right)
\end{aligned}
\tag{1.30}
$$

式中，3600 为瞬时值 (W/m²) 转化为累计值 [J / (m² · h)] 时的单位进率。

1.3.3　大气层外水平面日辐射量的计算

对式 (1.27) 从日出到日落时间内的辐射量积分可得日辐射量 $G_{0,h}$ 如式 (1.31) 所示，即

$$
\begin{aligned}
G_{0,h} &= \int_{\omega_r}^{\omega_s} I_0 \mathrm{d}t = 2\int_0^{\omega_s} I_0 \mathrm{d}t \\
&= \frac{24 \times 3600}{\pi} I_{sc} (r_0 / r)^2 \int_0^{\omega_s} (\sin\delta \sin\phi + \cos\delta \cos\phi \cos t) \mathrm{d}t \\
&= \frac{24 \times 3600}{\pi} I_{sc} (r_0 / r)^2 \left(\frac{\pi}{180} \omega_s \sin\delta \sin\phi + \cos\delta \cos\phi \cos\omega_s \right)
\end{aligned}
\tag{1.31}
$$

式中，24×3600 为瞬时值 (W/m²) 转化为累计值 [J / (m² · d)] 时的单位进率；$\pi / 180$ 为角度转化为弧度的系数。

1.4　大气层外倾斜面辐射量的计算

1.4.1　大气层外倾斜面瞬时辐射照度的计算

大气层外倾斜面瞬时辐射照度 $I_{0,t}$ 如式 (1.32) 所示：

$$
\begin{aligned}
I_{0,t} = I_n \cos\theta = I_{sc} (r_0 / r)^2 (&\sin\delta \sin\phi \cos\beta \\
&- \sin\delta \cos\phi \sin\beta \cos\gamma_t + \cos\delta \cos\phi \cos\beta \cos\omega \\
&+ \cos\delta \sin\phi \sin\beta \cos\omega \cos\gamma_t + \cos\delta \sin\beta \sin\omega \sin\gamma_t)
\end{aligned}
\tag{1.32}
$$

式中，γ_t 为倾斜面的方位角，正南为 0，偏东为负，偏西为正，(°)。

1.4.2　大气层外倾斜面小时辐射量的计算

由地球绕自转轴的旋转速度可以求得角速度 ω 和时间 t 之间的关系如式 (1.33) 所示，即

$$
\frac{2\pi}{24} = \frac{\mathrm{d}\omega}{\mathrm{d}t} \Rightarrow \mathrm{d}\omega = \frac{2\pi}{24} \mathrm{d}t
\tag{1.33}
$$

某一时段 $\mathrm{d}t$ 内的辐射量 $\mathrm{d}I$ 如式 (1.34) 所示：

$$
\begin{aligned}
\mathrm{d}I = I_{sc} (r_0 / r)^2 \cos\theta \mathrm{d}\omega = \frac{12}{\pi} I_{sc} (r_0 / r)^2 (&\sin\delta \sin\phi \cos\beta \\
&- \sin\delta \cos\phi \sin\beta \cos\gamma_t + \cos\delta \cos\phi \cos\beta \cos t \\
&+ \cos\delta \sin\phi \sin\beta \cos t \cos\gamma_t + \cos\delta \sin\beta \sin t \sin\gamma_t) \mathrm{d}t
\end{aligned}
\tag{1.34}
$$

对式 (1.34) 在 t_i 小时内积分可得小时辐射量 $H_{0,t}$ 如式 (1.35) 所示，即

$$H_{0,t} = \frac{12 \times 3600}{\pi} I_{sc} (r_0 / r)^2 \int_{\omega - \pi/24}^{\omega + \pi/24} (\sin\delta \sin\phi \cos\beta - \sin\delta \cos\phi \sin\beta \cos\gamma_t$$

$$+ \cos\delta \cos\phi \cos\beta \cos t + \cos\delta \sin\phi \sin\beta \cos t \cos\gamma_t + \cos\delta \sin\beta \sin t \sin\gamma_t) dt$$

$$= 3600 I_{sc} (r_0 / r)^2 \left[\begin{array}{l} \sin\delta \sin\phi \cos\beta - \sin\delta \cos\phi \sin\beta \cos\gamma_t + \dfrac{24}{\pi} \sin(\pi/24)\cos\delta \\ (\cos\phi \cos\beta \cos\omega + \sin\phi \sin\beta \cos\gamma_t \cos\omega + \sin\beta \sin\gamma_t \sin\omega) \end{array} \right]$$

$$(1.35)$$

1.4.3　大气层外倾斜面日辐射量的计算

对式(1.32)从日出到日落时间内的辐射量积分可得日辐射量 $G_{0,t}$ 如式(1.36)所示，即

$$G_{0,t} = \int_{\omega_{tr}}^{\omega_{ts}} I_t dt = 2 \int_0^{\omega_{ts}} I_t dt$$

$$= \frac{24 \times 3600}{\pi} I_{sc} (r_0 / r)^2 \int_0^{\omega_{ts}} (\sin\delta \sin\phi \cos\beta - \sin\delta \cos\phi \sin\beta \cos\gamma_t$$

$$+ \cos\delta \cos\phi \cos\beta \cos t + \cos\delta \sin\phi \sin\beta \cos t \cos\gamma_t + \cos\delta \sin\beta \sin t \sin\gamma_t) dt \quad (1.36)$$

$$= \frac{24 \times 3600}{\pi} I_{sc} (r_0 / r)^2 \left[\begin{array}{l} \dfrac{\pi}{180} \omega_{ts} (\sin\delta \sin\phi \cos\beta - \sin\delta \cos\phi \sin\beta \cos\gamma_t) + \\ \cos\delta \left(\begin{array}{l} \cos\phi \cos\beta \sin\omega_{ts} + \sin\phi \sin\beta \cos\gamma_t \sin\omega_{ts} \\ -\sin\beta \sin\gamma_t \cos\omega_{ts} + \sin\beta \sin\gamma_t \end{array} \right) \end{array} \right]$$

1.5　典型日大气层外太阳辐射量的计算结果

1.5.1　典型日大气层外月平均日辐射量的计算

为了验证计算结果的正确性，采用式(1.31)计算了每月的平均日太阳辐射量。根据王炳忠等的研究，求取某一月份的平均日太阳辐射量时，可以采取以下几种方法：①用当月 15 日的数据代表该月的平均日太阳辐射量；②先求取逐日值，再从逐日累计值求其平均值，然后从逐日值中挑选与月平均值相近的来代表月平均日太阳辐射量；③寻找有代表性的赤纬值所对应的日太阳辐射量作为月平均日太阳辐射量。本书采用方法③计算上海地区(北纬 31.40°，东经 121.45°)典型日的太阳辐射基本参数及大气层外水平面辐射量，其计算结果如表 1.1 所示。

表 1.1　上海地区典型日太阳辐射基本参数及大气层外水平面辐射计算结果

月份	日期	日序数(积日)	赤纬/(°)	当日水平面的日出时角/(°)	日长/h	大气层外水平面日太阳辐射/[MJ/(m²·d)]
1	17	17	−20.87	−76.54	10.21	20.50
2	14	45	−13.23	−81.75	10.90	25.14
3	15	74	−2.36	−88.56	11.81	31.15
4	15	105	9.56	−95.90	12.79	36.68

月份	日期	日序数(积日)	赤纬/(°)	当日水平面的日出时角/(°)	日长/h	大气层外水平面日太阳辐射/[MJ/(m² · d)]
5	15	135	18.72	−101.94	13.59	40.05
6	10	161	22.97	−104.99	14.00	41.28
7	18	199	21.12	−103.64	13.82	40.53
8	18	230	13.27	−98.28	13.10	37.69
9	18	261	2.09	−91.28	12.17	32.89
10	19	292	−9.77	−83.97	11.20	26.79
11	18	322	−19.10	−77.79	10.37	21.42
12	13	347	−23.11	−74.90	9.99	19.03

1.5.2 典型日大气层外瞬时辐射照度的计算

对典型日大气层外不同倾斜角及方位角的倾斜面瞬时辐射照度(以 2012 年为例)采用式(1.32)分别计算,结果如表 1.2~表 1.5 所示。

表 1.2 春分日正午大气层外不同倾斜角及方位角的倾斜面瞬时辐射照度 （单位：W/m²）

方位角	倾斜角						
	0°	15°	30°	45°	60°	75°	90°
0°	1174.226	1320.838	1377.437	1340.166	1211.565	1000.398	721.055
15°	1174.226	1313.635	1363.521	1320.486	1187.462	973.515	693.224
30°	1174.226	1294.204	1325.985	1267.402	1122.447	901.000	618.151
45°	1174.226	1263.871	1267.385	1184.529	1020.950	787.794	500.951
60°	1174.226	1224.702	1191.716	1077.517	889.887	641.612	349.613
75°	1174.226	1179.366	1104.134	953.657	738.190	472.417	174.449
90°	1174.226	1130.953	1010.608	821.392	576.199	291.739	0.000

表 1.3 夏至日正午大气层外不同倾斜角及方位角的倾斜面瞬时辐射照度 （单位：W/m²）

方位角	倾斜角						
	0°	15°	30°	45°	60°	75°	90°
0°	1310.666	1313.407	1226.641	1056.281	813.938	516.126	183.141
15°	1310.666	1313.290	1226.414	1055.961	813.546	515.689	182.688
30°	1310.666	1309.950	1219.963	1046.837	802.371	503.225	169.785
45°	1310.666	1303.616	1207.726	1029.531	781.176	479.585	145.311
60°	1310.666	1294.718	1190.537	1005.224	751.405	446.380	110.935
75°	1310.666	1283.864	1169.569	975.570	715.087	405.872	68.998
90°	1310.666	1271.793	1146.250	942.591	674.697	360.823	22.359

表 1.4　秋分日正午大气层外不同倾斜角及方位角的倾斜面瞬时辐射照度　　（单位：W/m²）

方位角	倾斜角						
	0°	15°	30°	45°	60°	75°	90°
0°	1160.299	1301.812	1354.608	1315.091	1185.952	975.992	699.520
15°	1160.299	1300.924	1352.893	1312.665	1182.981	972.679	696.090
30°	1160.299	1287.758	1327.459	1276.696	1138.928	923.544	645.222
45°	1160.299	1263.212	1280.040	1209.635	1056.795	831.937	550.383
60°	1160.299	1228.959	1213.867	1116.052	942.180	704.100	418.037
75°	1160.299	1187.332	1133.449	1002.325	802.893	548.746	257.202
90°	1160.299	1141.168	1044.268	876.203	648.427	376.461	78.840

表 1.5　冬至日正午大气层外不同倾斜角及方位角的倾斜面瞬时辐射照度　　（单位：W/m²）

方位角	倾斜角						
	0°	15°	30°	45°	60°	75°	90°
0°	812.867	1083.989	1281.239	1391.174	1406.303	1325.595	1154.550
15°	812.867	1076.722	1267.200	1371.320	1381.988	1298.475	1126.473
30°	812.867	1049.586	1214.778	1297.184	1291.190	1197.203	1021.628
45°	812.867	1004.431	1127.545	1173.818	1140.097	1028.681	847.162
60°	812.867	944.334	1011.445	1009.628	939.007	804.394	614.963
75°	812.867	873.389	874.391	815.805	701.622	539.626	340.855
90°	812.867	796.433	725.723	605.556	444.121	252.421	43.518

　　构建太阳辐射直散分离模型一般均需要用到晴空指数，而晴空指数的计算需要先求解大气层外水平面的太阳辐射照度，通过式（1.27）对上海地区典型日整点的瞬时值分别求解如表 1.6 所示。

表 1.6　典型日大气层外水平面的瞬时辐射照度　　（单位：W/m²）

时间	春分日	夏至日	秋分日	冬至日
6:00	0.000	293.673	71.898	0.000
7:00	290.787	561.203	368.769	29.722
8:00	575.839	809.186	640.844	292.536
9:00	821.433	1020.728	869.556	515.490
10:00	1010.841	1181.419	1039.293	683.399
11:00	1131.168	1280.310	1138.468	784.828
12:00	1174.226	1310.666	1160.299	812.867
13:00	1137.099	1270.420	1103.281	765.607
14:00	1022.334	1162.313	971.284	646.264
15:00	837.774	993.712	773.292	462.967
16:00	596.018	776.103	522.787	228.197
17:00	313.565	524.312	236.833	0.000
18:00	9.688	255.493	0.000	0.000

1.5.3 典型日大气层外逐时辐射量的计算

对典型日大气层外不同倾斜角及方位角的倾斜面逐时辐射量(以 2012 年为例)采用式(1.35)分别计算,结果如所表 1.7~表 1.10 所示。

表 1.7 春分日正午大气层外不同倾斜角及方位角的倾斜面小时辐射量 [单位:kJ/(m²·h)]

方位角	倾斜角						
	0°	15°	30°	45°	60°	75°	90°
0°	4215.133	4741.439	4944.624	4810.841	4349.207	3591.182	2588.424
15°	4215.133	4715.581	4894.670	4740.195	4262.684	3494.678	2488.516
30°	4215.133	4645.830	4759.922	4549.633	4029.294	3234.365	2219.020
45°	4215.133	4536.940	4549.563	4252.140	3664.941	2827.982	1798.301
60°	4215.133	4396.332	4277.928	3867.990	3194.456	2303.224	1255.031
75°	4215.133	4233.587	3963.529	3423.363	2649.900	1695.852	626.233
90°	4215.133	4059.796	3627.791	2948.558	2068.386	1047.257	0.000

表 1.8 夏至日正午大气层外不同倾斜角及方位角的倾斜面小时辐射量 [单位:kJ/(m²·h)]

方位角	倾斜角						
	0°	15°	30°	45°	60°	75°	90°
0°	4707.753	4716.300	4403.439	3790.491	2919.228	1849.024	652.811
15°	4707.753	4715.920	4402.705	3789.452	2917.955	1847.604	651.341
30°	4707.753	4704.051	4379.775	3757.026	2878.240	1803.308	605.483
45°	4707.753	4681.502	4336.215	3695.422	2802.792	1719.156	518.363
60°	4707.753	4649.811	4274.992	3608.839	2696.750	1600.882	395.917
75°	4707.753	4611.137	4200.278	3503.178	2567.343	1456.547	246.489
90°	4707.753	4568.114	4117.166	3385.640	2423.387	1295.985	80.264

表 1.9 秋分日正午大气层外不同倾斜角及方位角的倾斜面小时辐射量 [单位:kJ/(m²·h)]

方位角	倾斜角						
	0°	15°	30°	45°	60°	75°	90°
0°	4165.197	4673.172	4862.677	4720.799	4257.207	3503.493	2511.021
15°	4165.197	4669.985	4856.521	4712.094	4246.544	3491.601	2498.710
30°	4165.197	4622.726	4765.224	4582.979	4088.413	3315.227	2316.115
45°	4165.197	4534.615	4595.007	4342.256	3793.588	2986.393	1975.680
60°	4165.197	4411.657	4357.470	4006.328	3382.162	2527.507	1500.607
75°	4165.197	4262.231	4068.801	3598.089	2882.173	1969.842	923.269
90°	4165.197	4096.521	3748.673	3145.359	2327.695	1351.401	283.013

表 1.10　冬至日正午大气层外不同倾斜角及方位角的倾斜面小时辐射量　　[单位：kJ/(m²·h)]

方位角	倾斜角						
	0°	15°	30°	45°	60°	75°	90°
0°	2914.965	3889.595	4599.157	4995.293	5051.008	4762.506	4149.446
15°	2914.965	3863.466	4548.678	4923.906	4963.577	4664.989	4048.490
30°	2914.965	3765.929	4360.251	4657.429	4637.211	4300.976	3671.635
45°	2914.965	3603.631	4046.716	4214.023	4094.153	3695.272	3044.564
60°	2914.965	3387.633	3629.439	3623.906	3371.409	2889.156	2210.012
75°	2914.965	3132.655	3136.859	2927.292	2518.234	1937.564	1224.851
90°	2914.965	2856.072	2602.543	2171.654	1592.771	905.344	156.218

逐时晴空指数的计算也需要先求解大气层外水平面的逐时太阳辐射，通过式(1.30)对上海地区典型日整点的瞬时值分别求解如表 1.11 所示。

表 1.11　典型日大气层外水平面逐时辐射量　　[单位：kJ/(m²·h)]

时间	春分日	夏至日	秋分日	冬至日
6:00	0.000	1057.025	258.145	0.000
7:00	1043.817	2017.383	1323.831	103.686
8:00	2067.076	2907.575	2300.503	1047.117
9:00	2948.694	3666.955	3121.514	1847.461
10:00	3628.621	4243.790	3730.825	2450.210
11:00	4060.562	4598.783	4086.832	2814.311
12:00	4215.133	4707.753	4165.197	2914.965
13:00	4081.857	4563.279	3960.517	2745.313
14:00	3669.884	4175.205	3486.683	2316.906
15:00	3007.366	3569.972	2775.941	1658.917
16:00	2139.531	2788.815	1876.694	816.156
17:00	1125.604	1884.954	850.197	0.000
18:00	34.769	919.966	0.000	0.000

1.5.4　典型日大气层外日辐射量的计算

对典型日大气层外不同倾斜角及方位角的倾斜面日辐射量(以 2012 年为例)采用式(1.36)计算，结果如表 1.12～表 1.15 所示。

表 1.12　春分日大气层外不同倾斜角及方位角的倾斜面日辐射量　　[单位：MJ/(m²·d)]

方位角	倾斜角						
	0°	15°	30°	45°	60°	75°	90°
0°	32.265	36.311	37.882	36.872	33.349	27.554	19.880
15°	32.265	38.670	42.440	43.318	41.243	36.358	28.996
30°	32.265	40.518	46.010	48.366	47.426	43.254	36.135
45°	32.265	41.728	48.348	51.673	51.476	47.772	40.812
60°	32.265	42.219	49.296	53.013	53.118	49.603	42.707
75°	32.265	41.956	48.788	52.295	52.239	48.622	41.692
90°	32.265	40.958	46.860	49.569	48.899	44.897	37.836

表 1.13　夏至日大气层外不同倾斜角及方位角的倾斜面日辐射量　　　［单位：MJ/(m²·d)］

方位角	倾斜角						
	0°	15°	30°	45°	60°	75°	90°
0°	41.362	38.722	33.945	27.290	19.256	10.591	2.596
15°	41.362	41.295	38.414	32.915	24.804	14.866	4.502
30°	41.362	44.085	43.804	40.538	34.509	26.129	15.968
45°	41.362	46.594	48.650	47.392	42.903	35.491	25.660
60°	41.362	48.650	52.622	53.009	49.783	43.164	33.604
75°	41.362	50.113	55.449	57.007	54.679	48.625	39.258
90°	41.362	50.884	56.938	59.113	57.258	51.502	42.236

表 1.14　秋分日大气层外不同倾斜角及方位角的倾斜面日辐射量　　　［单位：MJ/(m²·d)］

方位角	倾斜角						
	0°	15°	30°	45°	60°	75°	90°
0°	32.025	35.896	37.320	36.201	32.616	26.807	19.172
15°	32.025	38.235	41.840	42.593	40.443	35.537	28.210
30°	32.025	40.077	45.398	47.625	46.606	42.412	35.326
45°	32.025	41.296	47.753	50.955	50.685	46.960	40.036
60°	32.025	41.809	48.743	52.356	52.400	48.874	42.017
75°	32.025	41.581	48.302	51.732	51.636	48.021	41.134
90°	32.025	40.627	46.459	49.126	48.444	44.461	37.449

表 1.15　冬至日大气层外不同倾斜角及方位角的倾斜面日辐射量　　　［单位：MJ/(m²·d)］

方位角	倾斜角						
	0°	15°	30°	45°	60°	75°	90°
0°	18.848	27.290	33.872	38.145	39.819	38.779	35.097
15°	18.848	28.736	36.666	42.096	44.658	44.177	40.685
30°	18.848	29.465	38.073	44.087	47.097	46.897	43.501
45°	18.848	29.426	37.999	43.982	46.968	46.753	43.351
60°	18.848	28.623	36.447	41.787	44.280	43.755	40.248
75°	18.848	27.110	33.524	37.654	39.217	38.108	34.402
90°	18.848	24.990	29.429	31.862	32.124	30.196	26.211

第 2 章　太阳总辐射的理论模型

对太阳总辐射模型的研究由来已久，大致可分为确定性模型和非确定性模型，确定性模型又可分为基于日序数、日照百分率、温度等建立的太阳总辐射模型和基于其他气象参数建立的太阳总辐射模型，非确定性模型可分为大气逐层削弱的太阳总辐射模型和基于神经网络建立的太阳总辐射模型。

2.1　太阳总辐射的确定性模型

2.1.1　基于日序数建立的太阳总辐射模型

典型城市的气候分区见表 2.1，根据不同气候分区建立基于日序数 (n) 的太阳总辐射模型，其计算公式如式 (2.1)～式 (2.4) 所示，即

$$G = a + b\left(\frac{2\pi}{364}n + c\right) \tag{2.1}$$

$$G = a\exp\left[\left(-0.5\frac{n-b}{c}\right)^2\right] \tag{2.2}$$

$$G = a + bn + cn^2 + dn^3 + en^4 \tag{2.3}$$

$$G = a + (b + cn + dn^2 + en^3)\sin\left(\frac{2\pi f}{365n} + g\right) \tag{2.4}$$

式中，G 为太阳总辐射，$MJ/(m^2 \cdot d)$；a、b、c、d、e、g 均为常数，其通过有太阳辐射和日照时数观测的站点统计确定，并采用插值法将研究结论推广到无太阳辐射观测的地区，具体数值见表 2.2。

表 2.1　中国六大气候区对应的城市分布

TZ	SZ	WTZ	MTZ	CTZ	TPZ
海口、三亚	长沙、成都、福州、广州、贵阳、杭州、合肥、昆明、南昌、南京、南宁、上海、武汉	北京、济南、喀什、兰州、太原、天津、西安、郑州、东胜、哈密、佳木斯	哈尔滨、西宁、长春、沈阳、呼和浩特、乌鲁木齐	漠河	拉萨、那曲

注：TZ 为热带地区；SZ 为亚热带；WTZ 为暖温带；MTZ 为中温带；CTZ 为寒温带；TPZ 为青藏高原地区。

表 2.2　六个典型气候站的经验系数

地区	公式	a	b	c	d	e	f	g
海口(TZ)	式(2.1)	13.95	5.21	3.09				
	式(2.2)	18.6	184.59	129.54				
	式(2.3)	9.12	−0.04	1.73×10^{-3}	-8.07×10^{-6}	1.17×10^{-8}		
	式(2.4)	16.07	−8.27	0.02	1.6×10^{-4}	-6.61×10^{-7}	1.26	0.77
武汉(SZ)	式(2.1)	11.79	5.32	3.09				
	式(2.2)	16.68	183.98	116.10				
	式(2.3)	6.80	−0.03	1.61×10^{-3}	-8.16×10^{-6}	1.09×10^{-8}		
	式(2.4)	12.86	7.32	0.06	-3.18×10^{-4}	4.20×10^{-7}	1.12	1.11
郑州(WTZ)	式(2.1)	12.95	5.70	3.42				
	式(2.2)	18.10	167.89	119.24				
	式(2.3)	6.28	0.07	7.24×10^{-4}	-5.55×10^{-6}	8.64×10^{-9}		
	式(2.4)	13.94	−6.60	-3.72×10^{-3}	1.94×10^{-4}	-5.53×10^{-7}	1.09	1.63
哈尔滨(MTZ)	式(2.1)	12.94	−7.69	6.51				
	式(2.2)	20.26	169.51	99.82				
	式(2.3)	3.76	0.09	1.04×10^{-3}	-7.62×10^{-6}	1.16×10^{-8}		
	式(2.4)	14.55	−9.97	0.03	2.19×10^{-5}	-3.45×10^{-7}	1.09	1.56
漠河(CTZ)	式(2.1)	12.48	−8.86	6.55				
	式(2.2)	21.16	166.82	89.97				
	式(2.3)	2.09	0.11	1.22×10^{-3}	-9.11×10^{-6}	1.41×10^{-8}		
	式(2.4)	14.19	−6.57	3.41×10^{-3}	1.46×10^{-4}	4.82×10^{-7}	1.11	1.53
拉萨(TPZ)	式(2.1)	20.49	−4.85	−6.02				
	式(2.2)	24.58	171.76	168.14				
	式(2.3)	13.64	0.10	1.17×10^{-4}	-2.86×10^{-6}	4.86×10^{-9}	2.10	−1.51
	式(2.4)	21.14	−5.61	−0.03	4.25×10^{-4}	-9.57×10^{-7}	1.07	1.69

2.1.2　基于日照百分率建立的太阳总辐射模型

利用日照百分率(S/S_0)基于气候分区可通过式(2.5)~式(2.9)择优选择估算太阳总辐射:

$$\frac{G}{G_0} = a + b\frac{S}{S_0} \tag{2.5}$$

$$\frac{G}{G_0} = a + b\frac{S}{S_0} + c\left(\frac{S}{S_0}\right)^2 + d\left(\frac{S}{S_0}\right)^3 \tag{2.6}$$

$$\frac{G}{G_0} = a + b\frac{S}{S_0} + c\frac{S}{S_0} \tag{2.7}$$

$$\frac{G}{G_0} = a + b \left(\frac{S}{S_0}\right)^c \tag{2.8}$$

$$\frac{G}{G_0} = \frac{a + b\left(\dfrac{S}{S_0}\right)}{c + \dfrac{S}{S_0}} \tag{2.9}$$

式中，G 为太阳总辐射，$MJ/(m^2 \cdot d)$；G_0 为地外水平辐射，$MJ/(m^2 \cdot d)$；S 为日照时数，h；S_0 为可照时数，h；a、b、c 和 d 均为常数，其通过有太阳辐射和日照时数观测的站点统计确定，并采用插值法将研究结论推广到无太阳辐射观测的地区，具体见表 2.3。

表 2.3　中国不同气候区 22 个气象站最佳模型的经验系数

地区	站点	城市	系数				
			公式	a	b	c	d
TCZ	1	阿勒泰	式(2.6)	0.185	0.587	0.037	−0.032
	2	伊宁	式(2.5)	0.167	0.597		
	3	乌鲁木齐	式(2.9)	1.001	4.347	6.315	
	4	吐鲁番	式(2.8)	0.252	0.486	1.179	
	5	若羌	式(2.6)	0.264	0.445	−0.113	0.178
	6	民勤	式(2.7)	0.251	0.6	−0.044	
	7	银川	式(2.6)	0.179	0.907	−0.829	0.535
TMZ	8	佳木斯	式(2.6)	0.155	0.846	−0.558	0.268
	9	哈尔滨	式(2.8)	0.166	0.539	0.840	
	10	太原	式(2.6)	0.16	0.987	−1.146	0.798
	11	长春	式(2.6)	0.154	0.787	−0.505	0.344
	12	延吉	式(2.6)	0.152	0.999	−1.018	0.609
	13	沈阳	式(2.6)	0.152	0.824	−0.659	0.446
	14	北京	式(2.6)	0.148	0.987	−1.186	0.841
	15	天津	式(2.6)	0.151	0.942	−1.007	0.665
	16	大连	式(2.6)	0.134	0.827	−0.795	0.532
MPZ	17	格尔木	式(2.6)	0.246	0.7	0.231	0.231
	18	拉萨	式(2.6)	0.275	0.584	−0.137	0.094
	19	昌都	式(2.6)	0.209	0.736	−0.679	0.692
SMZ	20	腾冲	式(2.5)	0.208	0.559		
	21	宜昌	式(2.8)	0.113	0.536	0.669	
	22	福州	式(2.8)	0.115	0.557	0.650	

2.1.3　基于温度建立的太阳总辐射模型

1. 基于最高温度建立的太阳总辐射模型

基于最高温度 $T_{\max}$ 建立的线性模型如式(2.10)所示，即

$$\frac{H}{H_0} = a + bT_{\max} \tag{2.10}$$

式中，H 为水平面逐时太阳总辐射量，kJ/m²；H_0 为大气层外水平面逐时太阳总辐射量，kJ/m²；a、b 均为常数；$T_{\max}$ 为月平均日最高温度，℃。

其中，较为经典的模型如表 2.4 所示。

表 2.4　基于最高温度建立的太阳总辐射模型系数表

模型	地区	系数		模型	地区	系数	
		a	b			a	b
Awachie 模型	恩苏卡	−0.7	0.8	Ituen 模型	乌约	−0.229	0.02
Augustine 模型	奥韦里	−0.076	0.015	Olayinka 模型	哈科特港	−1.829	0.0843
	埃努古	−0.019	0.127		伊洛林	−0.525	0.0358
	瓦里	−0.297	0.022		阿贝奥库塔	−1.16	0.059
	乌约	−0.009	0.013		索科托	0.196	0.013
Okonkwo 模型	赫尔辛	0.093	0.011				

基于最高温度 $T_{\max}$ 建立的多项式模型如式(2.11)所示，即

$$\frac{H}{H_0} = a + bT_{\max} + cT_{\max}^2 \tag{2.11}$$

式中，c 为常数。

Okonkwo 建立了适用于尼日利亚明纳(Minna)基于 $T_{\max}$ 的多项式月平均日值(简称 MB)模型，如式(2.12)所示，即

$$\frac{H}{H_0} = -3.386 + 0.220T_{\max} - 0.003T_{\max}^2 \tag{2.12}$$

2. 基于平均温度建立的太阳总辐射模型

基于平均温度 T_{mean} 建立的线性模型的一般形式如式(2.13)所示，即

$$\frac{H}{H_0} = a + bT_{\text{mean}} \tag{2.13}$$

式中，T_{mean} 为平均温度，℃。

其中，较为经典的模型如表 2.5 所示。

表 2.5　基于平均温度建立的太阳总辐射模型系数表

模型	地区	系数		模型	地区	系数	
		a	b			a	b
Adeala 模型	彼得罗伯里	0.722	−0.01	Falayi 模型	伊塞因	−0.97877	0.05722
	内尔斯普雷特	0.878	−0.015	Adaramola 模型	阿库雷	−1.13	0.0641
	利克田堡	0.692	−0.008	Ohunakin 模型	奥绍博	0.4251	0.0299
	沃特福德，斯泰伦博斯	0.296	0.014				
	阿平顿	0.704	0.003				

基于平均温度 T_{mean} 建立的多项式模型如式(2.14)所示，即

$$\frac{H}{H_0} = a + bT_{\mathrm{mean}} + cT_{\mathrm{mean}}^2 \tag{2.14}$$

Ohunakin 在尼日利亚奥绍博(Oshogbo)建立了基于 T_{mean} 的 MB 模型，如式(2.15)所示，即

$$\frac{H}{H_0} = -8.4341 + 0.6383T_{\mathrm{mean}} - 0.0115T_{\mathrm{mean}}^2 \tag{2.15}$$

3. 基于温度比例建立的太阳总辐射模型

基于温度比例 T_R 的线性模型如式(2.16)所示，即

$$\frac{H}{H_0} = a + bT_R \tag{2.16}$$

式中，T_R 为温度比例。

其中，较为典型的模型如表 2.6 所示。

表 2.6　基于温度比例建立的太阳总辐射模型系数表

模型	地区	系数		模型	地区	系数	
		a	b			a	b
Falayi 模型	伊塞因	1.7217	−1.691	Muhammad 模型	卡诺	1.2577	1.0167
Adaramola 模型	阿库雷	1.4192	−1.1973	Kolebaje 模型	伊凯贾	2.204	−2.136
Okonkwo 模型	明纳	0.955	−0.709		哈科特港	1.47	−1.386

基于温度比例 T_R 的多项式模型如式(2.17)所示，即

$$\frac{H}{H_0} = a + bT_R + cT_R^{\ 2} \tag{2.17}$$

Okonkwo 在尼日利亚明纳建立了基于温度比例的多项式 MB 模型，如式(2.18)所示，即

$$\frac{H}{H_0} = -0.987 + 5.256T_R - 4.536T_R^{\ 2} \tag{2.18}$$

4. 基于最低温度建立的太阳总辐射模型

基于最低温度 $T_{\min}$ 的线性模型如式(2.19)所示，即

$$\frac{H}{H_0} = a + bT_{\min} \tag{2.19}$$

式中，$T_{\min}$ 为月平均日最低温度，℃。

Okonkwo 在尼日利亚明纳建立了基于 $T_{\min}$ 的线性 MB 模型，如式(2.20)所示，即

$$\frac{H}{H_0} = 0.625 - 0.007T_{\min} \tag{2.20}$$

基于最低温度 $T_{\min}$ 的多项式模型如式(2.21)所示，即

$$\frac{H}{H_0} = a + bT_{\min} + cT_{\min}^{\ 2} \tag{2.21}$$

Okonkwo 在尼日利亚明纳建立了基于 $T_{\min}$ 的多项式 MB 模型，如式(2.22)所示，即

$$\frac{H}{H_0} = 5.689 - 0.453T_{\min} + 0.0310T_{\min}^2 \tag{2.22}$$

5. 基于温差函数建立的太阳总辐射模型

基于温差的幂函数模型如式(2.23)所示，即

$$\frac{H}{H_0} = \alpha(\Delta T)^{0.5} \tag{2.23}$$

式中，α 为环日球冠顶角的 1/2，(°)；ΔT 为最高温度与最低温度之差，℃。

Adaramola 在尼日利亚阿库雷(Akure)建立了基于温差幂函数 MB 模型，如式(2.24)所示，即

$$\frac{H}{H_0} = 0.1945(\Delta T)^{0.5} \tag{2.24}$$

Ohunakin 在尼日利亚奥绍博建立了基于温差幂函数 MB 模型，如式(2.25)所示，即

$$\frac{H}{H_0} = 0.1141(\Delta T)^{0.5} \tag{2.25}$$

Ibrahim 在阿达玛镇(Adama Town)和亚的斯亚贝巴(Addid Abba)建立了基于温差的幂函数 MB 模型，如式(2.26)所示，即

$$\frac{H}{H_0} = 0.154(\Delta T)^{0.5} \tag{2.26}$$

在这个子类中，晴空指数(H/H_0)与温差幂函数($\Delta T)^{0.5}$之间存在线性相关性，如式(2.27)所示，即

$$\frac{H}{H_0} = a + b(\Delta T)^{0.5} \tag{2.27}$$

Kolebaje 和 Mustapha 在洛科贾(Lokoja)和哈科特港(Harcourt Port)地区建立了描述晴空指数与温差幂函数之间关系的线性 MB 模型：

哈科特港(所有条件)：

$$\frac{H}{H_0} = -0.104 + 0.190(\Delta T)^{0.5} \tag{2.28}$$

哈科特港(旱季)：

$$\frac{H}{H_0} = 0.281 + 0.067(\Delta T)^{0.5} \tag{2.29}$$

哈科特港(雨季)：

$$\frac{H}{H_0} = -0.371 + 0.290(\Delta T)^{0.5} \tag{2.30}$$

洛科贾(所有条件)：

$$\frac{H}{H_0} = 0.688 - 0.018(\Delta T)^{0.5} \tag{2.31}$$

洛科贾(雨季)：

$$\frac{H}{H_0} = -0.257 + 0.272(\Delta T)^{0.5} \tag{2.32}$$

Ohunakin 在尼日利亚奥绍博地区建立了描述晴空指数与温差幂函数之间关系的线性 MB 模型：

$$\frac{H}{H_0} = 0.1020 + 0.0818(\Delta T)^{0.5} \tag{2.33}$$

Gairaa 在阿尔及利亚地区建立了描述晴空指数与温差幂函数之间关系的线性 MB 模型：

$$\frac{H}{H_0} = 0.261 + 0.115(\Delta T)^{0.5} \tag{2.34}$$

Quansah 在加纳库马西地区建立了描述晴空指数与温差幂函数之间关系的线性 MB 模型：

$$\frac{H}{H_0} = -0.033 + 0.153(\Delta T)^{0.5} \tag{2.35}$$

Emad 在埃及基纳(Qena)地区建立了描述晴空指数与温差幂函数之间关系的线性 MB 模型：

$$\frac{H}{H_0} = 0.5736 + 0.0004(\Delta T)^{0.5} \tag{2.36}$$

Kolebaje 在哈科特港和伊凯贾(Ikeja)地区建立了描述晴空指数与温差幂函数之间关系的线性 MB 模型，分别如式(2.37)和式(2.38)所示，即
哈科特港：

$$\frac{H}{H_0} = -0.141 + 0.210(\Delta T)^{0.5} \tag{2.37}$$

伊凯贾：

$$\frac{H}{H_0} = -0.318 + 0.271(\Delta T)^{0.5} \tag{2.38}$$

在此基础上，有学者还想尝试建立晴空指数(H/H_0)与温差幂函数$(\Delta T)^{0.5}$之间的多项式模型，如式(2.39)所示，即

$$\frac{H}{H_0} = a + b(\Delta T)^{0.5} + c[(\Delta T)^{0.5}]^2 \tag{2.39}$$

Ohunakin 在奥绍博地区建立了晴空指数与温差幂函数之间的多项式 MB 模型，如式(2.40)所示，即

$$\frac{H}{H_0} = -2.0441 + 1.4341(\Delta T)^{0.5} - 0.2094[(\Delta T)^{0.5}]^2 \tag{2.40}$$

　　此外，还有一些学者建立了晴空指数与温差(ΔT)的线性、多项式、指数和对数等不同形式的模型，其中线性模型的形式如式(2.41)所示，即

$$\frac{H}{H_0} = a + b\left(\frac{\Delta T}{S_{\max}}\right) \tag{2.41}$$

式中，$S_{\max}$ 为最大可能日照时数，h。

　　Kolebaje 在尼日利亚的一些地区建立了 MB 模型。

哈科特港(所有条件)：

$$\frac{H}{H_0} = 0.188 + 0.362\left(\frac{\Delta T}{S_{\max}}\right) \tag{2.42}$$

哈科特港(旱季)：

$$\frac{H}{H_0} = 0.377 + 0.137\left(\frac{\Delta T}{S_{\max}}\right) \tag{2.43}$$

哈科特港(雨季)：

$$\frac{H}{H_0} = 0.026 + 0.640\left(\frac{\Delta T}{S_{\max}}\right) \tag{2.44}$$

洛科贾(所有条件)：

$$\frac{H}{H_0} = 0.422 + 0.169\left(\frac{\Delta T}{S_{\max}}\right) \tag{2.45}$$

洛科贾(旱季)：

$$\frac{H}{H_0} = 0.643 - 0.019\left(\frac{\Delta T}{S_{\max}}\right) \tag{2.46}$$

洛科贾(雨季)：

$$\frac{H}{H_0} = 0.169 + 0.526\left(\frac{\Delta T}{S_{\max}}\right) \tag{2.47}$$

Boluwaji 在尼日利亚一些地区建立了 MB 模型。

索科托(Sokoto)：

$$\frac{H}{H_0} = 0.346 + 0.217\left(\frac{\Delta T}{S_{\max}}\right) \tag{2.48}$$

卡诺(Kano)：

$$\frac{H}{H_0} = 0.430 + 0.176\left(\frac{\Delta T}{S_{\max}}\right) \tag{2.49}$$

卡杜纳(Kaduna):

$$\frac{H}{H_0} = 0.343 + 0.232\left(\frac{\Delta T}{S_{\max}}\right) \tag{2.50}$$

Kolebaje 在哈科特港和伊凯贾地区建立了 MB 模型。

哈科特港:

$$\frac{H}{H_0} = 0.185 + 0.399\left(\frac{\Delta T}{S_{\max}}\right) \tag{2.51}$$

伊凯贾:

$$\frac{H}{H_0} = 0.094 + 0.523\left(\frac{\Delta T}{S_{\max}}\right) \tag{2.52}$$

Ayodele 在尼日利亚的伊巴丹(Ibadan)地区采用线性函数建立了 MB 模型,其系数如表 2.7 所示。

表 2.7　Ayodele 采用线性函数构建的 MB 模型在伊巴丹地区的系数表

月份	系数		月份	系数	
	a	b		a	b
1	0.28	0.111	8	0.07	0.44
2	0.27	0.14	9	0.11	0.38
3	0.3	0.16	10	0.19	0.3
4	0.17	0.33	11	0.24	0.25
5	0.18	0.35	12	0.26	0.17
6	0.14	0.39	1~12	0.24	0.2
7	0.093	0.44			

在该组中,二次多项式模型的形式如式(2.53)所示,即

$$\frac{H}{H_0} = a + b\left(\frac{\Delta T}{S_{\max}}\right) + c\left(\frac{\Delta T}{S_{\max}}\right)^2 \tag{2.53}$$

Ayodele 在尼日利亚的伊巴丹地区采用二次多项式建立了 MB 模型,其系数如表 2.8 所示。

表 2.8　Ayodele 采用二次多项式构建的 MB 模型在伊巴丹地区的系数表

月份	系数			月份	系数		
	a	b	c		a	b	c
1	0.41	−0.14	0.11	8	0.079	0.4	0.037
2	0.094	0.49	−0.16	9	0.041	0.74	−0.31
3	0.15	0.48	−0.17	10	0.054	0.073	−0.33
4	0.083	0.57	−0.15	11	0.1	0.56	−0.17
5	−0.03	0.99	−0.48	12	0.21	0.27	−0.05
6	0.12	0.12	−0.059	1~12	0.052	0.67	−0.27
7	0.031	0.69	−0.24				

在该组中，三次多项式模型的形式如式(2.54)所示，即

$$\frac{H}{H_0} = a + b\left(\frac{\Delta T}{S_{\max}}\right) + c\left(\frac{\Delta T}{S_{\max}}\right)^2 + d\left(\frac{\Delta T}{S_{\max}}\right)^3 \tag{2.54}$$

Ayodele 在尼日利亚的伊巴丹地区采用三次多项式建立了 MB 模型，其系数如表 2.9 所示。

表 2.9　Ayodele 采用三次多项式构建的 MB 模型在伊巴丹地区的系数表

月份	系数				月份	系数			
	a	b	c	d		a	b	c	d
1	0.29	0.21	−0.21	0.094	8	0.13	0.089	0.68	−0.42
2	0.054	0.62	0.046	0.001	9	0.079	0.37	0.35	−0.36
3	0.1	0.66	−0.38	0.077	10	0.25	−0.4	1.7	−1.1
4	0.16	0.24	0.29	−0.19	11	0.028	0.9	−0.63	0.18
5	0.097	0.28	0.72	−0.61	12	0.21	0.27	−0.05	0.01
6	0.15	0.29	0.28	−0.2	1~12	−0.086	1.2	−0.95	0.25
7	0.19	−0.34	1.8	−1.3					

在该组中，采用指数函数构建的模型形式如式(2.55)所示，即

$$\frac{H}{H_0} = a + \mathrm{e}^{b(\Delta T / S_{\max})} \tag{2.55}$$

Ayodele 在尼日利亚伊巴丹地区采用指数函数建立了 MB 模型，其系数如表 2.10 所示。

表 2.10　Ayodele 采用指数函数构建的 MB 模型在伊巴丹地区的系数表

月份	系数		月份	系数	
	a	b		a	b
1	0.33	0.002	8	0.11	0.015
2	0.35	0.002	9	0.18	0.011
3	0.36	0.003	10	0.25	0.008
4	0.27	0.007	11	0.33	0.005
5	0.26	0.008	12	0.34	0.003
6	0.21	0.011	1~12	0.24	0.0064
7	0.15	0.013			

在该组中，采用对数函数构建的模型形式如式(2.56)所示，即

$$\frac{H}{H_0} = a + b \lg\left(\frac{\Delta T}{S_{\max}}\right) \tag{2.56}$$

Ayodele 在尼日利亚的伊巴丹地区采用对数函数建立了 MB 模型，如表 2.11 所示。

表 2.11　Ayodele 采用对数函数构建的 MB 模型在伊巴丹地区的系数表

月份	系数		月份	系数	
	a	b		a	b
1	0.11	0.53	8	−0.06	0.91
2	0.054	0.68	9	−0.05	0.94
3	0.088	0.69	10	0.029	0.81
4	−0.1	1.1	11	0.036	0.84
5	−0.038	0.99	12	−0.003	0.82
6	−0.016	0.93	1~12	0.45	0.39
7	−0.046	0.93			

在该组中，晴空指数与温度比例和最高温度相关的形式如式(2.57)所示，即

$$\frac{H}{H_0} = a + bT_R + cT_{\max} \tag{2.57}$$

其中，较为经典的模型是 Okundamiya 模型，其系数如表 2.12 所示。

表 2.12　Okundamiya 模型系数表

模型	地区	系数		
		a	b	c
Okundamiya 模型	阿布贾	−1.256	0.8	0.0544
	贝宁	0.2284	−1.096	0.03981
	拉各斯	2.65	−3.001	0.01945
	恩苏卡	0.2445	−0.8526	0.0324
	约拉	0.6187	−0.4966	0.01031

在这个子类中，Chandel 等改进的 Hargreaves 和 Samani 模型的形式如式 (2.58) 所示，即

$$\frac{H}{H_0} = a + b\ln(\Delta T) \tag{2.58}$$

Hargreaves 建议仅使用最高和最低温度来估算太阳辐射，具体如式 (2.59) 所示，即

$$\frac{H}{H_0} = a(T_{\max} - T_{\min})^{0.5} \tag{2.59}$$

Bayat 模型适用于伊朗的西拉地区，具体如式 (2.60) 所示，即

$$\frac{H}{H_0} = 0.16(T_{\max} - T_{\min})^{0.5} \tag{2.60}$$

2.1.4　基于其他气象参数建立的太阳总辐射模型

1. 基于相对湿度建立的太阳总辐射模型

基于相对湿度建立的太阳总辐射模型形式如式 (2.61) 或式 (2.62) 所示，即

$$\frac{H}{H_0} = a + b\left(\frac{\varphi}{100}\right) \tag{2.61}$$

$$\frac{H}{H_0} = a + b\varphi \tag{2.62}$$

式中，φ 为相对湿度，%。

其中，较为经典的模型系数如表 2.13 所示。

表 2.13 基于相对温度建立的太阳总辐射模型系数表

模型	地区	系数		适用公式	模型	地区	系数		适用公式
		a	b				a	b	
Falayi 模型	伊塞因	1.197363	−0.00829	式(2.62)	Adaramola 模型	阿库雷	0.8453	−0.4603	式(2.61)
Augustine 模型	埃努古	0.538	−0.119	式(2.61)	Mohammad 模型	卡诺	0.7598	−0.003	式(2.62)
	瓦里	0.309	0.082	式(2.61)	Adeala 模型	彼得罗伯里	1.067	−0.008	式(2.62)
	乌约	0.491	−0.114	式(2.61)		内尔斯普雷特	1.087	−0.008	式(2.62)
Olayinka 模型	伊洛林	0.803	−0.372	式(2.61)		利赫滕堡	0.917	−0.006	式(2.62)
	哈科特港	3.245	−3.376	式(2.61)		沃特福德、斯泰伦博斯	0.924	−0.006	式(2.62)
	阿贝奥库塔	1.114	−0.786	式(2.61)		阿平顿	0.849	−0.004	式(2.62)
	索科托	0.691	−0.157	式(2.61)		格伦、布隆方丹	0.849	−0.005	式(2.62)
Ituen 模型	乌约	−0.589	−0.28	式(2.61)					

指数模型如式(2.63)所示，即

$$\frac{H}{H_0} = a + b\varphi^2 \tag{2.63}$$

Kolebaje 在哈科特港和伊凯贾地区建立了基于相对湿度的 MB 模型，具体如表 2.14 所示。

表 2.14 Kolebaje 基于相对湿度建立的 MB 模型系数表

模型	地区	系数	
		a	b
Kolebaje 模型	哈科特港	3.266	−0.306
	伊凯贾	3.614	−0.364

2. 基于云量建立的太阳总辐射模型

$$\frac{H}{H_0} = a + b(\text{CO}) \tag{2.64}$$

或者

$$\frac{H}{H_0} = a + b\left(\frac{\text{CO}}{\text{CO}_0}\right) \tag{2.65}$$

式中，CO 为云覆盖量；CO_0 为云覆盖量系数。

其中，较为经典的模型如表 2.15 所示。

表 2.15　基于云量建立的太阳总辐射模型系数

模型	地区	系数		适用公式	模型	地区	系数		适用公式
		a	b				a	b	
Augustine 模型	乌约	0.73	−4.701	式(2.65)	Olayinka 模型	哈科特港	−0.000975	1.00411	式(2.65)
	瓦里	−0.041	5.95	式(2.65)		伊洛林	−0.0113	1.024	式(2.65)
Okundamiya 模型	阿布贾	0.7056	−0.6455	式(2.64)		阿贝奥库塔	−0.00476	0.991	式(2.65)
	贝宁	0.7374	−0.0528	式(2.64)		索科托	−0.0041	1.00764	式(2.65)
	索科托	0.7231	−0.0265	式(2.64)					

指数模型如式(2.66)所示：

$$\frac{H}{H_0} = a + b(\text{CO}) + c(\text{CO})^2 \tag{2.66}$$

Black 使用来自世界各地的很多数据校准式(2.67)，即

$$\frac{H}{H_0} = 0.803 + 0.340(\text{CO}) - 0.458(\text{CO})^2 \tag{2.67}$$

3. 基于降水量建立的太阳总辐射模型

$$\frac{H}{H_0} = a + bP \tag{2.68}$$

式中，P 为降水量，mm。

Adaramola 在阿库雷(尼日利亚地区)建立了基于降水量的 MB 模型，如式(2.69)所示：

$$\frac{H}{H_0} = 0.5904 - 0.0218P \tag{2.69}$$

复合模型如式(2.70)～式(2.74)所示，即

$$\frac{H}{H_0} = a + b\left(\frac{S}{S_{\max}}\right) + cT_{\max} \tag{2.70}$$

$$\frac{H}{H_0} = a + b\left(\frac{S}{S_{\max}}\right) + cT_{\text{mean}} \tag{2.71}$$

$$\frac{H}{H_0} = a + b\left(\frac{S}{S_{\max}}\right) + cT_R \tag{2.72}$$

$$\frac{H}{H_0} = a + b\left(\frac{S}{S_{max}}\right) + cT_R + dT_{mean} \tag{2.73}$$

$$\frac{H}{H_0} = a + b\left(\frac{S}{S_{max}}\right)^c + d\ln\Delta T \tag{2.74}$$

式中，S 为日照时数，h；S_{max} 为日照时数的最大值，h；ΔT 为温差，℃。

Falayi 在伊塞因(Iseyin)地区建立了基于日照百分率和温度的 MB 模型，如式 (2.75)~式(2.77)所示，即

$$\frac{H}{H_0} = -0.2144 + 0.541\left(\frac{S}{S_{max}}\right) + 0.0194T_{mean} \tag{2.75}$$

$$\frac{H}{H_0} = 0.8758 + 0.5168\left(\frac{S}{S_{max}}\right) + 0.0194T_R \tag{2.76}$$

$$\frac{H}{H_0} = 1.3098 + 0.601005\left(\frac{S}{S_{max}}\right) - 0.99902T_R - 0.01287T_{mean} \tag{2.77}$$

Olayinka 在尼日利亚的伊洛林(Ilorin)、哈科特港、阿贝奥库塔(Abeokuta)和索科托 (Sokoto)地区建立了基于日照百分率和最高温度的 MB 模型。

伊洛林：

$$\frac{H}{H_0} = -0.154 + 0.351\left(\frac{S}{S_{max}}\right) + 0.0174T_{max} \tag{2.78}$$

哈科特港：

$$\frac{H}{H_0} = -1.501 + 0.24\left(\frac{S}{S_{max}}\right) + 0.0691T_{max} \tag{2.79}$$

阿贝奥库塔：

$$\frac{H}{H_0} = -0.839 + 0.247\left(\frac{S}{S_{max}}\right) + 0.0439T_{max} \tag{2.80}$$

索科托：

$$\frac{H}{H_0} = 0.138 + 0.182\left(\frac{S}{S_{max}}\right) + 0.011T_{max} \tag{2.81}$$

Ituen 在尼日利亚乌约(Uyo)地区建立了基于日照百分率和最高温度的 MB 模型，如 式(2.82)所示，即

$$\frac{H}{H_0} = 1.395 + 1.591 \left(\frac{S}{S_{\max}} \right) - 0.046 T_{\max} \tag{2.82}$$

Okonkwo 在尼日利亚明纳地区建立了基于日照百分率和温度比例的 MB 模型，如式 (2.83) 所示，即

$$\frac{H}{H_0} = 0.432 + 0.0323 \left(\frac{S}{S_{\max}} \right) + 0.202 T_R \tag{2.83}$$

Soufi 在阿尔及利亚的特莱姆森 (Tlemcen) 地区建立了基于日照百分率和平均温度的 MB 模型，如式 (2.84) 所示，即

$$\frac{H}{H_0} = 4.495 - 3.924 \left(\frac{S}{S_{\max}} \right) + 0.0032 T_{\mathrm{mean}} \tag{2.84}$$

Okundamiya 在尼日利亚的阿布贾 (Abuja)、贝宁 (Benin) 和索科托建立了基于日照百分率和温差的 MB 模型。

阿布贾：

$$\frac{H}{H_0} = -6.8739 + 7.3102 \left(\frac{S}{S_{\max}} \right)^{0.0237} + 0.1167 \ln \Delta T \tag{2.85}$$

贝宁：

$$\frac{H}{H_0} = -5.3448 + 5.4894 \left(\frac{S}{S_{\max}} \right)^{0.0772} + 0.2396 \ln \Delta T \tag{2.86}$$

索科托：

$$\frac{H}{H_0} = -13.090 + 13.439 \left(\frac{S}{S_{\max}} \right)^{0.0772} + 0.1149 \ln \Delta T \tag{2.87}$$

此外，基于日照百分率和相对湿度构建的线性模型如下：

$$\frac{H}{H_0} = a + b \left(\frac{S}{S_{\max}} \right) + c \left(\frac{\varphi}{100} \right) \tag{2.88}$$

$$\frac{H}{H_0} = a + b \left(\frac{S}{S_{\max}} \right) + c \varphi \tag{2.89}$$

其中，较为经典的模型如表 2.16 所示。

表 2.16　基于日照百分率和相对湿度建立的线性模型系数表

模型	地区	系数			适用公式
		a	b	c	
Falayi 模型	伊塞因	0.549	0.5987	−0.0035	式(2.88)
Olayinka 模型	伊洛林	0.321	0.545	−0.0789	式(2.88)
	哈科特港	2.622	0.441	−2.798	式(2.88)
	阿贝奥库塔	0.555	0.616	−0.395	式(2.88)
	索科托	0.749	0.728	−0.181	式(2.88)
Ituen 模型	乌约	0.056	0.833	0.17	式(2.88)
Souf 模型	特莱姆森	2.24	−1.49	0.32	式(2.89)
Ouali 模型	贝贾亚	0.558	0.5417	0.006546	式(2.89)
Adeala 模型	利赫滕堡	0.558	0.285	0.004	式(2.89)
Okundamiya 模型	阿布贾	0.4171	0.4252	−0.0015	式(2.89)
	贝宁	0.67	0.4381	−0.0046	式(2.89)

索科托：

$$\frac{H}{H_0} = a + bT_{\mathrm{mean}} + c\left(\frac{\varphi}{100}\right) \tag{2.90}$$

$$\frac{H}{H_0} = a + b\varphi + cT_R + T_{\mathrm{mean}} \tag{2.91}$$

$$\frac{H}{H_0} = a + b\varphi + cT_R + \Delta T \tag{2.92}$$

$$\frac{H}{H_0} = a + b\left(\frac{\Delta T + \varphi}{N}\right)^{0.5} \tag{2.93}$$

$$\frac{H}{H_0} = a + b\left(\frac{\Delta T + \varphi}{N}\right)^{0.5} + cT_R \tag{2.94}$$

式中，N 为积日（即日序数，日期在年内的顺序号）。

Falayi 在尼日利亚的伊塞因建立了基于相对湿度、温度比例和平均温度 MB 模型，如式(2.95)所示，即

$$\frac{H}{H_0} = 0.7162 + 0.0106\varphi - 2.684T_R + 0.0324T_{\mathrm{mean}} \tag{2.95}$$

Ituen 在尼日利亚乌约建立了基于平均温度和相对湿度的 MB 模型,如式(2.96)所示,即

$$\frac{H}{H_0} = 0.138 + 0.011T_{\text{mean}} - 0.136\left(\frac{\varphi}{100}\right) \tag{2.96}$$

Kolebaje 在尼日利亚的伊凯贾和哈科特港建立了基于相对湿度和温度的 MB 模型。
哈科特港:

$$\frac{H}{H_0} = 0.777 - 0.018\varphi + 1.321T_R + 0.030\Delta T \tag{2.97}$$

伊凯贾:

$$\frac{H}{H_0} = -2686 + 0.001\varphi + 2.834T_R + 0.115\Delta T \tag{2.98}$$

哈科特港:

$$\frac{H}{H_0} = 5.981 - 1.991\left(\frac{\Delta T + \varphi}{N}\right)^{0.5} \tag{2.99}$$

伊凯贾:

$$\frac{H}{H_0} = 2.281 - 0.675\left(\frac{\Delta T + \varphi}{N}\right)^{0.5} \tag{2.100}$$

哈科特港:

$$\frac{H}{H_0} = 2.931 - 0.570\left(\frac{\Delta T + \varphi}{N}\right)^{0.5} - 1.214T_R \tag{2.101}$$

伊凯贾:

$$\frac{H}{H_0} = 3.886 - 0.673\left(\frac{\Delta T + \varphi}{N}\right)^{0.5} - 2.135T_R \tag{2.102}$$

指数模型:

$$\frac{H}{H_0} = a + b\left(\frac{S}{S_{\text{max}}}\right) + c\left(\frac{\text{CO}}{\text{CO}_0}\right) \tag{2.103}$$

其中,较为经典的模型如表 2.17 所示。

表 2.17　指数模型系数表

模型	地区	系数		
		a	b	c
Olayinka 模型	哈科特港	−0.00968	0.000337	1.0043
	伊洛林	−0.00936	0.00642	1.0143
	阿贝奥库塔	0.00689	0.0221	0.968
	索科托	−0.00811	−0.0228	1.038

$$\frac{H}{H_0} = a+b\left(\frac{S}{S_{\max}}\right)+cT_R+d\varphi \tag{2.104}$$

$$\frac{H}{H_0} = a+b\left(\frac{S}{S_{\max}}\right)+cT_{\max}+d\left(\frac{\varphi}{100}\right) \tag{2.105}$$

$$\frac{H}{H_0} = a+b\left(\frac{S}{S_{\max}}\right)+cT_{\mathrm{mean}}+d\varphi \tag{2.106}$$

$$\frac{H}{H_0} = a+b\left(\frac{S}{S_{\max}}\right)+cT_R+d\varphi+eT_{\mathrm{mean}} \tag{2.107}$$

$$\frac{H}{H_0} = a+b\left(\frac{S}{S_{\max}}\right)+c\left(\frac{T_{\min}}{T_{\max}}\right)+d\left(\frac{\varphi_{\min}}{\varphi_{\max}}\right) \tag{2.108}$$

Falayi 在尼日利亚的伊塞因地区建立了基于日照百分率、温度和相对湿度的 MB 模型，即

$$\frac{H}{H_0} = 1.1203+0.4690\left(\frac{S}{S_{\max}}\right)-1.595T_R+0.0041\varphi \tag{2.109}$$

$$\frac{H}{H_0} = 0.8559+0.6758\left(\frac{S}{S_{\max}}\right)-0.01049T_{\mathrm{mean}}-0.0043\varphi \tag{2.110}$$

$$\frac{H}{H_0} = 1.3467+0.5305\left(\frac{S}{S_{\max}}\right)-1.567T_R+0.0033\varphi-0.00806T_{\mathrm{mean}} \tag{2.111}$$

Olayinka 在尼日利亚的不同地区建立了基于日照百分率、最高温度和相对湿度的 MB 模型。

伊洛林：

$$\frac{H}{H_0} = -0.423+0.301\left(\frac{S}{S_{\max}}\right)+0.0256T_{\max}+0.0725\left(\frac{\varphi}{100}\right) \tag{2.112}$$

哈科特港：

$$\frac{H}{H_0} = 1.164 + 0.294\left(\frac{S}{S_{\max}}\right) + 0.0346 T_{\max} - 2.09970\left(\frac{\varphi}{100}\right) \tag{2.113}$$

阿贝奥库塔：

$$\frac{H}{H_0} = -0.834 + 0.248\left(\frac{S}{S_{\max}}\right) + 0.0438 T_{\max} - 0.00438\left(\frac{\varphi}{100}\right) \tag{2.114}$$

索科托：

$$\frac{H}{H_0} = 0.376 + 0.0129\left(\frac{S}{S_{\max}}\right) + 0.00842 T_{\max} - 0.10001\left(\frac{\varphi}{100}\right) \tag{2.115}$$

尼日利亚乌约：

$$\frac{H}{H_0} = 1.387 + 1.592\left(\frac{S}{S_{\max}}\right) - 0.045 T_{\max} + 0.004\left(\frac{\varphi}{100}\right) \tag{2.116}$$

阿尔及利亚：

$$\frac{H}{H_0} = 0.519 + 0.357\left(\frac{S}{S_{\max}}\right) - 0.0018 T_{\max} - 0.00126\left(\frac{\varphi}{100}\right) \tag{2.117}$$

Ojosu 模型：

$$\frac{H}{H_0} = 0.449 + 0.358\left(\frac{S}{S_{\max}}\right) - 0.00445\left(\frac{T_{\min}}{T_{\max}}\right) - 0.00619\left(\frac{\varphi_{\min}}{\varphi_{\max}}\right) \tag{2.118}$$

Ogolo 在尼日利亚的哈科特港、贝宁、拉各斯(Lagos)、阿库雷、伊巴丹、洛科贾、约拉、明纳、乔斯(Jos)、迈杜古里(Maiduguri)和索科托建立了基于日照百分率、平均温度和相对湿度的 MB 模型。

哈科特港：

$$\frac{H}{H_0} = 0.439 - 0.119\left(\frac{S}{S_{\max}}\right) + 0.0194 T_{\text{mean}} - 0.00689\varphi \tag{2.119}$$

贝宁：

$$\frac{H}{H_0} = 0.728 - 0.116\left(\frac{S}{S_{\max}}\right) - 0.00642 T_{\text{mean}} - 0.00218\varphi \tag{2.120}$$

拉各斯：

$$\frac{H}{H_0} = 2.459 - 0.549 \left(\frac{S}{S_{\max}} \right) - 0.0881 T_{\mathrm{mean}} + 0.00779 \varphi \qquad (2.121)$$

阿库雷：

$$\frac{H}{H_0} = 0.333 + 0.233 \left(\frac{S}{S_{\max}} \right) - 0.00537 T_{\mathrm{mean}} - 0.00017 \varphi \qquad (2.122)$$

伊巴丹：

$$\frac{H}{H_0} = 0.291 - 0.0029 \left(\frac{S}{S_{\max}} \right) - 0.0205 T_{\mathrm{mean}} - 0.00603 \varphi \qquad (2.123)$$

洛科贾：

$$\frac{H}{H_0} = 2.873 - 0.453 \left(\frac{S}{S_{\max}} \right) - 0.0908 T_{\mathrm{mean}} + 0.0379 \varphi \qquad (2.124)$$

约拉：

$$\frac{H}{H_0} = -0.65 - 0.033 \left(\frac{S}{S_{\max}} \right) + 0.0459 T_{\mathrm{mean}} - 0.000926 \varphi \qquad (2.125)$$

明纳：

$$\frac{H}{H_0} = 0.777 + 0.128 \left(\frac{S}{S_{\max}} \right) - 0.0104 T_{\mathrm{mean}} - 0.000324 \varphi \qquad (2.126)$$

乔斯：

$$\frac{H}{H_0} = 0.875 + 0.214 \left(\frac{S}{S_{\max}} \right) - 0.036 T_{\mathrm{mean}} + 0.00684 \varphi \qquad (2.127)$$

迈杜古里：

$$\frac{H}{H_0} = 2.166 - 0.819 \left(\frac{S}{S_{\max}} \right) + 0.00294 T_{\mathrm{mean}} - 0.032 \varphi \qquad (2.128)$$

索科托：

$$\frac{H}{H_0} = 0.382 - 0.0712 \left(\frac{S}{S_{\max}} \right) + 0.00602 T_{\mathrm{mean}} - 0.00157 \varphi \qquad (2.129)$$

Ouali 在阿尔及利亚的贝贾亚(Bejaia)建立了基于日照百分率、平均温度和相对湿度的 MB 模型，如式(2.130)所示，即

$$\frac{H}{H_0} = 0.5289 + 0.459\left(\frac{S}{S_{\mathrm{max}}}\right) + 0.004073T_{\mathrm{mean}} - 0.006481\varphi \tag{2.130}$$

Emad 在埃及的基纳地区建立了基于日照百分率、温度和相对湿度的 MB 模型，如式(2.131)所示，即

$$\frac{H}{H_0} = 0.5165 + 0.3080\left(\frac{S}{S_{\mathrm{max}}}\right) - 0.0013T_{\mathrm{max}} - 0.0027\varphi \tag{2.131}$$

斯泰伦博斯(Stellenbosch)：

$$\frac{H}{H_0} = 0.120 + 0.396\left(\frac{S}{S_{\mathrm{max}}}\right) - 0.001\varphi + 0.005T_{\mathrm{mean}} \tag{2.132}$$

阿平顿(Upington)：

$$\frac{H}{H_0} = 0.686 + 0.259\left(\frac{S}{S_{\mathrm{max}}}\right) - 0.004\varphi + 0.003T_{\mathrm{mean}} \tag{2.133}$$

格伦(Glen)、布隆方丹(Bloemfontein)：

$$\frac{H}{H_0} = 0.511 + 0.343\left(\frac{S}{S_{\mathrm{max}}}\right) - 0.002\varphi - 0.003T_{\mathrm{mean}} \tag{2.134}$$

$$\frac{H}{H_0} = a + b\left(\frac{S}{S_{\mathrm{max}}}\right) + c\left(\frac{\mathrm{CO}}{\mathrm{CO}_0}\right) + dT_{\mathrm{max}} \tag{2.135}$$

$$\frac{H}{H_0} = a + b\left(\frac{S}{S_{\mathrm{max}}}\right) + cT_R + dT_{\mathrm{max}} + e(\mathrm{CO}) \tag{2.136}$$

Okundamiya 在尼日利亚的阿布贾、贝宁和索科托地区建立了基于日照百分率、温度和云量的 MB 模型。

阿布贾：

$$\frac{H}{H_0} = -0.1832 + 0.2790\left(\frac{S}{S_{\mathrm{max}}}\right) + 0.1704T_R + 0.0179T_{\mathrm{max}} - 0.0128(\mathrm{CO}) \tag{2.137}$$

贝宁：

$$\frac{H}{H_0} = -0.5700 + 0.1158\left(\frac{S}{S_{\mathrm{max}}}\right) + 0.4513T_R + 0.0285T_{\mathrm{max}} - 0.0345(\mathrm{CO}) \tag{2.138}$$

索科托：

$$\frac{H}{H_0}=0.5741-0.3053\left(\frac{S}{S_{\max}}\right)+0.1922T_R+0.0097T_{\max}-0.0577(\text{CO}) \tag{2.139}$$

Olayinka 在伊洛林、阿贝奥库塔和索科托建立了基于日照百分率、云量和最高温度的 MB 模型。

伊洛林：

$$\frac{H}{H_0}=-0.00113+0.000597\left(\frac{S}{S_{\max}}\right)+1.00083\left(\frac{\text{CO}}{\text{CO}_0}\right)+0.000523T_{\max} \tag{2.140}$$

阿贝奥库塔：

$$\frac{H}{H_0}=-0.00806+0.0219\left(\frac{S}{S_{\max}}\right)+0.957\left(\frac{\text{CO}}{\text{CO}_0}\right)+0.000735T_{\max} \tag{2.141}$$

索科托：

$$\frac{H}{H_0}=-0.00866-0.0208\left(\frac{S}{S_{\max}}\right)+1.0247\left(\frac{\text{CO}}{\text{CO}_0}\right)+0.000228T_{\max} \tag{2.142}$$

$$\frac{H}{H_0}=a+b\left(\frac{S}{S_{\max}}\right)+c\left(\frac{\varphi}{100}\right)+d\left(\frac{\text{CO}}{\text{CO}_0}\right) \tag{2.143}$$

Olayinka 在尼日利亚的伊洛林、哈科特港、阿贝奥库塔和索科托建立了基于日照百分率、相对湿度和云量的 MB 模型。

伊洛林：

$$\frac{H}{H_0}=0.000856+0.00814\left(\frac{S}{S_{\max}}\right)-0.00561\left(\frac{\varphi}{100}\right)+1.00095\left(\frac{\text{CO}}{\text{CO}_0}\right) \tag{2.144}$$

哈科特港：

$$\frac{H}{H_0}=-0.00490-0.000773\left(\frac{S}{S_{\max}}\right)+0.00429\left(\frac{\varphi}{100}\right)+1.0055\left(\frac{\text{CO}}{\text{CO}_0}\right) \tag{2.145}$$

阿贝奥库塔：

$$\frac{H}{H_0}=0.0110+0.246\left(\frac{S}{S_{\max}}\right)-0.00329\left(\frac{\varphi}{100}\right)+0.963\left(\frac{\text{CO}}{\text{CO}_0}\right) \tag{2.146}$$

索科托：

$$\frac{H}{H_0} = -0.0192 + 0.0182\left(\frac{S}{S_{\max}}\right) + 0.00395\left(\frac{\varphi}{100}\right) + 1.0485\left(\frac{CO}{CO_0}\right) \tag{2.147}$$

$$\frac{H}{H_0} = a + b\left(\frac{S}{S_0}\right) - c\left(\frac{CO}{CO_0}\right) + dT_{\max} + e\left(\frac{RH}{100}\right) \tag{2.148}$$

Olayinka 在尼日利亚的不同地区建立了基于日照百分率、云量、温度和相对湿度的 MB 模型。

伊洛林：

$$\frac{H}{H_0} = -0.0451 + 0.00704\left(\frac{S}{S_{\max}}\right) + 0.9686\left(\frac{CO}{CO_0}\right) + 0.00193T_{\max} + 0.00348\left(\frac{\varphi}{100}\right) \tag{2.149}$$

哈科特港：

$$\frac{H}{H_0} = -0.0121 - 0.000487\left(\frac{S}{S_{\max}}\right) + 0.999\left(\frac{CO}{CO_0}\right) + 0.000528T_{\max} - 0.0011\left(\frac{\varphi}{100}\right) \tag{2.150}$$

阿贝奥库塔：

$$\frac{H}{H_0} = -0.0378 + 0.0145\left(\frac{S}{S_{\max}}\right) + 0.958\left(\frac{CO}{CO_0}\right) + 0.00165T_{\max} + 0.00904\left(\frac{\varphi}{100}\right) \tag{2.151}$$

索科托：

$$\frac{H}{H_0} = -0.0190 + 0.0168\left(\frac{S}{S_{\max}}\right) + 1.0355\left(\frac{CO}{CO_0}\right) + 0.0002T_{\max} + 0.00367\left(\frac{\varphi}{100}\right) \tag{2.152}$$

Ogolo 尼日利亚的不同地区建立了基于温度、降水量和日照百分率的 MB 模型。

哈科特港：

$$\frac{H}{H_0} = -0.158 + 0.0235T_{mean} - 0.0024P + 0.141\left(\frac{S}{S_{\max}}\right) \tag{2.153}$$

贝宁：

$$\frac{H}{H_0} = 0.66 - 0.00754T_{mean} - 0.00043P + 0.15\left(\frac{S}{S_{\max}}\right) \tag{2.154}$$

拉各斯：

$$\frac{H}{H_0} = 3.2 - 0.0938T_{mean} + 0.000091P - 0.553\left(\frac{S}{S_{\max}}\right) \tag{2.155}$$

阿库雷：

$$\frac{H}{H_0} = 0.333 + 0.0000537T_{\text{mean}} + 0.00017P + 0.233\left(\frac{S}{S_{\text{max}}}\right) \tag{2.156}$$

伊巴丹：

$$\frac{H}{H_0} = -0.279 + 0.027T_{\text{mean}} - 0.000079P - 0.0331\left(\frac{S}{S_{\text{max}}}\right) \tag{2.157}$$

奥绍博：

$$\frac{H}{H_0} = -0.711 + 0.0342T_{\text{mean}} - 0.000081P + 0.466\left(\frac{S}{S_{\text{max}}}\right) \tag{2.158}$$

洛科贾：

$$\frac{H}{H_0} = 2.873 - 0.0784T_{\text{mean}} - 0.001P - 0.42\left(\frac{S}{S_{\text{max}}}\right) \tag{2.159}$$

约拉：

$$\frac{H}{H_0} = -0.6148 + 0.0464T_{\text{mean}} - 0.00067P + 0.0429\left(\frac{S}{S_{\text{max}}}\right) \tag{2.160}$$

明纳：

$$\frac{H}{H_0} = 0.793 - 0.0114T_{\text{mean}} - 0.000077P + 0.133\left(\frac{S}{S_{\text{max}}}\right) \tag{2.161}$$

迈杜古里：

$$\frac{H}{H_0} = 0.923 + 0.0187T_{\text{mean}} - 0.0009P + 0.209\left(\frac{S}{S_{\text{max}}}\right) \tag{2.162}$$

卡诺：

$$\frac{H}{H_0} = 0.27 + 0.0107T_{\text{mean}} - 0.00059P + 0.178\left(\frac{S}{S_{\text{max}}}\right) \tag{2.163}$$

索科托：

$$\frac{H}{H_0} = 0.291 + 0.00656T_{\text{mean}} + 0.000036P - 0.0482\left(\frac{S}{S_{\text{max}}}\right) \tag{2.164}$$

尼日利亚：

$$\frac{H}{H_0} = 0.363 - 0.00170T_{\text{mean}} - 0.00151P + 0.375\left(\frac{S}{S_{\text{max}}}\right) \tag{2.165}$$

$$\frac{H}{H_0} = a + b\left(\frac{S}{S_{\text{max}}}\right) + cP + d\varphi + eT_R \tag{2.166}$$

Okonkwo 在尼日利亚明纳地区建立了基于日照百分率、降水量、温度和相对湿度的 MB 模型，如式 (2.167) 所示，即

$$\frac{H}{H_0} = 0.501 + 0.260\left(\frac{S}{S_{\text{max}}}\right) - 0.004P + 0.070\varphi - 0.328T_R \tag{2.167}$$

Ouali 在阿尔及利亚的贝贾亚建立了基于日照百分率、降水量和温度、相对湿度的 MB 模型，如式 (2.168)～式 (2.170) 所示，即

$$\frac{H}{H_0} = -0.60835 + 0.44315\left(\frac{S}{S_{\text{max}}}\right) + 0.001461P \\ -0.006566658\varphi + 0.00408159T_R \tag{2.168}$$

$$\frac{H}{H_0} = a + b\left(\frac{S}{S_{\text{max}}}\right) + cP + dW + e\varphi + fT_R \tag{2.169}$$

$$\frac{H}{H_0} = a + b\left(\frac{S}{S_{\text{max}}}\right) + cP + dW + e\varphi + fT_R + g\left(\frac{S}{S_{\text{max}}} \times P \times W \times \varphi \times T_R\right) \tag{2.170}$$

式中，W 为风速，m/s。

Ouali 在阿尔及利亚的贝贾亚建立了基于日照百分率、温度、相对湿度、降水量和风速的 MB 模型，如式 (2.171) 所示，即

$$\frac{H}{H_0} = -0.6234146 + 0.42067718\left(\frac{S}{S_{\text{max}}}\right) + 0.00384639T \\ -0.00638017\varphi + 0.0011367P - 0.74317W \tag{2.171}$$

Okonkwo 在尼日利亚的明纳建立了基于日照百分率、温度、相对湿度、降水量和风速的 MB 模型，如式 (2.172)～式 (2.174) 所示，即

$$\frac{H}{H_0} = 0.513 + 0.244\left(\frac{S}{S_{\text{max}}}\right) + 0.00384639T \\ -0.005P + 0.002W + 0.082\varphi - 0.328T_R \tag{2.172}$$

$$\frac{H}{H_0} = 0.689 + 0.084\left(\frac{S}{S_{\max}}\right) - 0.023P - 0.007W$$

$$+ 0.115\varphi - 0.357T_R - 0.006\left(\frac{S}{S_0} \times P \times W \times \varphi \times T_R\right) \tag{2.173}$$

$$\frac{H}{H_0} = a + b\left(\frac{S}{S_{\max}}\right) + c\varphi - dT_{\text{mean}} + eW \tag{2.174}$$

Ajayi 在尼日利亚地区建立了基于地理纬度、日序数、日照百分率和最高温度和相对湿度的 MB 模型，如式 (2.175)～式 (2.179) 所示，即

$$H = 0.5175\cos\phi + 19.219\cos n + 5.513T_{\max} + 125.757\left(\frac{S}{S_{\max}}\right)$$

$$+ 21.683\left(\frac{T_{\max}}{\varphi}\right) + 5.634\left(\frac{T_{\max}}{\varphi}\right)^2 - 2.693\cos\phi\cos n - 33.15 \tag{2.175}$$

$$H = -1.151\cos\phi + 18.097\cos n + 5.6835T_{\max}$$

$$+ 123.143\left(\frac{S}{S_{\max}}\right) - 9.768\left(\frac{T_{\max}}{\varphi}\right) + 0.19745\left(\frac{T_{\max}}{\varphi}\right)^2 \tag{2.176}$$

$$- 2.5541\cos\phi\cos n - 3.4211\left(\frac{T_{\max}}{\cos\phi}\right) + 14.276$$

$$H = -1.1718\cos\phi + 28.161\cos n + 7.0114T_{\max}$$

$$+ 110.16\left(\frac{S}{S_{\max}}\right) + 30.619\left(\frac{S}{S_{\max}}\right)^3 - 184.1\left(\frac{T_{\max}}{\varphi}\right) + 154.08\left(\frac{T_{\max}}{\varphi}\right)^2$$

$$- 52.038\left(\frac{T_{\max}}{\varphi}\right)^3 + 6.048\left(\frac{T_{\max}}{\varphi}\right)^4 - 3.2879\cos\phi\cos n \tag{2.177}$$

$$- 5.0832\left(\frac{T_{\max}}{\cos\phi}\right) - 0.0348\cos^2 n + 13.852$$

$$H = -3.6889\cos\phi + 29.309\cos n + 7.652T_{\max}$$

$$+ 57.524\left(\frac{S}{S_{\max}}\right) + 7.9618\left(\frac{T_{\max}}{\varphi}\right) + 0.6421\varphi$$

$$- 3.6827\cos\phi\cos n - 8.855\left(\frac{T_{\max}}{\cos\phi}\right) + 0.499\left(\frac{T_{\max}}{\varphi}\right)^2 \tag{2.178}$$

$$+ 91.308\left(\frac{S}{S_{\max}}\right) - 2.9855\cos^2 n - 61.20$$

$$H = a + bH_0 + c\left(\frac{S}{S_{\max}}\right) + d\left(\frac{H}{H_0}\right) + eT_{\max} + f\sin\delta \tag{2.179}$$

式中，ϕ 为纬度，($°$)；n 为日序数。

Coulibaly 在布基纳法索（Burkina Faso）的许多地区建立了基于日照百分率、温度和太阳赤纬角的 MB 模型，如式（2.180）和式（2.181）所示，即

大道（Matrough）：

$$
\begin{aligned}
H = {} & -2970.40 + 1.18(H_0) + 24708.40\left(\frac{S}{S_{\max}}\right) \\
& -42.67\left(\frac{H}{H_0}\right) - 215.96T_{\max} - 5665.02\sin\delta
\end{aligned}
\tag{2.180}
$$

瓦加杜古（Al Arish）：

$$
\begin{aligned}
H = {} & -42029.17 + 1.47H_0 + 29272.41\left(\frac{S}{S_{\max}}\right) \\
& -52.34\left(\frac{H}{H_0}\right) - 288.51T_{\max} - 7159.12\sin\delta
\end{aligned}
\tag{2.181}
$$

式中，δ 为太阳赤纬角，($°$)。

Trabea 在埃及的许多地区建立了基于地理纬度（ϕ）、太阳高度角（h）、日照百分率、温度和相对湿度的 MB 模型，如式（2.182）～式（2.184）所示，即

开罗（Cairo）：

$$\frac{H}{H_0} = 0.179 + 0.021\cos\phi + 0.008h + 0.01\left(\frac{S}{S_{\max}}\right) + 0.002T_{\text{mean}} + 0.002\left(\frac{\varphi}{100}\right) \tag{2.182}$$

哈里杰（Kharga）：

$$\frac{H}{H_0} = 1.35 - 0.057\cos\phi - 0.01h + 0.007\left(\frac{S}{S_{\max}}\right) - 0.007T_{\text{mean}} + 0.001\left(\frac{\varphi}{100}\right) \tag{2.183}$$

阿斯旺（Aswan）：

$$\frac{H}{H_0} = -0.376 + 0.034\cos\phi + 0.02h + 0.01\left(\frac{S}{S_{\max}}\right) + 0.01T_{\text{mean}} + 0.003\left(\frac{\varphi}{100}\right) \tag{2.184}$$

Trabea 在埃及的许多地区建立了基于日照百分率、温度、相对湿度、水蒸气压力和大气压的 MB 模型，如式（2.185）～式（2.189）所示，即

哈里杰：

$$\frac{H}{H_0} = 1.35 - 0.057\left(\frac{S}{S_{\max}}\right) - 0.001T_{\text{mean}} + 0.007V - 0.007\left(\frac{\varphi}{100}\right) - 0.001P_{\text{r}} \quad (2.185)$$

式中，V 为水蒸气压力日均值，Pa；P_{r} 为平均海平面气压和平均日气压之比。

阿斯旺：

$$\frac{H}{H_0} = -0.776 + 0.034\left(\frac{S}{S_{\max}}\right) + 0.02T_{\text{mean}} + 0.01V + 0.01\left(\frac{\varphi}{100}\right) + 0.003P_{\text{r}} \quad (2.186)$$

埃及：

$$\frac{H}{H_0} = -0.139 + 0.229\left(\frac{S}{S_{\max}}\right) + 0.009T_{\text{mean}} + 0.004V + 0.002\left(\frac{\varphi}{100}\right) + 0.002P_{\text{r}} \quad (2.187)$$

线性模型：

$$\frac{H}{H_0} = a + b\varphi + ch + d\left(\frac{S}{S_{\max}}\right) \quad (2.188)$$

$$\frac{H}{H_0} = a + bh + c\left(\frac{S}{S_{\max}}\right) \quad (2.189)$$

Elagib 在苏丹的不同地区建立了基于相对湿度、太阳高度角和日照百分率的 MB 模型，如式 (2.190)～式 (2.197) 所示。

1 月：

$$\frac{H}{H_0} = 0.1357 + 0.3204\varphi + 0.0422h + 0.4947\left(\frac{S}{S_{\max}}\right) \quad (2.190)$$

2 月：

$$\frac{H}{H_0} = 0.1563 + 0.3166\varphi + 0.1006h + 0.4593\left(\frac{S}{S_{\max}}\right) \quad (2.191)$$

3 月：

$$\frac{H}{H_0} = 0.1640 + 0.0397h + 0.5773\left(\frac{S}{S_{\max}}\right) \quad (2.192)$$

4 月：

$$\frac{H}{H_0} = 0.3205 + 0.144\varphi + 0.0782h + 0.2916\left(\frac{S}{S_{\max}}\right) \quad (2.193)$$

8 月：

$$\frac{H}{H_0} = 0.2720 + 0.0369\varphi + 0.1017h + 0.3888\left(\frac{S}{S_{\max}}\right) \tag{2.194}$$

10 月：

$$\frac{H}{H_0} = 0.1593 - 0.1043\varphi + 0.0609h + 0.5916\left(\frac{S}{S_{\max}}\right) \tag{2.195}$$

11 月：

$$\frac{H}{H_0} = 0.1768 + 0.0199h + 0.5441\left(\frac{S}{S_{\max}}\right) \tag{2.196}$$

12 月：

$$\frac{H}{H_0} = 0.1714 + 0.1329\varphi + 0.0482h - 0.5015\left(\frac{S}{S_{\max}}\right) \tag{2.197}$$

2.2　太阳总辐射的非确定性模型

2.2.1　大气逐层削弱的太阳总辐射模型

对于太阳辐射的逐层削弱模型，1981 年，Bird 和 Hulstrom 首次提出了太阳辐射的逐层削弱模型，将太阳辐射从大气层至地面辐射的削弱过程分为混合气体层、臭氧层、瑞利层、水汽层、气溶胶层和云层。这一模型符合自然规律且精度较高，通过 MODIS 大气产品中的相关数据可计算当地的太阳辐射，甚至可以精确至小时值。但是在 Bird 模型的计算过程中，需要考虑每一层的削弱效应，且地区适用性较差。Mghouchi 等对比了当前适用性较好的四个模型，得出 Bird 模型与其他模型相比，其精度仍有很大的提升空间。大多数学者认为气溶胶层是当前削弱模型存在误差的主要原因。因此一些研究人员对 Bird 模型进行了改进，Kambezidis 等通过气溶胶层数据修正了 Bird 模型，结果表明模型精度有显著提高。Giorgi 等认为，气溶胶对中国不同地区太阳辐射的影响较大。2007 年，Chen 等针对 Bird 模型进行了优化，并提出了一种基于实际天气和地形条件的逐时太阳辐射模型，其适用于中国地区且精度较高。Qing 等在 Chen 的模型基础上增加了日照时数、温度、相对湿度等参数，使新模型能够更好地适用于中国的不同地区。

太阳辐射的逐层削弱模型所使用的气象数据大多来自 MODIS 官网，然而 MODIS 的大气数据均通过卫星拍摄并使用专业软件反演得到，且每日小时的数据不超过四组。数据虽然精准，但是难以满足小时间尺度（如逐时值）的研究需求。因此，如何将简单易获取的数据进行加工应用，且能够满足太阳辐射观测的需求是本书的研究重点。

　　本书借鉴前人的研究方法，将太阳辐射的削弱过程分为六层，分别为混合气体层、臭氧层、瑞利层、水汽层、气溶胶层和云层，并将卫星获取的臭氧数据、可降水量数据、气溶胶数据通过公式计算或当地实测数据代替。

　　在此基础上，本书在水汽层中加入相对湿度(φ)、在气溶胶层中加入空气质量指数(AQI)数据进行模型修正，使辐射传输模型更加准确、可靠，具体研究方法如图 2.1 所示。

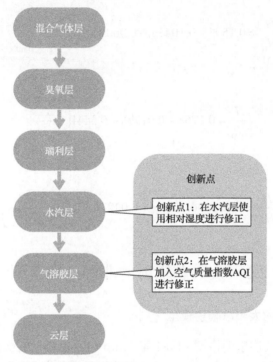

图 2.1　本书研究及改进思路

　　对数据进行筛选处理后，使用线性函数、二次多项式、三次多项式、指数函数、对数函数、幂函数形式拟合与散射辐射的关系，在此基础上加入变量(AQI/100)进行修正，使用上述六种函数形式，尝试寻找最适合的函数形式，结果如表 2.18 和表 2.19 所示。

表 2.18　太阳散射辐射修正采用不同函数形式的 R 值结果对比

函数类型	φ 修正后的相关系数 R 值					
	线性函数	二次多项式	三次多项式	指数函数	对数函数	幂函数
线性函数	0.866	0.867	0.868	0.862	0.861	0.849
二次多项式	0.869	0.87	0.87	0.864	0.864	0.852
三次多项式	0.873	0.873	0.874	0.867	0.868	0.855
指数函数	0.868	0.869	0.870	0.863	0.864	0.851
对数函数	0.872	0.872	0.873	0.866	0.867	0.854
幂函数	0.87	0.871	0.872	0.865	0.866	0.853

表 2.19　太阳散射辐射修正采用不同函数形式的结果对比

函数类型	φ 和 AQI/100 同时修正					
	线性函数	二次多项式	三次多项式	指数函数	对数函数	幂函数
线性函数	0.667	0.659	0.672	0.658	0.635	0.645
二次多项式	0.677	0.672	0.683	0.671	0.654	0.662
三次多项式	0.69	0.684	0.693	0.684	0.669	0.677
指数函数	0.618	0.604	0.654	0.601	0.571	0.575
对数函数	0.683	0.676	0.686	0.676	0.658	0.666
幂函数	0.671	0.664	0.681	0.664	0.643	0.651

　　实验结果表明，使用 φ 和 AQI 进行修正时采用三次多项式函数的效果最好，相关系数最高，因此本书对于两个参数均使用三次多项式进行修正。同时为了提高模型的精度，本书根据实测数据建立了逐月修正模型，如式 (2.198)～式 (2.201) 所示，得到了逐月的辐射比与拟合后的三次多项式系数如表 2.20 所示。

$$I'_{h,b} = Y_b \times I_{h,b} \tag{2.198}$$

$$Y_b = a\varphi^3 + b\varphi^2 + c\varphi + d \tag{2.199}$$

$$I'_s = Y_s \times I_s \tag{2.200}$$

$$Y_s = e\varphi^3 + f\varphi^2 + g\varphi + h \tag{2.201}$$

式中，a、b、c、d、e、f 及 g 均为系数；$I'_{h,b}$ 为相对湿度修正后的直射辐射，W/m^2；Y_b 为太阳直射辐射比 I；$I'_{h,b}$ 为太阳直射辐射，W/m^2；φ 为相对湿度，%；I'_s 为相对湿度修正后的散射辐射，W/m^2；Y_s 为太阳散射辐射比 I；I_s 为散射辐射照度；W/m^2。

表 2.20　相对湿度修正辐射模型系数

月份	采用 φ 修正的直射辐射模型					采用 φ 修正的散射辐射模型				
	a	b	c	d	R^2	e	f	g	h	R^2
1 月	0.025	0.011	−0.355	1.207	0.705	0.235	−1.589	2.974	−0.16	0.21
2 月	−0.014	0.14	−0.398	1.174	0.506	0.017	−0.212	0.633	0.722	0.293
3 月	−0.022	0.17	−0.415	1.204	0.537	−0.005	−0.019	0.399	0.707	0.535
4 月	−0.007	0.005	−0.097	1.052	0.648	0.013	−0.062	0.084	0.966	0.443
5 月	−0.013	0.106	−0.384	1.212	0.643	−0.12	0.355	0.044	0.832	0.309
6 月	0.393	−1.126	0.545	1.057	0.434	−0.513	1.37	−0.421	0.786	0.195
7 月	−0.261	1.193	−1.869	1.794	0.48	0.413	−1.795	2.47	0.063	0.293
8 月	0.115	−0.194	−0.202	1.188	0.594	−0.089	−0.059	0.697	0.605	0.389

月份	采用 φ 修正的直射辐射模型					采用 φ 修正的散射辐射模型				
	a	b	c	d	R^2	e	f	g	h	R^2
9月	0.188	−0.397	−0.177	1.193	0.774	0.968	−2.571	2.707	0.177	0.571
10月	0.372	−1.21	0.89	0.855	0.69	−0.63	2.126	−1.807	1.376	0.385
11月	−0.106	0.567	−0.826	1.283	0.9	−0.035	−0.328	1.031	0.545	0.448
12月	−0.047	0.216	−0.323	1.118	0.919	0.118	−0.518	0.746	0.731	0.305

在使用 φ 对太阳直射辐射和散射辐射进行修正后，加入变量 AQI/100 再进行修正，如式(2.202)~式(2.205)所示，三次多项式系数如表2.21所示。

$$I''_{h,b} = Y_b{}' \times I'_{h,b} \tag{2.202}$$

$$Y_b{}' = i\left(\frac{\text{AQI}}{100}\right)^3 + j\left(\frac{\text{AQI}}{100}\right)^2 + k\left(\frac{\text{AQI}}{100}\right) + l \tag{2.203}$$

$$I''_s = Y_s{}' \times I'_s \tag{2.204}$$

$$Y_s{}' = m\left(\frac{\text{AQI}}{100}\right)^3 + n\left(\frac{\text{AQI}}{100}\right)^2 + o\left(\frac{\text{AQI}}{100}\right) + p \tag{2.205}$$

式中，$I''_{h,b}$ 为相对湿度、空气质量指数修正后的直射辐射，W/m^2；$Y_b{}'$为太阳直射辐射比 Ⅱ；AQI 为空气质量指数；I''_s为相对湿度、空气质量指数修正后的散射辐射，W/m^2；$Y_s{}'$为太阳散射辐射比 Ⅱ；i、j、k、l、m、n、o、p 均为系数。

表 2.21　2017 年北京辐射数据验证对比模型

月份	采用 φ 和 AQI 修正的太阳直射辐射模型					采用 φ 和 AQI 修正的散射辐射模型				
	i	j	k	l	R^2	m	o	q	r	R^2
1月	0.025	0.011	−0.355	1.207	0.779	0.235	−1.589	2.974	−0.16	0.423
2月	−0.014	0.14	−0.398	1.174	0.586	0.017	−0.212	0.633	0.722	0.344
3月	−0.022	0.17	−0.415	1.204	0.686	−0.005	−0.019	0.399	0.707	0.597
4月	−0.007	0.005	−0.097	1.052	0.658	0.013	−0.062	0.084	0.966	0.445
5月	−0.013	0.106	−0.384	1.212	0.78	−0.12	0.355	0.044	0.832	0.321
6月	0.393	−1.126	0.545	1.057	0.472	−0.513	1.37	−0.421	0.786	0.241
7月	−0.261	1.193	−1.869	1.794	0.497	0.413	−1.795	2.47	0.063	0.323
8月	0.115	−0.194	−0.202	1.188	0.62	−0.089	−0.059	0.697	0.605	0.398
9月	0.188	−0.397	−0.177	1.193	0.854	0.968	−2.571	2.707	0.177	0.576
10月	0.372	−1.21	0.89	0.855	0.694	−0.63	2.126	−1.807	1.376	0.392
11月	−0.106	0.567	−0.826	1.283	0.909	−0.035	−0.328	1.031	0.545	0.472
12月	−0.047	0.216	−0.323	1.118	0.921	0.118	−0.518	0.746	0.731	0.342

使用 φ 和 AQI/100 对太阳辐射进行修正后，尝试调换修正顺序，得到仅用 AQI/100 修正的模型Ⅳ和依次使用 AQI/100、φ 进行修正的模型Ⅴ，结果如表 2.22 所示。

表 2.22　2017 年北京辐射数据验证对比模型

模型	统计学参数				备注
	R	相对标准差 (RSE)	均方根误差 (RMSE)	Nash-Sutcliffe 方程值 (NSE)	
太阳直射辐射模型Ⅰ	0.772	0.844	248.498	−0.173	原模型
太阳直射辐射模型Ⅱ	0.811	0.419	136.41	0.647	φ 修正
太阳直射辐射模型Ⅲ	0.816	0.392	135.68	0.65	φ、AQI/100 修正
太阳直射辐射模型Ⅳ	0.803	0.399	140.228	0.627	AQI/100 修正
太阳直射辐射模型Ⅴ	0.811	0.4	137.775	0.639	AQI/100、φ 修正
太阳散射辐射模型Ⅰ	0.496	0.512	110.108	0.011	原模型
太阳散射辐射模型Ⅱ	0.685	0.607	81.827	0.454	φ 修正
太阳散射辐射模型Ⅲ	0.7	0.647	82.709	0.442	φ、AQI/100 修正
太阳散射辐射模型Ⅳ	0.629	0.632	87.974	0.369	AQI/100 修正
太阳散射辐射模型Ⅴ	0.635	0.621	93.617	0.285	AQI/100、φ 修正

如表 2.22 所示，使用相对湿度进行修正后，直射辐射和散射辐射的模型计算值与实测值更加吻合（R 值和 NSE 更接近于 1，RMSE 更接近于 0，RSE 直射辐射更接近于 0），其中散射辐射受地面反射的影响较大，因此修正效果稍显不足。在此基础上，使用 AQI 进行修正后，直射辐射模型的所有统计学参数都有显著的提升，而散射辐射在总辐射中所占比重较小，修正空间较小，因此只有 R 值增大，其他统计学参数的变化并不显著。由于计算水蒸气层削弱时使用实际数据反推的方法，精度与卫星实测可降水量数据存在偏差，因此加入相对湿度进行修正，结果表明其对辐射模型的影响比使用 AQI 修正更加显著。所以本书先使用对辐射模型影响更大的相对湿度修正后，再使用 AQI 进行修正，为了验证这一理论，本书尝试了先使用 AQI 修正再使用相对湿度修正，虽然模型精度有所提升，但是交换修正顺序后，效果不如模型Ⅲ。

前面已证明了先用相对湿度再用空气质量指数对太阳辐射值进行修正的效果最好。本书从春季和秋季各挑选了两个月份来展示修正效果对比，如图 2.2 和图 2.3 所示。其中，图 2.2 为 1 月和 7 月直射辐射模型修正值、既有太阳直射辐射削弱模型计算值与实测值效果对比图，从图中可得知，依次使用 φ 和 AQI 对模型进行修正提升了模型的精度，比模型Ⅰ更加精确。图 2.3 为 2 月和 8 月散射辐射修正模型计算值、既有太阳散射辐射削弱模型计算值与实测值效果对比图，结果表明修正后的模型计算值与实测值更吻合，精度更高。

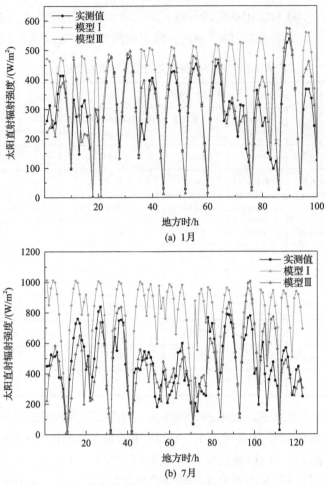

图 2.2　直射辐射原始模型 I 、修正模型 III 与实测值对比

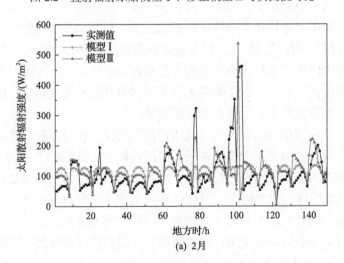

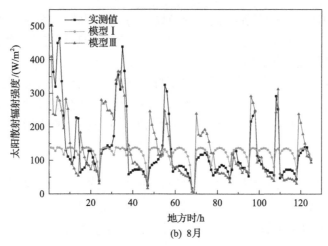

图 2.3　散射辐射原始模型 I 、修正模型Ⅲ与实测值对比

本书在研究既有逐层削弱模型的基础上，分析了地面实测太阳辐射及相关气象数据之间的内在联系，探索了太阳辐射的传输机理，得到了如下结论：

(1)通过使用地面实测数据代替卫星反演数据的方法，在水汽层中增加 φ 、气溶胶层中增加 AQI，建立了的太阳辐射逐层削弱修正模型。

(2)通过对比分析表明，使用 φ 和 AQI 两个变量进行修正后，比既有太阳直射辐射逐层削弱模型 R 值提升了 5.74%，比既有太阳散射辐射逐层削弱模型 R 值提升了 41.27%，修正模型与实测值更加吻合。

(3)目前所开展的研究缺乏逐时云量数据，下一步研究将积累云量数据，探究云量对太阳辐射的削弱作用，进一步提高模型的精度。

2.2.2　基于神经网络建立的太阳总辐射模型

支持向量机(SVM)由 Vapnik 首先提出，可用于模式分类、非线性回归和其他相关领域。SVM 的理论基础是统计学理论，更精确地说，SVM 是结构风险最小化的近似实现。由统计学习理论可知，回归估计的实际风险与经验风险和置信范围两部分有关，其中，经验风险与训练样本有关，置信范围则与学习机器的 VC 维(Vapnik-Chervonenkis dimension)及训练样本数有关。只有两者都小，即不仅经验风险要小，VC 维也要最小(以最小化置信区间)，才能使实际风险最小，对未知数据具有很好的泛化能力。

假定训练样本集为 $\{(x_i, y_i), i = 1, 2, \cdots, l\}$，其中 $x_i \in R^N$ 为输入值，$y_i \in R$ 为对应的目标值，l 为样本数。为了防止过拟合，引入容忍值 $\varepsilon > 0$，ε 与回归函数对样本集的估计精度直接相关，定义 ε 不敏感损失函数如方程(2.206)所示：

$$\left| y - f(x) \right|_\varepsilon = \begin{cases} 0, & \left| y - f(x) \right| \leqslant \varepsilon \\ \left| y - f(x) \right| - \varepsilon, & \left| y - f(x) \right| > \varepsilon \end{cases} \tag{2.206}$$

式中，$f(x)$ 为通过对样本集的学习而构造的回归函数；y 为 x 对应的目标值。支持向量回归(SVR)对样本训练的目的是构造回归函数 $f(x)$，使回归函数对样本的估计值与期望值之间的距离小于 ε。回归函数的 VC 维最小，使回归函数具有最佳的泛化能力，从而完美解决样本过拟合的问题。

在低维空间内无法通过线性函数实现对样本集的回归估计，因此将样本集 x 映射到一个高维线性特征空间，在该线性空间中可实现对样本集的线性回归。假定样本集的映射函数为一非线性函数 $\phi(x)$，则回归估计函数 $f(x)$ 可表示为式(2.207)，即

$$f(x) = w\phi(x) + b \qquad (2.207)$$

式中，w 的维数为样本集映射后高维线性特征空间的维数。为了实现对数据不同侧重程度的分析，引入松弛变量 ξ 和 ξ^*，分别代表上、下边界的松弛因子。C 是惩罚因子，是一个经验值。该值决定了算法对不同数据带来损失的重视程度，这样式(2.207)写为式(2.208)：

$$
\begin{aligned}
&\min_{w,b,\xi} \frac{1}{2}\|w\|^2 + C\sum_{i=1}^{l}(\xi_i + \xi_i^*) \\
&\text{s.t. } y_i - w\phi(x_i) - b \leqslant \varepsilon + \xi_i \\
&\qquad w\phi(x_i) + b - y_i \leqslant \varepsilon + \xi_i^* \\
&\qquad \xi_i \geqslant 0 \\
&\qquad \xi_i^* \geqslant 0, \quad i=1,2,\cdots,l
\end{aligned}
\qquad (2.208)
$$

利用拉格朗日乘子法求解该最优化问题，其求得回归估计函数为式(2.209)所示，即

$$f(x) = \sum_{x_j \in \text{SV}} (\alpha_i - \alpha_i^*) K(x_i \cdot x_j) + b \qquad (2.209)$$

式中，α_i 和 α_i^* 为拉格朗日乘子；$K(x_i \cdot x_j) = \phi(x_i) \cdot \phi(x_j)$ 称为核函数；SV 为支持向量。

尽管 SVM 算法需要通过一个非线性函数将样本集映射到高维特征空间，但实际求解回归函数时，只需要计算核函数，并不需要计算该非线性函数。为避免高维特征空间可能引起的维数灾难问题，核函数必须满足 Merce 条件。

近年来，人口增长导致能源危机和环境污染日益加剧。各国将研究重点集中到新能源，而太阳能作为一种无污染、储量大、分布广的新能源，已被各国广泛使用。太阳辐射在到达地球表面之前，先经过大气层的吸收和散射。由于受到天气条件、大气状况等因素的影响，地表可以接收到的太阳辐射呈现随机变化的趋势。一些学者研究了常规气象参数(如纬度、日照时间、温度、相对湿度等)对水平面太阳辐射的影响，基于大量历史数据提出了许多经验模型。太阳辐射同时受到很多因素的影响，但是经验模型由于函数关系较为简单，一般只反映一种或者几种参数对太阳辐射的影响，很少考虑到多参数之间的相互耦合作用。

随着人工智能和生物仿真技术的发展，许多研究人员将神经网络应用到太阳能领域，尤其是太阳辐射的相关研究中。由于神经网络不受常规函数的限制，能够同时考虑多参数之间的耦合作用，因此在估算太阳辐射方面有独特的优势。SVM 相对于其他神经网络而言，具有广泛的适用性。SVM 既可以处理线性问题，又可以将非线性问题通过核函数映

射到高维线性空间来进行处理，保证了该算法的适应能力。除此之外，SVM 基于统计学习理论，使用以结构风险最小化的原则来实现对有限样本的学习。在对给定数据的逼近精度和逼近函数的复杂性之间寻求折中，使得该算法具有较强的推广能力。因此，近年来许多学者基于大量的实测数据使用 SVM 算法在建立太阳辐射模型方面做出了大量的研究。Chen 等提出了一系列模型，其以 7 种气温的组合作为输入参数，使用线性、多项式和径向基函数作为核函数，利用 SVM 来估算月平均太阳辐射。结果表明将多项式作为核函数，T_{max} 和 T_{min} 作为输入参数的模型效果最好。Zeng 和 Qiao 基于历史数据(太阳辐射、云量、相对湿度和风速等)，利用 SVM 算法预测大气透射率，然后根据纬度和日长将其转换为太阳能。通过对国家太阳辐射数据库的验证，模型显示了较好的匹配性。如果使用更多的气象参数，尤其是云量，可进一步提高模型精度。Chen 等利用支持 SVM 来建立基于日照时数的太阳总辐射模型，将 7 个不同输入参数的 SVM 模型和 5 个经验模型进行了对比。结果显示 SVM 模型相对于经验模型的性能更好，并指出将日照时数和其他气象参数相结合可以提高模型的精度。Ramedani 等提出了一种支持向量回归的方法来预测太阳总辐射，该文献中研究了两个 SVR 模型：一个是径向基函数(SVR-rbf)模型；一个是多项式函数(SVR-poly)模型。结果表明，SVR-rbf 模型在预测性能方面优于 SVR-poly，且其可以有效地提高精度并缩短计算时间。Olatomiwa 等将日照时数、最高温度和最低温度作为输入参数，将 SVM 和萤火虫算法相结合(SVM-FFA)来预测水平面月平均太阳总辐射。与人工神经网络(ANN)和遗传编程(genetic programming，GP)模型相比，所建立的 SVM-FFA 模型的预测精度更高。Shamshirband 等将 SVM 和小波分析相结合，建立了一种耦合模型用于估算日水平面太阳总辐射，并利用伊朗地区数据(云量和晴空指数)进行检验，结果表明该模型的估算值和实测数据具有较好的一致性。作者利用雾霾严重地区的数据，讨论雾霾与其他气象参数对太阳辐射的耦合作用影响，进而建立了相应的 SVM 模型。

第 3 章　太阳散射辐射的理论模型

太阳散射辐射模型的种类繁多，大致可分为各向同性散射辐射模型、各向异性散射辐射模型和其他散射辐射模型。其他散射辐射模型又分为确定性(一般具有相对固定的计算公式)及非确定性散射辐射模型(无确定的计算公式)。在对既有散射辐射模型对比分析的基础上，本章采用微元积分法基于立体角和辐射力的概念建立了各向异性散射辐射新模型。

3.1　各向同性散射辐射模型

1963 年，Liu 和 Jordan 建立了用于估算太阳辐射的各向同性散射辐射模型；1977 年，Klein 提出了倾斜面上太阳辐射量的计算方法：太阳辐射总量 H_T 由直接太阳辐射量 H_{bt}、天空散射辐射量 H_{dt} 和地面反射辐射量 H_{rt} 三部分组成，并认为天空散射辐射量是均匀分布的，即各向同性散射辐射。

各向同性的假设有其局限性，例如在北半球，南面的天空散射辐射要比北面大。Koronakis 指出，6 月份南面的天空散射辐射量平均要占 63%，在南半球则正好相反。为此，Molineaux 和 Ineichen 认为，散射辐射量至少等于直射辐射量的 6%。此外，Hay、Davies、Klucher、Perez 等也分别提出了天空散射各向异性模型的计算方法。Jain 等分析后认为 Hay 模型较为简明实用。

3.2　各向异性散射辐射模型

3.2.1　既有散射辐射模型的分析

第一代各向同性的 Liu & Jordan 模型仅适用于阴天的天气状况，无法适用于多云及晴天的天气状况。第二代模型一般是在各向同性模型的基础上做修正以适应多云及晴天的天气状况，例如，Temps & Coulson 模型增加了天边辐射系数和环日辐射系数来描述晴天状况下的各向异性散射辐射；Klucher 模型在 Temps & Coulson 模型的基础上引入了与散射比有关的修正系数来适应晴天、多云、阴天三种天气状况，该模型在阴天状况下接近于各向同性的 Liu & Jordan 模型，而在晴天状况下接近于各向异性的 Temps & Coulson 模型；此外，Hay、Skartveit 和 Olseth、Reindl 等则将太阳散射辐射分解为太阳周边辐射增强区域对应的散射辐射(以下简称为环日散射辐射)、地平线附近由辉光效应导致辐射增强区域对应的散射辐射(以下简称为天边散射辐射)、除以上区域外的天空对应的各向同性散射辐射(以下简称为天顶散射辐射)等三部分或其中的两部分。这一阶段模型虽然形式相对简单，具有一定的实用价值，但由于仅在各向同性模型的基础上进行修正，故其物理意义不明确，准确性相对较低。第三代模型采用构建散射辐射微元后积分求解的方法，其中 Gueymard 模型、Muneer 模型都是在 Steven & Unsworth 模型的基础上发展而来的，而 Steven & Unsworth 模型是通过 Moon & Spencer 模型(各向异性亮度模型)进行积分求解得到的,其核心指标——亮度(辐射)分布指数对计算结果的准确性影响较大。其后,Perez 将散射辐射分解为环日散射辐射、天边散射辐射、天顶散射辐射三个区域,并假设各区域内是各向同性的,按辐射强度及立体角的定义构建微元方程,在此基础上对这三个区域分别进行积分求解,但该模型中天顶散射辐射对应的区域实际上并不是各向同性的,众多实测结果和研究表明,与太阳所在位置成 90°夹角的区域(以下该区域对应的散射辐射简称为正交散射辐射)存在明显的散射辐射削弱,如图 3.1 和图 3.2 所示。

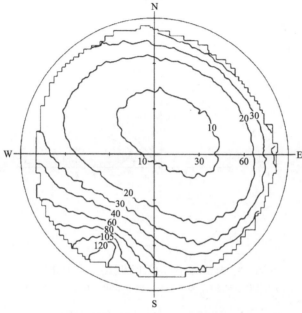

图 3.1　Hay 和 Davies 测得太阳高度角为 67.6°时的晴天散射辐射分布(单位:W/m²)

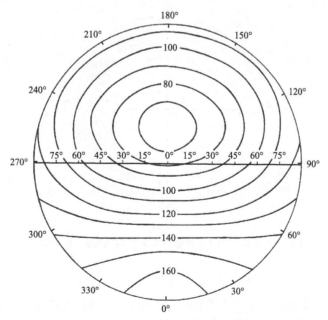

图 3.2　Temps 和 Coulson 采用遮挡直射辐射间接测得的散射辐射分布(单位:W/m²)

3.2.2 散射辐射新模型的构建

1. 半球散射辐射

由于对应的天顶积分求解较为复杂，采用半球立体角减去非倾斜面对应的天顶立体角来求解，倾斜面对应的天顶辐射在空间的分布及在水平面的投影如图 3.3 和图 3.4 所示。

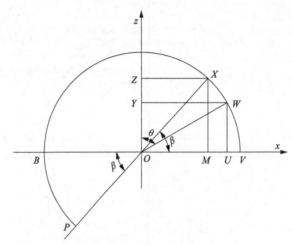

图 3.3　倾斜面对应的天顶辐射在空间的分布

θ 为任意朝向倾斜面的入射角，(°)；β 为倾斜面的倾角，(°)

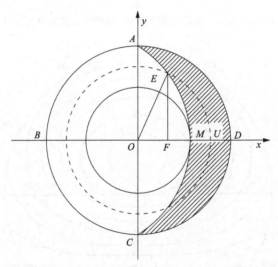

图 3.4　倾斜面对应的天顶辐射在水平面的投影(非阴影部分)

球面方程为 $x^2 + y^2 + z^2 = R^2$，倾斜面方程为 $z = x\tan\beta$，两者的交线 AMC 的方程为 $x^2\sec^2\beta + y^2 = R^2$，圆 OEU(即 YW 平面截球面所得的截面)方程为 $x^2 + y^2 = R^2\sin^2\theta$，圆

OEU 与交线 AMC 的交点为

$$\begin{cases} x^2 \sec^2 \beta + y^2 = R^2 \\ x^2 + y^2 = R^2 \sin^2 \theta \end{cases} \tag{3.1}$$

由式(3.1)可解得

$$\begin{cases} x = R \cos \theta / \tan \beta \\ y = R \sqrt{1 - \cos^2 \theta / \sin^2 \beta} \end{cases} \tag{3.2}$$

为简化积分限的表达形式，采用余弦值 $\cos \angle EOF$ 描述积分限，$OF = R \cos \theta / \tan \beta$，$OE = YW = R\sin\theta$，可得

$$\cos \angle EOF = \frac{OF}{OE} = \frac{R \cos \theta / \tan \beta}{R\sin\theta} = \cot \theta \cot \beta \tag{3.3}$$

球面 $ADCMA$ 对应的立体角为

$$2 \int_{\theta = \frac{\pi}{2} - \beta}^{\theta = \frac{\pi}{2}} \int_{\phi=0}^{\phi = \arccos(\cot\theta\cot\beta)} \mathrm{d}\phi \sin\theta \cos\theta \mathrm{d}\theta = \frac{\pi}{2} - \frac{\pi}{2} \cos\beta$$

球面 $ABCMA$ 对应的立体角为

$$\pi - \left(\frac{\pi}{2} - \frac{\pi}{2}\cos\beta \right) = \frac{\pi}{2}(1 + \cos\beta) \tag{3.4}$$

故倾斜面对应的半球散射辐射如式(3.5)所示，即

$$I'_{t,d4} = \frac{\pi}{2}(1 + \cos\beta) I_s \tag{3.5}$$

式中，$I'_{t,d4}$ 为水平面对应的半球散射辐射照度，$\mathrm{W/m^2}$；I_s 为天顶散射辐射照度，$\mathrm{W/m^2}$；β 为倾斜面倾角，$(°)$。

2. 散射辐射的空间分布

倾斜面对应的散射辐射在空间的分布如图 3.5 和图 3.6 所示。
根据辐射强度及立体角的定义，分别对倾斜面对应的四部分散射辐射积分。

3. 环日散射辐射

倾斜面对应的环日散射辐射在空间的分布如图 3.7 所示。

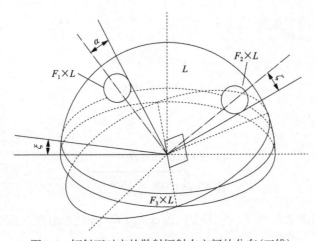

图 3.5　倾斜面对应的散射辐射在空间的分布(三维)

α 为环日球冠顶角的 1/2,(°);ζ 为正交球冠顶角的 1/2,(°);ξ 为天边辐射增强区域对应的角度,(°)

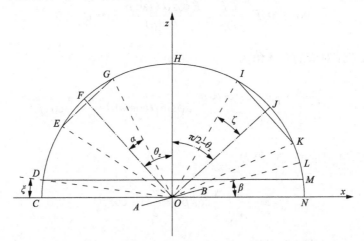

图 3.6　倾斜面对应的散射辐射在空间的分布(剖面)

θ_z 为太阳天顶角,(°)

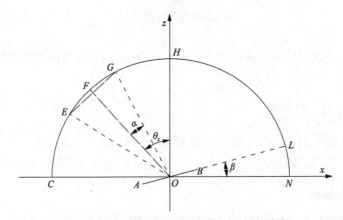

图 3.7　倾斜面对应的环日辐射在空间的分布

顶角为 2α 球冠的立体角如式 (3.6) 所示，即

$$\int_0^{2\pi}\int_0^{\alpha}\sin\theta\mathrm{d}\theta\mathrm{d}\phi=2\pi\int_0^{\alpha}\sin\theta\mathrm{d}\theta=2\pi\left[-\cos\theta\right]_0^{\alpha}=2\pi(1-\cos\alpha) \tag{3.6}$$

倾斜面的环日散射辐射如式 (3.7) 所示，即

$$I_{\mathrm{t,dl}}=\chi_{\mathrm{c}}(\theta)F_1I_{\mathrm{s}}\int_0^{2\pi}\int_0^{\alpha}\sin\theta\mathrm{d}\theta\mathrm{d}\phi=2\pi(1-\cos\alpha)\chi_{\mathrm{c}}(\theta)F_1I_{\mathrm{s}} \tag{3.7}$$

式中，$I_{\mathrm{t,dl}}$ 倾斜面对应的环日散射辐射照度，$\mathrm{W/m^2}$；F_1 为环日辐射增强系数。

$$\chi_{\mathrm{c}}(\theta)=\begin{cases}\psi_{\mathrm{h}}\cos\theta, & 0\leqslant\theta<\dfrac{\pi}{2}-\alpha \\[2mm] \psi_{\mathrm{h}}\dfrac{\pi/2-\theta+\alpha}{2\alpha}\sin\left(\dfrac{\pi/2-\theta+\alpha}{2}\right), & \dfrac{\pi}{2}-\alpha\leqslant\theta<\dfrac{\pi}{2}+\alpha \\[2mm] 0, & \dfrac{\pi}{2}+\alpha\leqslant\theta\leqslant\pi\end{cases} \tag{3.8}$$

$$\psi_{\mathrm{h}}=\begin{cases}1, & 0\leqslant\theta_z<\dfrac{\pi}{2}-\alpha \\[2mm] \dfrac{\pi/2-\theta_z+\alpha}{2\alpha}, & \dfrac{\pi}{2}-\alpha\leqslant\theta_z\leqslant\dfrac{\pi}{2}\end{cases} \tag{3.9}$$

$$\theta=\arccos(A\sin\delta+B\cos\delta\cos\omega+C\cos\delta\sin\omega) \tag{3.10}$$

$$A=\sin\phi\cos\beta-\cos\phi\sin\beta\cos\gamma_{\mathrm{t}} \tag{3.11}$$

$$B=\cos\phi\cos\beta+\sin\phi\sin\beta\cos\gamma_{\mathrm{t}} \tag{3.12}$$

$$C=\sin\beta\sin\gamma_{\mathrm{t}} \tag{3.13}$$

式中，$\chi_{\mathrm{c}}(\theta)$ 为倾斜面可以看到的环日散射辐射区域的比例；ψ_{h} 为中间变量；θ 为入射角，(°)；α 为环日球冠顶角的 1/2，(°)；θ_z 为天顶角，(°)；ϕ 为地理纬度，(°)；γ_{t} 为倾斜面的方位角，正南为 0，偏东为负，偏西为正，(°)。

4. 正交散射辐射

倾斜面对应的正交散射辐射在空间的分布如图 3.8 所示。

正交球冠顶角为 2ζ 其对应的立体角如式 (3.14) 所示，即

$$\int_0^{2\pi}\int_0^{\zeta}\sin\theta\mathrm{d}\theta\mathrm{d}\phi=2\pi\int_0^{\zeta}\sin\theta\mathrm{d}\theta=2\pi\left[-\cos\theta\right]_0^{\zeta}=2\pi(1-\cos\zeta) \tag{3.14}$$

倾斜面的正交散射辐射如式 (3.15) 所示，即

$$I_{t,d2}=\chi_c\left(\frac{\pi}{2}-\theta\right)F_2I_s\int_0^{2\pi}\int_0^{\zeta}\sin\theta\mathrm{d}\theta\mathrm{d}\phi=2\pi(1-\cos\zeta)\chi_c\left(\frac{\pi}{2}-\theta\right)F_2I_s \tag{3.15}$$

式中，$I_{t,d2}$ 为倾斜面对应的正交散射辐射照度，W/m^2；F_2 为正交辐射削弱系数；I_s 为天顶散射辐射，W/m^2。

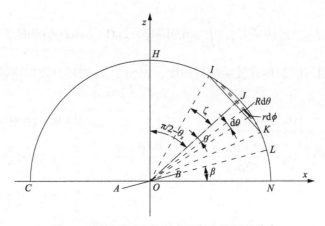

图 3.8　倾斜面对应的正交辐射在空间的分布

$$\chi_c\left(\frac{\pi}{2}-\theta\right)=\begin{cases}\psi_h'\dfrac{\theta+\zeta}{2\zeta}\sin\left(\dfrac{\theta+\zeta}{2}\right), & 0\leqslant\theta<\zeta \\[2mm] \psi_h'\sin\theta, & \zeta\leqslant\theta<\dfrac{\pi}{2} \\[2mm] \psi_h'\sin(\pi-\theta), & \dfrac{\pi}{2}\leqslant\theta<\pi-\zeta \\[2mm] \psi_h'\dfrac{\pi-\theta+\zeta}{2\zeta}\sin\left(\dfrac{\pi-\theta+\zeta}{2}\right), & \pi-\zeta\leqslant\theta\leqslant\pi\end{cases} \tag{3.16}$$

$$\psi_h'=\begin{cases}\dfrac{\theta_z+\zeta}{2\zeta}, & 0\leqslant\theta_z<\zeta \\[2mm] 1, & \zeta\leqslant\theta_z\leqslant\dfrac{\pi}{2}\end{cases} \tag{3.17}$$

式中，$\chi_c\left(\dfrac{\pi}{2}-\theta\right)$ 为水平面可以看到的正交散射辐射区域的比例；ζ 为正交球冠顶角的 1/2，（°）；ψ_h' 为中间变量。

5. 天边散射辐射

当 $\beta\leqslant\xi$ 时，倾斜面对应的天边辐射在空间的分布及其在水平面的投影如图 3.9 和图 3.10 所示。

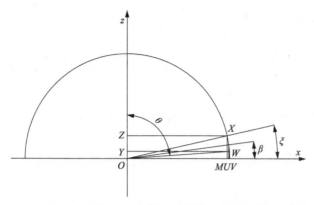

图 3.9 倾斜面对应的天边辐射在空间的分布

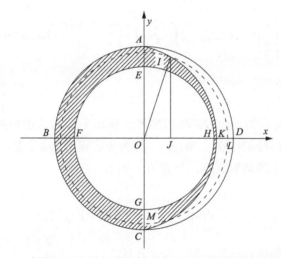

图 3.10 倾斜面对应的天边辐射在水平面的投影(图中阴影部分)

球面方程为 $x^2 + y^2 + z^2 = R^2$，倾斜面方程为 $z = x\tan\beta$，两者的交线 AKC 的方程为 $x^2\sec^2\beta + y^2 = R^2$，圆 ILM(即 YW 平面截球面所得的截面)方程为 $x^2 + y^2 = R^2\sin^2\theta$，圆 ILM 与交线 AKC 的交点如式(3.18)所示，即

$$\begin{cases} x^2\sec^2\beta + y^2 = R^2 \\ x^2 + y^2 = R^2\sin^2\theta \end{cases} \tag{3.18}$$

由式(3.18)可解得

$$\begin{cases} x = R\cos\theta / \tan\beta \\ y = R\sqrt{1 - \cos^2\theta / \sin^2\beta} \end{cases} \tag{3.19}$$

为简化积分限的表达形式，采用余弦值 $\cos\angle IOJ$ 描述积分限，即

$$OJ = R\cos\theta / \tan\beta, \quad \cos\angle IOJ = \frac{OJ}{OI} = \frac{R\cos\theta / \tan\beta}{R\sin\theta} = \cot\theta\cot\beta, \quad OI = YW = R\sin\theta\,.$$

球面 ADCKA 的立体角为

$$2\int_{\theta=\frac{\pi}{2}-\beta}^{\theta=\frac{\pi}{2}}\int_{\phi=0}^{\phi=\mathrm{arccos}(\cot\theta\cot\beta)}\mathrm{d}\phi\sin\theta\cos\theta\mathrm{d}\theta=\frac{\pi}{2}-\frac{\pi}{2}\cos\beta$$

故地平线附近的环形球面 *ABCKA-EFGHE* 的立体角为

$$\frac{\pi}{2}(1-\cos2\xi)-\left(\frac{\pi}{2}-\frac{\pi}{2}\cos\beta\right)=\frac{\pi}{2}(\cos\beta-\cos2\xi) \tag{3.20}$$

当 $\beta\leqslant\xi$ 时，倾斜面对应的天边辐射量如式(3.21)所示，即

$$I_{\mathrm{t,d3}}=F_3I_\mathrm{s}\left[\frac{\pi}{2}(1-\cos2\xi)-2\int_{\theta=\frac{\pi}{2}-\beta}^{\theta=\frac{\pi}{2}}\int_{\phi=0}^{\phi=\mathrm{arccos}(\cot\theta\cot\beta)}\mathrm{d}\phi\sin\theta\cos\theta\mathrm{d}\theta\right]$$

$$=\frac{\pi}{2}(\cos\beta-\cos2\xi)F_3I_\mathrm{s} \tag{3.21}$$

式中，$I_{\mathrm{t,d3}}$ 为倾斜面对应的天边散射辐射照度，W/m^2；ξ 为天边辐射增强区域对应的角度，(°)；I_s 为天顶散射辐射强度，W/m^2；F_3 为天边辐射增强系数。

为验证结果，对于倾角取极值，令 $\beta=0$，则有

$$I_{\mathrm{t,d3}}=\frac{\pi}{2}(1-\cos2\xi)F_3I_\mathrm{s} \tag{3.22}$$

该结果与水平面的计算结果一致，验证正确。

当 $\beta>\xi$ 时，倾斜面对应的天边辐射在空间的分布及其在水平面的投影如图 3.11 和图 3.12 所示。

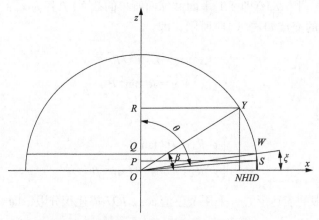

图 3.11　倾斜面对应的天边辐射在空间的分布

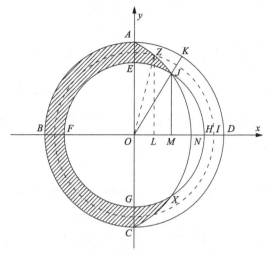

图 3.12　倾斜面对应的天边辐射在水平面的投影 (图中阴影部分)

球面方程为 $x^2+y^2+z^2=R^2$，倾斜面方程为 $z=x\tan\beta$，两者的交线 $AJNXC$ 的方程为 $x^2\sec^2\beta+y^2=R^2$，圆 OZI (即 PS 平面截球面所得的截面) 方程为 $x^2+y^2=R^2\sin^2\theta$，圆 ILM 与交线 AKC 的交点如式 (3.23) 所示，即

$$\begin{cases} x^2\sec^2\beta+y^2=R^2 \\ x^2+y^2=R^2\sin^2\theta \end{cases} \tag{3.23}$$

由式 (3.23) 可解得

$$\begin{cases} x=R\cos\theta/\tan\beta \\ y=R\sqrt{1-\cos^2\theta/\sin^2\beta} \end{cases} \tag{3.24}$$

为简化积分限的表达形式，采用余弦值 $\cos\angle ZOL$ 描述积分限，$OL=R\cos\theta/\tan\beta$，$\cos\angle ZOL=\dfrac{OL}{OZ}=\dfrac{R\cos\theta/\tan\beta}{R\sin\theta}=\cot\theta\cot\beta$，$OZ=PS=R\sin\theta$。面 $AEJZA$ 对应球面的立体角如式 (3.25) 所示：

$$\int_{\theta=\frac{\pi}{2}-\xi}^{\theta=\frac{\pi}{2}}\int_{\phi=\arccos(\cot\theta\cot\beta)}^{\phi=\frac{\pi}{2}} d\phi\sin\theta\cos\theta d\theta = -\frac{\pi}{8}(1+\cos 2\xi)$$

$$+\frac{1}{4}(1+\cos 2\xi)\arccos(\tan\xi\cot\beta)+\frac{1}{2}\arcsin(\sin\xi\csc\beta)\cos\beta \tag{3.25}$$

故倾斜面对应的天边散射辐射的立体角为

$$\frac{\pi}{4}(1-\cos 2\xi)+2\left[\begin{array}{l} -\dfrac{\pi}{8}(1+\cos 2\xi)+\dfrac{1}{4}(1+\cos 2\xi)\arccos(\tan\xi\cot\beta) \\ +\dfrac{1}{2}\arcsin(\sin\xi\csc\beta)\cos\beta \end{array}\right]$$

其结果为

$$-\frac{\pi}{2}\cos 2\xi + \frac{1}{2}(1+\cos 2\xi)\arccos(\tan\xi\cot\beta) + \arcsin(\sin\xi\csc\beta)\cos\beta \quad (3.26)$$

为验证结果的正确性，对倾角取极值，令 $\beta=\xi$，则有倾斜面对应天边辐射的立体角为 $\frac{\pi}{2}(\cos\xi - \cos 2\xi)$，与倾角 $\beta\leqslant\xi$ 时取 $\beta=\xi$ 的计算结果一致，验证正确。

因此，倾斜面对应的天边辐射量如式(3.27)所示，即

$$
\begin{aligned}
I_{\mathrm{t,d3}} &= \left[\frac{\pi}{4}(1-\cos 2\xi) - 2\int_{\theta=\frac{\pi}{2}-\xi}^{\theta=\frac{\pi}{2}}\int_{\phi=\arccos(\cot\theta\cot\beta)}^{\phi=\frac{\pi}{2}}\mathrm{d}\phi\sin\theta\cos\theta\mathrm{d}\theta\right]F_3 I_{\mathrm{s}} \\
&= \left[-\frac{\pi}{2}\cos 2\xi + \frac{1}{2}(1+\cos 2\xi)\arccos(\tan\xi\cot\beta) + \arcsin(\sin\xi\csc\beta)\cos\beta\right]F_3 I_{\mathrm{s}}
\end{aligned}
\quad (3.27)
$$

6. 倾斜面天顶散射辐射

倾斜面半球散射辐射的积分如式(3.5)所示，故天顶散射辐射如下计算。

当 $\beta\leqslant\xi$ 时，有

$$
\begin{aligned}
I_{\mathrm{t,d4}} &= I'_{\mathrm{t,d4}} - I_{\mathrm{t,d1}} - I_{\mathrm{t,d2}} - I_{\mathrm{t,d3}} \\
&= \frac{\pi}{2}I_{\mathrm{s}}(1+\cos\beta) - 2\pi(1-\cos\alpha)\chi_{\mathrm{c}}(\theta)I_{\mathrm{s}} - 2\pi(1-\cos\zeta)\chi_{\mathrm{c}}\left(\frac{\pi}{2}-\theta\right)I_{\mathrm{s}} \\
&\quad -\frac{\pi}{2}I_{\mathrm{s}}(\cos\beta - \cos 2\xi)
\end{aligned}
\quad (3.28)
$$

当 $\beta>\xi$ 时，有

$$
\begin{aligned}
I_{\mathrm{t,d4}} &= I'_{\mathrm{t,d4}} - I_{\mathrm{t,d1}} - I_{\mathrm{t,d2}} - I_{\mathrm{t,d3}} \\
&= \frac{\pi}{2}I_{\mathrm{s}}(1+\cos\beta) - 2\pi(1-\cos\alpha)\chi_{\mathrm{c}}(\theta)I_{\mathrm{s}} - 2\pi(1-\cos\zeta)\chi_{\mathrm{c}}\left(\frac{\pi}{2}-\theta\right)I_{\mathrm{s}} \\
&\quad -\left[\begin{array}{l}-\frac{\pi}{2}\cos 2\xi + \frac{1}{2}(1+\cos 2\xi)\arccos(\tan\xi\cot\beta) \\ +\arcsin(\sin\xi\csc\beta)\cos\beta\end{array}\right]I_{\mathrm{s}}
\end{aligned}
\quad (3.29)
$$

7. 总散射辐射

根据以上分析可得倾斜面的总散射辐射。

当 $\beta\leqslant\xi$ 时，有

$$
\begin{aligned}
I_{\mathrm{t,d}} &= I_{\mathrm{t,d1}} + I_{\mathrm{t,d2}} + I_{\mathrm{t,d3}} + I_{\mathrm{t,d4}} \\
&= \pi I_{\mathrm{s}}\left[\begin{array}{l}0.5(1+\cos\beta) + 2(1-\cos\alpha)\chi_{\mathrm{c}}(\theta)(F_1-1) \\ +2(1-\cos\zeta)\chi_{\mathrm{c}}\left(\frac{\pi}{2}-\theta\right)(F_2-1) + 0.5(F_3-1)(\cos\beta - \cos 2\xi)\end{array}\right]
\end{aligned}
\quad (3.30)
$$

当 $\beta > \xi$ 时，有

$$I_{t,d} = I_{t,d1} + I_{t,d2} + I_{t,d3} + I_{t,d4}$$

$$= \pi I_s \left\{ \begin{array}{l} 0.5(1+\cos\beta) + 2(1-\cos\alpha)\chi_c(\theta)(F_1-1) + 2(1-\cos\zeta)\chi_c\left(\frac{\pi}{2}-\theta\right)(F_2-1) \\ + \left[\begin{array}{l} -\dfrac{1}{2}\cos 2\xi + \dfrac{1}{2\pi}(1+\cos 2\xi)\arccos(\tan\xi\cot\beta) \\ + \dfrac{1}{\pi}\arcsin(\sin\xi\csc\beta)\cos\beta \end{array} \right](F_3-1) \end{array} \right\} \tag{3.31}$$

3.3　其他散射辐射模型

3.3.1　确定性散射辐射模型

按照时间尺度，太阳散射辐射值可以被分为小时平均值(HB)、日平均值(DB)和月平均值(MB)等。经过无量纲化处理后，不同时间尺度的太阳散射辐射模型之间一般可以通用。本章对模型的分类方法是对不同输入参数进行总结，从晴空指数、日照百分率、云量和其他参数四个方面研究太阳散射辐射经验模型，然后按照散射辐射的无量纲量——散射比和散射系数将模型细化。

在求解太阳散射辐射的过程中，主要涉及以下参数：①气象参数(大气层外太阳总辐射、水平面太阳总辐射和散射辐射、日最大可能日照时数、日照时数、平均温度、最高温度、最低温度，相对湿度，气压等)；②天文学及地理学参数(经纬度、太阳赤纬角等)；③空间几何参数(太阳高度角、太阳时角等)。

在既有散射辐射模型中，为了方便建立各个参数之间的关系，通常用无量纲数来求解，如散射比 k_d、散射系数 k_c、晴空指数 k_t、日照百分率(S/S_{max})等。其中，散射比 k_d 为水平面散射辐射 H_d 与水平面总辐射 H 之比；散射系数 k_c 为水平面散射辐射 H_d 与大气层外太阳辐射 H_0 之比。

大气层外的太阳辐射 H_0 的计算公式如式(3.32)所示，即

$$H_0 = \frac{24}{\pi} I_{sc} \left(1+0.033\cos\frac{360n}{365}\right) \times \left(\cos\varphi\cos\delta\sin\omega_s + \frac{2\pi\omega_s}{360}\sin\phi\sin\delta\right) \tag{3.32}$$

式中，n 为积日；I_{sc} 为太阳辐射常数(取值为 $1367\mathrm{W/m^2}$)；ϕ 为纬度，(°)。太阳赤纬角和日落时角可由式(3.33)和式(3.34)得到，即

$$\delta = 23.45\sin\left[\frac{360(n+284)}{365}\right] \tag{3.33}$$

$$\omega_s = \cos^{-1}(-\tan\delta\tan\varphi) \tag{3.34}$$

太阳散射辐射受很多因素的影响，如经纬度、日照时数、温度和相对湿度等。虽然不同地区所建立的散射辐射模型有所差异，但是这些差异可以通过输入参数来区分。因此，本章根据输入参数将散射辐射经验模型大致分为四大类，具体如表 3.1 所示。

表 3.1　散射辐射经验模型按输入参数的分类

输入参数	模型类型
晴空指数	散射比-晴空指数模型
	散射系数-晴空指数模型
日照百分率	散射比-日照百分率模型
	散射系数-日照百分率模型
云量	散射比-云量模型
其他参数	散射比-其他参数模型
	散射系数-其他参数模型

1. 基于晴空指数建立水平面散射辐射模型

应用最早的水平面散射辐射模型是基于晴空指数的散射辐射模型，由 Liu 和 Jordan 提出。晴空指数为水平面的太阳总辐射与大气层外的太阳总辐射之比，表示进入大气层后的太阳辐射被云、臭氧、CO_2 及气溶胶等各种成分吸收、反射、散射而减弱的程度，其反映了大气层对太阳辐射的散射-削弱效应。

1) 散射比-晴空指数模型

该类模型的函数表达式如式(3.35)所示，即

$$\frac{H_d}{H} = f\left(\frac{H}{H_0}\right) \tag{3.35}$$

式中，H_d 为水平面的逐时太阳散射辐射量，kJ/m^2；H 为水平面逐时太阳总辐射量，kJ/m^2；H_0 为大气层外水平面的逐时太阳总辐射量，kJ/m^2。

按照函数方程形式的不同，该类模型又可分为四小类。

(1) 线性模型。

在散射比-晴空指数模型中，线性模型的结构最简单，如式(3.36)所示，即

$$\frac{H_d}{H} = a + b\left(\frac{H}{H_0}\right) \tag{3.36}$$

其中较为经典的模型如表 3.2 所示。

表 3.2　较为经典的线性模型系数表（散射比-晴空指数模型）

模型	地区	系数 a	系数 b	模型	地区	系数 a	系数 b
Page 模型	40°S～40°N 的 10 个城市	1	−1.13	Kaygusuz 模型	特拉布宗	0.789	−0.869
Iqbal 模型	多伦多、蒙特利尔	0.958	−0.982	Oliveira 模型	圣保罗	1.2	−1.7
Barbaro 模型	巴勒莫	1.0492	−1.3246	El-Sebaii 模型	马特鲁、阿里什、拉法、阿斯旺	1.242	−1.337
Barbaro 模型	马拉塔	0.9918	−1.0366	Bashahu 模型	达喀尔	1.13	−1.29
Barbaro 模型	热那亚	0.7273	−0.777	Aras 模型	土耳其	1.0212	−1.1672
Khogal 模型	也门	1.38	−1.8	Mubiru 模型	坎帕拉	0.98	−1.046
Lewis 模型	索尔兹伯里	1.26	−1.501	Jiang 模型	中国 8 个站点	1.012	1.144
Lewis 模型	布拉瓦约	1.049	−1.128	Ulgen 模型	伊斯坦布尔、安卡拉、伊兹密尔	0.6772	−0.4841
Hawas 模型	印度	1.35	−1.6075	Lewis 模型	美国	0.87	−0.84
Lalas 模型	雅典	1.27	−1.45	Gopinathan 模型	36°S～60°N 的 40 个城市	0.91138	−0.96225
Newland 模型	澳门	1.02	−1.157	Gopinathan 模型	欧洲 17 个站点	0.9851	−1.068
Tasdemiroglu 模型	土耳其	0.791	−0.775	Jacovidesa 模型	塞浦路斯	1.03	−1.17
Veeran 模型	马德拉斯	1.238	−1.456	Janjai 模型	曼谷	1.09	−1.22
Nfaoui 模型	拉巴特	0.96	−0.83	Trabea 模型	埃及	0.924	−0.894
Martinez-Lozano 模型	巴伦西亚	0.17	0.81				

（2）多项式模型。

其模型表达式一般为

$$\frac{H_d}{H} = a + b\left(\frac{H}{H_0}\right) + c\left(\frac{H}{H_0}\right)^2 + d\left(\frac{H}{H_0}\right)^3 \tag{3.37}$$

其中较为经典的多项式模型系数如表 3.3 所示。

表 3.3　较为经典的多项式模型系数表（散射比-晴空指数模型）

模型	地区	系数 a	系数 b	系数 c	系数 d
Barbaro 模型	巴勒莫	13.9375	−76.276	144.3846	−92.148
Barbaro 模型	马切拉塔	1.2634	0.3801	−6.9645	6.3493
Barbaro 模型	热那亚	1.1845	−4.2489	8.5833	−6.9198
Erbs 模型	美国	1.317	−3.023	3.372	−1.769

模型	地区	系数			
		a	b	c	d
Ibrahim 模型	开罗	0.636	−0.279	−0.194	−0.383
Tasdemiroglu 模型	土耳其	1.6932	−8.2262	25.5532	−37.807
Martinez-Lozano 模型	巴伦西亚	−8.38	48.9	−85	49.6
Said 模型	的黎波里	2.944	−8.474	6.767	0
Trabea 模型	埃及	0.534	0.384	−1.036	0
Bashahu 模型	土耳其	37.4368	61.3179	0.2856	−0.8451
Tarhan 模型	土耳其	1.027	−1.6582	1.1018	−0.4019
Aras 模型	土耳其	1.7111	−4.9062	6.6711	−3.9235
Mubiru 模型	坎帕拉	2.333	8.137	11.32	−5.233
Ulgen 模型	土耳其	0.981	−1.9028	1.9319	−0.6809
Jiang 模型	北京	0.92	1.346	−5.989	3.684
Li 模型	广州	1.2433	−3.7455	9.3735	−10.848
Xie 模型	昆明	3.4411	−15.636	28.5637	−18.956

(3) 指数模型。

散射比主要由晴空指数的指数函数形式求得，其主要形式如式(3.38)所示，即

$$\frac{H_d}{H} = a\exp\left(b\frac{H}{H_0}\right) \tag{3.38}$$

其中，较为经典的模型如表 3.4 所示。

表 3.4　较为经典的指数模型系数表(散射比-晴空指数模型)

模型	地区	系数		模型	地区	系数	
		a	b			a	b
Boukelia 模型	阿尔及尔	1.832	−2.9	Lealea 模型	库塞里	3.97	−3.96
	君士坦丁	1.093	−2.09		马鲁阿	3.57	−3.8
	盖尔达耶	5.188	−4.01		加鲁瓦	3.93	−3.99
	贝沙尔	2.414	−3.34		图博罗	3.64	−3.83
	阿德拉尔	1.097	−2.23				
	塔曼拉塞特	21.88	−6.38				

(4) 对数模型。

这组中主要通过晴空指数的对数形式来计算散射比，其主要形式如式(3.39)所示，即

$$\frac{H_d}{H} = a + b\lg\frac{H}{H_0} \tag{3.39}$$

其中，较为经典的模型如表 3.5 所示。

表 3.5　较为经典的对数模型系数表（散射比-晴空指数模型）

模型	地区	系数		模型	地区	系数	
		a	b			a	b
Boukelia 模型	阿尔及尔	0.029	−0.57	Lealea 模型	库塞里	2.72	−2.08
	君士坦丁	0.113	−0.39		马鲁阿	2.73	−2.09
	盖尔达耶	0.002	−0.87		加鲁瓦	2.78	−2.18
	贝沙尔	0.033	−0.56		图博罗	2.75	−2.11
	阿德拉尔	0.095	−0.38				
	塔曼拉塞特	−0.185	−1.24				

（5）分段函数模型。

由于散射辐射随总辐射呈现阶段性变化，因此许多学者采用分段函数的形式来建立散射模型，其形式如式(3.40)所示，即

$$\frac{H_d}{H} = \begin{cases} f_1\left(\dfrac{H}{H_0}\right), & \dfrac{H}{H_0} < a \\[2mm] f_2\left(\dfrac{H}{H_0}\right), & a \leqslant \dfrac{H}{H_0} \leqslant b \\[2mm] f_3\left(\dfrac{H}{H_0}\right), & \dfrac{H}{H_0} > b \end{cases} \tag{3.40}$$

Collares-Pereira 和 Rabl 通过美国 5 个站点的数据提出了 DB 模型，如式(3.41)所示，即

$$\frac{H_d}{H} = \begin{cases} 0.99, & \dfrac{H}{H_0} \leqslant 0.17 \\[2mm] 1.188 - 2.272\left(\dfrac{H}{H_0}\right) + 9.473\left(\dfrac{H}{H_0}\right)^2 - 21.856\left(\dfrac{H}{H_0}\right)^3 + 14.648\left(\dfrac{H}{H_0}\right)^4, & 0.17 < \dfrac{H}{H_0} < 0.8 \end{cases} \tag{3.41}$$

Erbs 为美国建立了 DB 模型，如式(3.42)和式(3.43)所示，即

当 $\omega_s < 81.4°$ 时，有

$$\frac{H_d}{H} = \begin{cases} 1.00 - 0.2727\left(\dfrac{H}{H_0}\right) + 2.4495\left(\dfrac{H}{H_0}\right)^2 - 11.9514\left(\dfrac{H}{H_0}\right)^3 + 9.3879\left(\dfrac{H}{H_0}\right)^4, & \dfrac{H}{H_0} < 0.715 \\[2mm] 0.143, & \dfrac{H}{H_0} \geqslant 0.715 \end{cases} \tag{3.42}$$

当 $\omega_s \geqslant 81.4°$ 时，有

$$\frac{H_d}{H} = \begin{cases} 1.00 + 0.2832\left(\dfrac{H}{H_0}\right) - 2.5557\left(\dfrac{H}{H_0}\right)^2 + 0.8448\left(\dfrac{H}{H_0}\right)^3, & \dfrac{H}{H_0} < 0.722 \\ 0.175, & \dfrac{H}{H_0} \geqslant 0.722 \end{cases} \tag{3.43}$$

Hawas 和 Muneer 基于在印度 $8°29'N \sim 28°35'N$ 的纬度地区 13 站点数据，建立了 DB 模型，如式 (3.44) 所示，即

$$\frac{H_d}{H} = \begin{cases} 0.98, & \dfrac{H}{H_0} < 0.20 \\ 1.024 + 0.470\left(\dfrac{H}{H_0}\right) - 3.622\left(\dfrac{H}{H_0}\right)^2 + 2.0\left(\dfrac{H}{H_0}\right)^3, & 0.2 \leqslant \dfrac{H}{H_0} \leqslant 0.77 \\ 0.16, & \dfrac{H}{H_0} > 0.77 \end{cases} \tag{3.44}$$

Rao 等利用科瓦利斯 (美国俄勒冈州) 两年的数据建立了 DB 模型，如式 (3.45) 所示，即

$$\frac{H_d}{H} = \begin{cases} 1.00, & \dfrac{H}{H_0} \leqslant 0.20 \\ 1.130 - 0.667\left(\dfrac{H}{H_0}\right), & 0.20 < \dfrac{H}{H_0} \leqslant 0.26 \\ 1.403 - 1.725\left(\dfrac{H}{H_0}\right), & 0.26 < \dfrac{H}{H_0} \leqslant 0.75 \end{cases} \tag{3.45}$$

Spitters 在一个较大范围的气候区内建立了 DB 模型，如式 (3.46) 所示，即

$$\frac{H_d}{H} = \begin{cases} 1.00, & \dfrac{H}{H_0} < 0.07 \\ 1.230\left(\dfrac{H}{H_0} - 0.07\right)^2, & 0.07 \leqslant \dfrac{H}{H_0} < 0.35 \\ 1.33 - 1.46\left(\dfrac{H}{H_0}\right), & 0.35 \leqslant \dfrac{H}{H_0} < 0.75 \\ 0.23, & 0.75 \leqslant \dfrac{H}{H_0} \end{cases} \tag{3.46}$$

Lalas 等为希腊三个城市 (雅典、罗得岛和基斯诺斯岛) 分别建立了 DB 模型，如式 (3.47) 所示，即

$$\frac{H_d}{H} = \begin{cases} 0.98, & \frac{H}{H_0} \leqslant 0.22 \\ 1.240 - 1.080\left(\frac{H}{H_0}\right) - 0.510\left(\frac{H}{H_0}\right)^2, & 0.22 < \frac{H}{H_0} < 0.80 \end{cases} \tag{3.47}$$

Newl 为中国澳门建立了 DB 模型，如式 (3.48) 所示，即

$$\frac{H_d}{H} = \begin{cases} 0.9713 + 0.5614\left(\frac{H}{H_0}\right) - 3.3534\left(\frac{H}{H_0}\right)^2 + 1.0339\left(\frac{H}{H_0}\right)^3 + 0.5136\left(\frac{H}{H_0}\right)^4, & 0.10 < \frac{H}{H_0} \leqslant 0.71 \\ 0.180, & \frac{H}{H_0} > 0.71 \end{cases}$$

$$\tag{3.48}$$

Bindi 等基于 7 个站点的数据 (两个在荷兰、5 个在意大利)，建立了 DB 模型，如式 (3.49) 和式 (3.50) 所示，即

$$\frac{H_d}{H} = \begin{cases} 1.00, & \frac{H}{H_0} < 0.07 \\ 1.00 - 2.30\left(\frac{H}{H_0} - 0.07\right)^2, & 0.07 \leqslant \frac{H}{H_0} < 0.35 \\ 1.33 - 1.46\left(\frac{H}{H_0}\right), & 0.35 \leqslant \frac{H}{H_0} < 0.75 \\ 0.23, & \frac{H}{H_0} \geqslant 0.75 \end{cases} \tag{3.49}$$

$$\frac{H_d}{H} = \begin{cases} 0.99, & \frac{H}{H_0} \leqslant 0.17 \\ 1.188 - 2.272\left(\frac{H}{H_0}\right) + 9.473\left(\frac{H}{H_0}\right)^2 - 21.856\left(\frac{H}{H_0}\right)^3 + 14.648\left(\frac{H}{H_0}\right)^4, & 0.17 < \frac{H}{H_0} \leqslant 0.80 \\ 0.25, & \frac{H}{H_0} > 0.80 \end{cases}$$

$$\tag{3.50}$$

Nfaoui 和 Buret 分别为拉巴特 (摩洛哥) 建立了 MB 模型，如式 (3.51) 所示，即

$$\frac{H_d}{H} = \begin{cases} 0.98, & \frac{H}{H_0} < 0.10 \\ 0.98 + 0.15\left(\frac{H}{H_0}\right) - 1.48\left(\frac{H}{H_0}\right)^2, & \frac{H}{H_0} \geqslant 0.10 \end{cases} \tag{3.51}$$

Martinez-Lozano 利用西班牙城市巴伦西亚 1990～1991 年数据建立了 DB 模型，如式 (3.52) 所示，即

$$\frac{H_d}{H} = \begin{cases} 0.99, & \frac{H}{H_0} \leqslant 0.2 \\ 1.36 - 1.65\left(\dfrac{H}{H_0}\right), & 0.2 < \dfrac{H}{H_0} < 0.8 \end{cases} \tag{3.52}$$

Jacovidesa 基于塞浦路斯地区 6 年的数据提出了 MB 模型，如式 (3.53) 所示，即

$$\frac{H_d}{H} = \begin{cases} 0.992 - 0.068\left(\dfrac{H}{H_0}\right), & \dfrac{H}{H_0} \leqslant 0.16 \\ 1.26 - 1.425\left(\dfrac{H}{H_0}\right), & 0.16 < \dfrac{H}{H_0} \leqslant 0.71 \end{cases} \tag{3.53}$$

Lam 和 Li 利用香港城市大学 1991～1994 年的数据建立了 DB 模型，如式 (3.54) 所示，即

$$\frac{H_d}{H} = \begin{cases} 0.974, & \dfrac{H}{H_0} \leqslant 0.15 \\ 1.192 - 1.349\left(\dfrac{H}{H_0}\right), & 0.15 < \dfrac{H}{H_0} \leqslant 0.7 \\ 0.259, & \dfrac{H}{H_0} > 0.7 \end{cases} \tag{3.54}$$

Jacovidesa 为塞浦路斯地区不同时间段的太阳辐射数据建立了 DB 模型，式 (3.55)～式 (3.57) 所示。

全年：

$$\frac{H_d}{H} = \begin{cases} 0.992 - 0.0486\left(\dfrac{H}{H_0}\right), & \dfrac{H}{H_0} \leqslant 0.10 \\ 0.954 + 0.734\left(\dfrac{H}{H_0}\right) - 3.806\left(\dfrac{H}{H_0}\right)^2 + 1.703\left(\dfrac{H}{H_0}\right)^3, & 0.10 < \dfrac{H}{H_0} \leqslant 0.71 \\ 0.165, & \dfrac{H}{H_0} > 0.71 \end{cases} \tag{3.55}$$

潮湿月：

$$\frac{H_d}{H} = \begin{cases} 1.00 - 0.0676\left(\dfrac{H}{H_0}\right), & \dfrac{H}{H_0} \leqslant 0.10 \\ 0.987 + 0.946\left(\dfrac{H}{H_0}\right) - 4.135\left(\dfrac{H}{H_0}\right)^2 + 1.831\left(\dfrac{H}{H_0}\right)^3, & 0.10 < \dfrac{H}{H_0} \leqslant 0.715 \\ 0.169, & \dfrac{H}{H_0} > 0.715 \end{cases} \quad (3.56)$$

干燥月：

$$\frac{H_d}{H} = \begin{cases} 0.987 - 0.12\left(\dfrac{H}{H_0}\right), & \dfrac{H}{H_0} \leqslant 0.13 \\ 0.919 + 0.996\left(\dfrac{H}{H_0}\right) - 4.553\left(\dfrac{H}{H_0}\right)^2 + 2.340\left(\dfrac{H}{H_0}\right)^3, & 0.13 < \dfrac{H}{H_0} \leqslant 0.71 \\ 0.163, & \dfrac{H}{H_0} > 0.71 \end{cases} \quad (3.57)$$

Hove 和 Göttsche 利用布拉瓦约(津巴布韦)建立了 MB 模型，如式(3.58)所示，即

$$\frac{H_d}{H} = \begin{cases} 1.0294 - 1.1440\left(\dfrac{H}{H_0}\right), & 0.47 < \dfrac{H}{H_0} < 0.75 \\ 0.1750, & 0.75 \leqslant \dfrac{H}{H_0} \end{cases} \quad (3.58)$$

Jin 通过中国的 78 个站点建立了 DB 模型，如式(3.59)所示，即

$$\frac{H_d}{H} = \begin{cases} 0.987, & \dfrac{H}{H_0} < 0.2 \\ 1.292 - 1.447\left(\dfrac{H}{H_0}\right), & 0.2 \leqslant \dfrac{H}{H_0} \leqslant 0.75 \\ 0.209, & \dfrac{H}{H_0} > 0.75 \end{cases} \quad (3.59)$$

Migue 通过位于法国南部、希腊、意大利、葡萄牙和西班牙的 11 个站点建立了 DB 模型，如式(3.60)所示，即

$$\frac{H_d}{H} = \begin{cases} 0.952, & \dfrac{H}{H_0} \leqslant 0.13 \\ 0.868 + 1.335\left(\dfrac{H}{H_0}\right) - 5.782\left(\dfrac{H}{H_0}\right)^2 + 3.721\left(\dfrac{H}{H_0}\right)^3, & 0.13 < \dfrac{H}{H_0} \leqslant 0.8 \\ 0.141, & \dfrac{H}{H_0} > 0.8 \end{cases} \quad (3.60)$$

Li 等利用 1911～2011 年上海站点的实测数据建立了 DB 模型,如式(3.61)～式(3.63)所示,即

线性模型:

$$
\frac{H_d}{H}=\begin{cases}1-0.1923\left(\dfrac{H}{H_0}\right), & 0\leqslant \dfrac{H}{H_0}\leqslant 0.26\\[2mm] 1.3942-1.7085\left(\dfrac{H}{H_0}\right), & 0.26<\dfrac{H}{H_0}\leqslant 0.73\\[2mm] 0.147, & 0.73<\dfrac{H}{H_0}\leqslant 1\end{cases}\tag{3.61}
$$

二段式多项式模型:

$$
\frac{H_d}{H}=\begin{cases}1+0.3622\left(\dfrac{H}{H_0}\right)-3.1447\left(\dfrac{H}{H_0}\right)^2+1.4359\left(\dfrac{H}{H_0}\right)^3, & 0\leqslant \dfrac{H}{H_0}\leqslant 0.73\\[2mm] 0.147, & 0.73<\dfrac{H}{H_0}\leqslant 1\end{cases}\tag{3.62}
$$

三段式多项式模型:

$$
\frac{H_d}{H}=\begin{cases}1, & 0\leqslant \dfrac{H}{H_0}\leqslant 0.12\\[2mm] 1+0.4624\left(\dfrac{H}{H_0}\right)-3.5487\left(\dfrac{H}{H_0}\right)^2+1.826\left(\dfrac{H}{H_0}\right)^3, & 0.12<\dfrac{H}{H_0}\leqslant 0.73\\[2mm] 0.147, & 0.73<\dfrac{H}{H_0}\leqslant 1\end{cases}\tag{3.63}
$$

Ma 等利用中国北京、上海和武汉三个地区 10 年的数据对模型进行了修正,修正后的模型如式(3.64)～式(3.66)所示,即

$$
\frac{H_d}{H}=\begin{cases}0.7149+3.677\left(\dfrac{H}{H_0}\right)-12.7760\left(\dfrac{H}{H_0}\right)^2+9.2265\left(\dfrac{H}{H_0}\right)^3, & \omega_s<81.4°\\[2mm] 0.8711+1.5688\left(\dfrac{H}{H_0}\right)-5.5146\left(\dfrac{H}{H_0}\right)^2+2.7555\left(\dfrac{H}{H_0}\right)^3, & \omega_s\geqslant 81.4°\end{cases}\tag{3.64}
$$

上海:

$$
\frac{H_d}{H}=\begin{cases}0.7545+3.1983\left(\dfrac{H}{H_0}\right)-11.3050\left(\dfrac{H}{H_0}\right)^2+8.1460\left(\dfrac{H}{H_0}\right)^3, & \omega_s<81.4°\\[2mm] 0.8698+1.5957\left(\dfrac{H}{H_0}\right)-6.2049\left(\dfrac{H}{H_0}\right)^2+3.8161\left(\dfrac{H}{H_0}\right)^3, & \omega_s\geqslant 81.4°\end{cases}\tag{3.65}
$$

武汉:

$$\frac{H_{\mathrm{d}}}{H} = \begin{cases} 0.6332 + 4.7749\left(\dfrac{H}{H_0}\right) - 16.3630\left(\dfrac{H}{H_0}\right)^2 + 12.7070\left(\dfrac{H}{H_0}\right)^3, & \omega_{\mathrm{s}} < 81.4° \\[3mm] 0.7325 + 3.0343\left(\dfrac{H}{H_0}\right) - 9.8129\left(\dfrac{H}{H_0}\right)^2 + 6.5297\left(\dfrac{H}{H_0}\right)^3, & \omega_{\mathrm{s}} \geqslant 81.4° \end{cases} \tag{3.66}$$

作者建立了北京地区的 DB 模型，如式(3.67)~式(3.69)所示。

线性模型：

$$\frac{H_{\mathrm{d}}}{H} = \begin{cases} 1 - 0.2425\left(\dfrac{H}{H_0}\right), & 0 \leqslant \dfrac{H}{H_0} \leqslant 0.3 \\[3mm] 1.4183 - 1.6756\left(\dfrac{H}{H_0}\right), & 0.3 < \dfrac{H}{H_0} \leqslant 0.75 \\[3mm] 0.1553, & 0.75 < \dfrac{H}{H_0} \leqslant 1 \end{cases} \tag{3.67}$$

二段式多项式模型：

$$\frac{H_{\mathrm{d}}}{H} = \begin{cases} 0.9434 + 1.0672\left(\dfrac{H}{H_0}\right) - 5.0595\left(\dfrac{H}{H_0}\right)^2 + 2.9767\left(\dfrac{H}{H_0}\right)^3, & 0 \leqslant \dfrac{H}{H_0} \leqslant 0.7 \\[3mm] 0.177, & 0.7 < \dfrac{H}{H_0} \leqslant 1 \end{cases} \tag{3.68}$$

三段式多项式模型：

$$\frac{H_{\mathrm{d}}}{H} = \begin{cases} 1, & 0 \leqslant \dfrac{H}{H_0} \leqslant 0.1 \\[3mm] 1 + 0.632\left(\dfrac{H}{H_0}\right) - 4.0728\left(\dfrac{H}{H_0}\right)^2 + 2.2913\left(\dfrac{H}{H_0}\right)^3, & 0.1 < \dfrac{H}{H_0} \leqslant 0.71 \\[3mm] 0.17, & 0.71 < \dfrac{H}{H_0} \leqslant 1 \end{cases} \tag{3.69}$$

(6)其他函数模型。

对于一些不常用的晴空指数模型，其函数形式较为特殊，具体如下，即

$$\frac{H_{\mathrm{d}}}{H} = f\left(\frac{H}{H_0}\right) \tag{3.70}$$

Jian 为马切拉塔(Macerata)、索尔兹伯里(Salisbury)、布拉瓦约(Bulawayo)提出了 MB 模型，如式(3.71)~式(3.73)所示。

马切拉塔：

$$\frac{H_{\mathrm{d}}}{H} = -0.193 + 0.343\left(1 \middle/ \frac{H}{H_0}\right) \tag{3.71}$$

索尔兹伯里：

$$\frac{H_d}{H} = -0.602 + 0.571\left(1\Big/\frac{H}{H_0}\right) \tag{3.72}$$

布拉瓦约：

$$\frac{H_d}{H} = -0.492 + 0.506\left(1\Big/\frac{H}{H_0}\right) \tag{3.73}$$

Li 等利用 1911～2011 年上海站点的实测数据，建立了基于晴空指数的 DB 模型，如式(3.74)所示，即

$$\frac{H_d}{H} = 0.1105 + \frac{0.8981}{1+e^{\frac{H/H_0-0.5038}{0.1125}}} \tag{3.74}$$

2) 散射系数-晴空指数模型

通常来说，晴空指数对散射辐射具有直接的影响，因此它可以作为一个输入参数建立散射模型，其一般形式如式(3.75)所示，即

$$\frac{H_d}{H_0} = f\left(\frac{H}{H_0}\right) \tag{3.75}$$

(1)线性模型。

线性模型的一般形式如式(3.76)所示，即

$$\frac{H_d}{H_0} = a + b\left(\frac{H}{H_0}\right) \tag{3.76}$$

其中，较为经典的模型及其系数如表 3.6 所示。

表 3.6　较为经典的线性模型系数表(散射系数-晴空指数模型)

模型	地区	系数 a	系数 b	模型	地区	系数 a	系数 b
Jain 模型	马尔雷塔	0.341	−0.189	Aras 模型	土耳其	0.331	−0.233
	索尔兹伯里	0.57	−0.6	Ulgen 模型	安卡拉、伊斯坦布尔、伊兹密尔	0.1155	0.1958
	布拉瓦约	0.514	−0.505	El-Sebaii 模型	吉达	2.973	−4.037

(2)多项式模型。

多项式模型一般形式如式(3.77)所示，即

$$\frac{H_d}{H_0} = a + b\left(\frac{H}{H_0}\right) + c\left(\frac{H}{H_0}\right)^2 + d\left(\frac{H}{H_0}\right)^3 \tag{3.77}$$

其中，较为经典的模型如表 3.7 所示。

表 3.7 较为经典的多项式模型系数表（散射系数-晴空指数模型）

模型	地区	系数			
		a	b	c	d
Aras 模型	土耳其	0.3276	−0.7515	1.9883	−1.8497
Ulgen 模型	安卡拉、伊斯坦布尔、伊兹密尔	0.0273	0.727	−1.0411	0.6659
Li 模型	广州	0.1366	−0.4425	3.8771	−5.6212
Xie 模型	昆明	0.9544	−4.7849	10.5818	−8.0761

2. 基于日照百分率建立的水平面散射辐射模型

基于日照百分率（S/S_{max}）的散射辐射模型应用最广，最早是由 Iqbal 提出来的。日照时数是世界各地大部分气象站检测的重要参数之一，并且日照时数对太阳辐射具有直接的影响，尤其是散射辐射。

1）散射比-日照百分率模型

散射比常通过日照百分率来计算，经过学者研究表明，散射比-日照百分率模型的精确度和适用性较好。其一般形式如式（3.78）所示，即

$$\frac{H_d}{H} = f\left(\frac{S}{S_{max}}\right) \tag{3.78}$$

其中，S_{max} 为白天最大可能的日照时数，计算如式（3.79）所示，即

$$S_{max} = \frac{12}{\pi}\cos^{-1}\left(-\tan\phi\tan\delta\right) \tag{3.79}$$

（1）线性模型。

线性模型的通用形式如式（3.80）所示，即

$$\frac{H_d}{H} = a + b\left(\frac{S}{S_{max}}\right) \tag{3.80}$$

其中，较为经典的模型如表 3.8 所示。

（2）多项式模型。

关于日照百分率的多项式模型，其一般模式如式（3.81）所示，即

$$\frac{H_d}{H} = a + b\left(\frac{S}{S_{max}}\right) + c\left(\frac{S}{S_{max}}\right)^2 + d\left(\frac{S}{S_{max}}\right)^3 \tag{3.81}$$

其中，较为经典的模型如表 3.9 所示。

表 3.8　较为经典的线性模型系数表（散射比-日照百分率模型）

模型	地区	a	b	模型	地区	a	b
Iqbal 模型	多伦多、蒙特利尔	0.791	−0.635	Nfaoui 模型	拉巴特	1	−0.77
Barbaro 模型	巴勒莫	0.6603	−0.5272	Lewis 模型	孟菲斯	0.73	−0.44
	马切拉塔	0.6603	−0.5717	Gopinathan 模型	36°S~60°N 范围内 40 个城市	0.79819	−0.6993
	热那亚	0.5866	−0.4264	Gopinathan 模型	欧洲 17 个站点	0.8009	−0.7247
Khogal 模型	也门	0.92	−0.83	Trabea 模型	埃及	0.896	−0.688
Lewis 模型	索尔兹伯里	0.799	−0.689	Bashahu 模型	达喀尔	1.059	−0.984
	布拉瓦约	0.754	−0.654	Aras 模型	土耳其	0.663	−0.4883
Ibrahim 模型	开罗	0.79	−0.59	Mubiru 模型	坎帕拉	0.837	−0.723
Al-Hamdani 模型	卡拉奇	0.584	−0.378	Jiang 模型	中国 8 个站点	1.0247	−0.8119
Tasdemiroglu 模型	土耳其	0.622	−0.35	Ulgen 模型	伊斯坦布尔、安卡拉、伊兹密尔	0.5456	−0.2242

表 3.9　较为经典的多项式模型系数表（散射比-日照百分率模型）

模型	地区	a	b	c	d
Barbaro 模型	巴勒莫	0.7434	−0.8203	0.2454	0
	马切拉塔	1.0297	−2.1096	1.5193	0
	热那亚	0.8159	−1.3289	0.8668	0
Lewis 模型	孟菲斯	1.48	−2.89	1.97	0
Tiris 模型	盖布泽	0.4177	−0.07702	−1.9069	−1.19
Said 模型	的黎波里	1.625	−3.421	2.185	0
El-Sebaii 模型	埃及	−0.209	2.183	−1.785	0
Trabea 模型	埃及	0.839	−0.537	−0.098	0
Jiang 模型	北京	0.976	−0.685	0.653	−0.892
Aras 模型	土耳其	0.5562	0.1536	−1.2027	0.7122
Mubiru 模型	坎帕拉	1.517	−6.434	14.83	−12.13
Pandey 模型	焦特布尔	−2.887	17.95	−29.4	14.92
	加尔各答	3.419	−15.03	25.18	−13.86
	孟买	0.8384	−0.2841	−0.8208	0.4315
	普纳	1.033	−0.9107	−0.1288	0.0972
Ulgen 模型	土耳其	0.6595	−0.7841	0.7461	−0.2579
Li 模型	广州	1.4069	−6.3866	18.4206	−18.3577
Sabzpooshani 模型	伊斯法罕	−0.5928	4.60382	−6.8567	3.06795
Xie 模型	昆明	1.5437	−4.6181	6.91	−4.0271

(3)其他模型。

除以上线型模型和多项式模型外，还有一些其他模型。由于该类模型数量较少，我们将其归为其他模型，具体如式(3.82)所示，即

$$\frac{H_{\mathrm{d}}}{H} = f\left(\frac{S}{S_{\max}}\right) \tag{3.82}$$

Jain 为马切拉塔、索尔兹伯里和布拉瓦约建立了 MB 模型。

马切拉塔：

$$\frac{H}{H - H_{\mathrm{d}}} = 0.824 + 0.385\left(1\Big/\frac{S}{S_{\max}}\right) \tag{3.83}$$

$$\frac{H}{H - H_{\mathrm{d}}} = -0.177 + 0.385\left(1\Big/\frac{S}{S_{\max}}\right) \tag{3.84}$$

$$\frac{H_{\mathrm{d}}}{H} = \frac{1}{0.631 + 4.22(S/S_{\max})} \tag{3.85}$$

索尔兹伯里：

$$\frac{H}{H - H_{\mathrm{d}}} = 0.516 + 0.628\left(1\Big/\frac{S}{S_{\max}}\right) \tag{3.86}$$

$$\frac{H}{H - H_{\mathrm{d}}} = -0.484 + 0.628\left(1\Big/\frac{S}{S_{\max}}\right) \tag{3.87}$$

$$\frac{H_{\mathrm{d}}}{H} = \frac{1}{-1.305 + 7.128(S/S_{\max})} \tag{3.88}$$

布拉瓦约：

$$\frac{H}{H - H_{\mathrm{d}}} = 0.590 + 0.573\left(1\Big/\frac{S}{S_{\max}}\right) \tag{3.89}$$

$$\frac{H}{H - H_{\mathrm{d}}} = -0.410 + 0.573\left(1\Big/\frac{S}{S_{\max}}\right) \tag{3.90}$$

$$\frac{H_{\mathrm{d}}}{H} = \frac{1}{-1.453 + 7.273(S/S_{\max})} \tag{3.91}$$

Pandey 和 Katiyar 利用印度的四个城市(焦特布尔、加尔各答、孟买和浦那)2001～2005

年的数据建立了 MB 模型, 如式 (3.92) 所示:

$$\frac{H_{\mathrm{d}}}{H} = 0.9891 \left(\frac{S}{S_{\max}} \right)^{-0.4014} - 0.7839 \tag{3.92}$$

2) 散射系数-日照百分率模型

日照百分率可以直接反映太阳辐射的累计效应, 也可间接求得散射辐射。因此, 它被作为一个重要的参数来估算太阳散射辐射, 其一般形式如式 (3.93) 所示, 即

$$\frac{H_{\mathrm{d}}}{H_0} = f \left(\frac{S}{S_{\max}} \right) \tag{3.93}$$

(1) 线性模型。

在该组中, 主要回顾了基于日照百分率的线性模型, 其一般形式如式 (3.94) 所示, 即

$$\frac{H_{\mathrm{d}}}{H_0} = a + b \left(\frac{S}{S_{\max}} \right) \tag{3.94}$$

其中, 较为经典的模型如表 3.10 所示。

表 3.10　较为经典的线性模型系数表 (散射系数-日照百分率模型)

模型	地区	系数		模型	地区	系数	
		a	b			a	b
Barbaro 模型	巴勒莫	0.2626	−0.1391	Aras 模型	土耳其	0.331	−0.233
	马切拉塔	0.2989	−0.1577	Mubiru 模型	坎帕拉	0.257	−0.07
	热那亚	0.1532	0.0283	Jiang 模型	中国	0.242	−0.065
Jain 模型	马切拉塔	0.293	−0.135	Ulgen 模型	安卡拉、伊斯坦布尔、伊兹密尔	0.1677	0.1926
	索尔兹伯里	0.374	−0.271	El-Sebaii 模型	吉达	3.542	−3.664
	布拉瓦约	0.364	−0.253				

(2) 多项式模型。

多项式模型的一般形式如式 (3.95) 所示, 即

$$\frac{H_{\mathrm{d}}}{H_0} = a + b \left(\frac{S}{S_{\max}} \right) + c \left(\frac{S}{S_{\max}} \right)^2 + d \left(\frac{S}{S_{\max}} \right)^3 \tag{3.95}$$

其中, 较为经典的模型如表 3.11 所示。

表 3.11 较为典型的多项式模型系数表（散射系数-日照百分率模型）

模型	地区	系数			
		a	b	c	d
Iqbal 模型	加拿大	0.1633	0.4778	−0.6555	0
Barbaro 模型	巴勒莫	0.2205	0.0126	−0.1292	0
	马切拉塔	0.3627	−0.4259	0.2678	0
	热那亚	0.1717	−0.0461	0.0725	0
Ibrahim 模型	开罗	0.252	−0.001	−0.083	0
Massaquoi 模型	加拿大、意大利	0.143	0.368	−0.434	0
Ahmad 模型	卡拉奇	0.181	0.145	−0.179	0
Trabea 模型	埃及	0.101	1.092	−0.854	0
El-Sebaii 模型	埃及	−0.113	1.217	−0.954	0
Bashahu 模型	达喀尔	−7.0744	31.4386	−15.5906	0
Aras 模型	土耳其	0.2427	−0.0933	0.1846	−0.2184
Mubiru 模型	坎帕拉	1.459	−8.232	18	−12.92
Jiang 模型	中国	0.161	0.132	0.303	−0.619
Li 模型	广州	0.1637	−0.1875	1.7268	−2.2804
Xie 模型	昆明	0.3975	−0.95	1.6792	1.10001

（3）指数模型。

在这组中，指数模型由 Boukelia 等提出，其一般形式如式（3.96）所示，即

$$\frac{H_d}{H_0} = a \exp\left(b\frac{S}{S_{\max}}\right) \tag{3.96}$$

其中，较为经典的模型如表 3.12 所示。

表 3.12 较为经典的指数模型（散射系数-日照百分率模型）

模型	地区	系数	
		a	b
Boukelia 模型	阿尔及尔	0.227	−0.17
	君士坦丁	0.207	−1.4
	盖尔达耶	0.667	−0.146
	贝沙尔	0.045	1.167
	阿德拉尔	0.119	0.394
	塔曼拉塞特	0.904	−2.1

(4)对数模型。

散射系数可通过日照百分率的指数形式求得，其主要形式如式(3.97)所示，即

$$\frac{H_d}{H_0} = a + b\lg\left(\frac{S}{S_{max}}\right) \tag{3.97}$$

其中，较为经典的模型如表 3.13 所示。

表 3.13　较为经典的对数模型系数表(散射系数-日照百分率模型)

模型	地区	系数	
		a	b
Boukelia 模型	阿尔及尔	0.194	−0.02
	君士坦丁	0.182	−0.01
	盖尔达耶	0.164	−0.2
	贝沙尔	0.214	0.218
	阿德拉尔	0.178	0.061
	塔曼拉塞特	0.106	−0.28

3.3.2　非确定性散射辐射模型

到达地球表面的总太阳辐射对于各种应用，如气象学、水文学、作物生长模型、参考蒸散量估算，特别是对于可再生太阳能系统的设计和使用具有重要意义。然而，由于安装费用高和测量仪器(如日射强度计和日射强度计)的维护困难，在世界各地，特别是发展中国家，全球太阳辐射的直接测量并不容易获得。由于观测到的全球太阳辐射数据并不总是可获得的，人们发展了各种方法来估算全球太阳辐射，例如，①通过建立气象变量与全球太阳辐射之间的线性/非线性关系来建立经验模型；②用机器学习模型来模拟从气象变量到全球太阳辐射的复杂非线性映射；③在全球和区域尺度上连续监测太阳辐射时空变化的卫星方法；④根据太阳辐射半径的辐射传输模型模拟大气中的离子散射和吸收，还有提供大规模全球太阳辐射数据的国际数据库，如 Meteonorm、Solargis 和地面气象学和太阳能(NASA-SSE)。在上述技术中，经验模型和机器学习模型由于其低计算成本和高预测精度而在实际应用中更为普遍。基于水平全球太阳辐射，利用各向同性模型和各向异性模型可以进一步估算具有特定倾角的光伏板表面的太阳总辐射。

基于可获得的气象数据，建立了基于云的全球太阳辐射估算模型、基于阳光的全球太阳辐射估算模型、基于温度的全球太阳辐射估算模型和组合不同气象变量的全球太阳辐射估算混合模型。先前的研究表明，基于日照的经验模型通常比基于气温或其他单一气象变量的模型可提供更准确的全球太阳辐射估算。尽管混合模型可以提高全球太阳辐射估算的精度，但由于世界上大多数气象站实测日照时数的有效性和可靠性，基于日照的模型是全球太阳辐射估算中应用最广泛的经验模型。

虽然经验模型被广泛用于估算全球太阳辐射，但它们很难处理独立变量和因变量之

间复杂的非线性关系，特别是在噪声环境中。随着计算机技术的发展，许多机器学习模型被用来预测全球太阳辐射，包括：①人工神经网络(ANN)、多层感知器(MLP)、径向基函数神经网络(RBF)、广义回归神经网络(GRNN)和极限学习机(ELM)；②基于核的算法，如支持向量机(SVM)和支持向量回归(SVR)；③基于树的集合模型，如 M5 模型树(M5 树)、随机森林(RF)和极限梯度；④其他机器学习模型，如自适应神经模糊推理系统(ANFIS)、多元自适应回归样条(MARS)、高斯过程回归(GPR)和模糊逻辑模型。在这些机器学习模型中，人工神经网络算法是最常用的模型，而基于核的模型也开始得到更广泛的应用。然而，基于树的装配模型和其他机器学习模型则很少被采用。

基于阳光的经验模型简单易用，但在不同于以往的气候条件下，它们不一定能准确地估算全球太阳辐射。我国幅员辽阔，区域气候多样，所以有必要利用当地气象资料对不同的经验模型进行校正，并对其在全球太阳辐射估测中的表现进行评价。在中国 69个地点测试了基于月平均日太阳辐射估算经验模型的性能。得出的结论是，三次和二次模型通常优于 Angström-Prescott 模型。Wu 等比较了中国南昌几种基于阳光的全球太阳辐射估算经验模型。他们推荐将三次模型作为每日全球太阳辐射估算的最精确方法。Li和 Liu 在青藏高原 4 个气象站对不同类型的基于日照的经验模型进行了检验，发现Angström-Prescott 和 Bahel 模型对全球太阳辐射估算具有相似的预测精度。作者对 108个亚热带季风气候下上海地区日太阳辐射估算的经验模型进行了评价，发现多项式模型具有较好的 RS 估算效果。

与经验模型相比，机器学习模型通常能提供更精确的全球太阳辐射预测，但不同类型的机器学习模型的预测精度，特别是它们在大规模全球太阳辐射数据集上的计算效率却很少在不同的情况下进行比较。世界各地区，特别是整个中国，例如，Wang 等比较了MLP、RBF 和 GRNN 三种人工神经网络模型与全国 12 个台站日照时数等气象变量的日太阳辐射估算精度。结果表明，MLP 模型和 RBF 模型均优于 GRNN 模型。Zhou 对 ANFIS模型在湖南省 3 个站点的日太阳辐射预测性能进行了检验，并与 Bristow-Campbell 模型和 YANG 混合模型进行了比较，结果表明 ANFIS 模型比两个 EMPI 模型给出了更准确的太阳辐射估算。Wang 等进一步比较了 ANFIS 和 M5TREE 模型在全国 21 个站点的日 RS估算。结果表明，ANFIS 模型优于 M5TREE 模型和经验模型。Fan 等还比较了两种机器学习模型(SVM 和 XGBoost)在中国湿润副热带地区的日全球太阳辐射预测中的应用。他们发现支持向量机模型和 XGBoost 模型优于所研究的经验模型，并推荐 XGBoost 模型作为一种有前途的全球太阳辐射估算机器学习模型，因为它具有更好的模型稳定性、效率和可比的预测精度。

近几十年来，虽然在全球范围内建立了大量基于阳光的经验和机器学习的全球太阳辐射估算模型，但这些模型的性能在各种研究中一直存在争议，缺乏系统的比较，特别是在中国。

第4章 各向异性太阳辐射的遮阳控制策略

本章通过上海地区典型年的逐时气象参数和实测的各向异性太阳辐射数据对比分析了不同的遮阳控制策略,在此基础上研究了季节性因素、玻璃材质、不同倾角和朝向对遮阳时数的影响。此外,以上海地区的太阳辐射实测值为基础,结合前述章节的直散分离模型和各向异性散射辐射新模型的简化模型,求解各朝向的直射辐射、散射辐射和总辐射,结合文献中的相关控制策略,分析了不同天气状况对遮阳时数的影响。

4.1 遮阳控制策略

窗口遮阳是减少太阳对室内直射、防止室内过热、避免产生眩光、减少空调运转负荷非常有效的建筑技术措施。对于遮阳的控制策略可以分为遮光(照度、亮度、眩光)控制、隔热(辐射热)控制、光热综合控制三类,其中对采光控制的研究较多,而隔热控制则相对较少,这主要是由于太阳辐射的各向异性(不同朝向太阳辐射的分布规律不同)、控制指标的不确定性(控制对象及控制阈值不一致)、影响因素的多样性(朝向、玻璃材质、倾角、天气状况等)。

对文献中常见的几种遮阳隔热(辐射热)控制策略汇总如表4.1所示。

表4.1 遮阳控制策略

控制策略	遮阳控制策略
策略1	太阳总辐射≥280W/m², 气温≥29℃
策略2	太阳总辐射≥300W/m²
策略3	太阳总辐射≥450W/m² 或透射到室内的直射辐射>50W/m²
策略4	透射到室内的直射辐射>233W/m²
策略5	透射到室内的直射辐射>94.5W/m²
策略6	透射到室内的直射辐射>50W/m²

根据以上遮阳控制策略(以下简称策略),结合《中国建筑热环境分析专用气象数据集》提供的上海地区典型年逐时气象参数,可以得到不同策略对应的需要采用遮阳措施的小时数(以下简称遮阳时数)如表4.2所示。

由表4.2可知,由于北向太阳直射辐射较少,仅出现在早晚,其遮阳时数明显小于其他三个方向,如果只考虑太阳总辐射(策略1和策略2)则基本不需要遮阳。策略4~策略6随着控制阈值(直射辐射)的减小,遮阳时数逐渐增加。而策略3与策略6各朝向的遮阳时数基本相同,即策略3中的总辐射基本无控制作用,这主要是由于一方面总辐射的控制阈值(450W/m²)较高,在前三个控制策略中最高;另一方面透射后的直射辐射控制阈值($50W/m^2$)较低，较容易达到。策略 1 的各向遮阳时数远小于其他遮阳控制策略，这主要是策略 1 在考虑阻挡太阳辐射热的同时加入了室外温度的控制，而其他控制策略仅考虑对太阳辐射热的阻隔。

表 4.2　遮阳控制策略 1～策略 6 对应的各向遮阳时数　　　（单位：h）

控制策略	东	南	西	北
策略 1	41	38	151	0
策略 2	675	736	682	0
策略 3	1291	1392	744	311
策略 4	812	541	371	10
策略 5	1199	1106	653	169
策略 6	1291	1392	741	311

注：在计算透射到室内的直射辐射时透射体按 3mm 透明玻璃取值。

4.2　季节性因素的影响

考虑到策略 1 的控制温度是基于夏季的平均气温设置的，且夏季使用遮阳较多，因此将策略 2～策略 6 相应地增加季节限制，调整为策略 7～策略 11，如表 4.3 所示。

表 4.3　考虑季节性因素的遮阳控制策略

编号	遮阳控制策略
策略 7	太阳总辐射≥$300W/m^2$，仅夏季使用
策略 8	太阳总辐射≥$450W/m^2$ 或透射到室内的直射辐射>$50W/m^2$，仅夏季使用
策略 9	透射到室内的直射辐射>$233W/m^2$，仅夏季使用
策略 10	透射到室内的直射辐射>$94.5W/m^2$，仅夏季使用
策略 11	透射到室内的直射辐射>$50W/m^2$，仅夏季使用

根据表 4.3 中的策略 7～策略 11，结合《中国建筑热环境分析专用气象数据集》提供的上海地区典型年逐时气象参数，可以得到不同遮阳控制策略对应的各向遮阳时数如图 4.1 所示。

由图 4.1 可知，策略 1 和策略 7～策略 11 遮阳时数的分布规律大致可以分为三类：①偏西向分布，此类分布采用策略 1，即总辐射+温度控制，其原因在于早晨东向的气温较低，所以即使总辐射达到也未计入遮阳时数；②对称型分布，此类分布采用策略 7，即总辐射控制，其原因在于总辐射的分布基本与正南方向呈轴对称；③偏东向分布，此类分布采用策略 8～策略 11，即透射后的直射辐射控制，其原因在于根据典型年气象参数计算出的上午直射辐射强度和持续时间都比下午略大。策略 7～策略 11 的遮阳时数都高于策略 1，其原因主要在于夏季的昼夜温差，在早晨和傍晚时，会出现温度较低而太

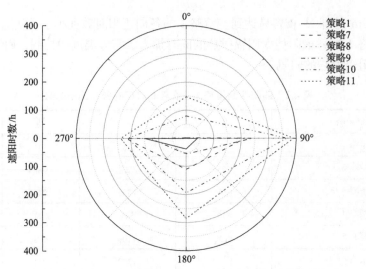

图 4.1　策略 1 及策略 7～策略 11 对应的各向遮阳时数

规定 0°为正北方向，90°为正东方向，180°为正南方向，270°为正西方向

阳辐射较大的情况，此时仅需采用遮阳措施，而不需要开启空调即可满足舒适性要求。策略 10 和策略 11 中北向出现了较多的遮阳时数，这主要是因为透射后直射辐射的控制阈值相对较低，北向早晚的部分时间就有可能超过控制阈值，需要使用遮阳。

4.3　不同玻璃材质的影响

建筑外窗及玻璃幕墙采用形式多样的玻璃材质，其对太阳辐射热的阻隔效果（又称隔热性能）相差较大，以下对几种典型玻璃的隔热性能总结如表 4.4 所示。

表 4.4　几种典型玻璃的隔热性能

编号	玻璃类型	太阳得热系数(SHGC)	遮阳系数(SC)
玻璃 1	3mm 透明玻璃	0.87	1.00
玻璃 2	6mm 透明玻璃+12mm 空气+6mm 透明玻璃	0.75	0.86
玻璃 3	5mm 绿色吸热玻璃	0.64	0.76
玻璃 4	6mm 中等透光型 Low-E 玻璃	0.44	0.51
玻璃 5	6mm 低透光热反射玻璃	0.26	0.30
玻璃 6	6mm 低透光 Low-E 玻璃+12mm 空气+6mm 透明玻璃	0.20	0.30

注：Low-E 表示低辐射。

以通过玻璃透射后的直射辐射为控制对象的策略 8～策略 11，结合表 4.4 中的几种典型玻璃的隔热性能及典型气象年逐时气象参数，计算得到水平面和各朝向不同玻璃类型及遮阳控制策略对应的遮阳时数如图 4.2～图 4.5 所示。

由图 4.2 可知，随着玻璃的太阳得热系数的减小，对太阳辐射热的阻挡增加，策略 8～策略 11 的遮阳时数相应地减少。对于太阳得热系数较小的玻璃 5 及玻璃 6，策略 9 的遮阳时数为 0，这是由于策略 9 透射后的直射辐射控制阈值相对较高，较难达到。

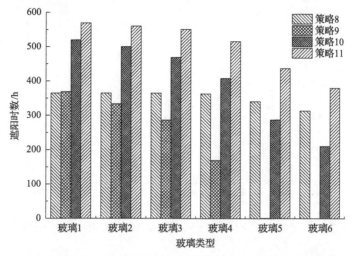

图 4.2　水平面不同玻璃类型及遮阳控制策略对应的遮阳时数

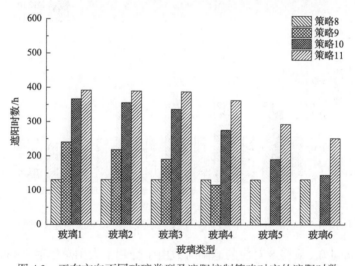

图 4.3　正东方向不同玻璃类型及遮阳控制策略对应的遮阳时数

由图 4.3 可知，正东方向策略 8 对应的遮阳时数基本不受玻璃类型的影响，这主要是因为受到了太阳总辐射≥450W/m² 的限制，在夏季东向该条件比室内的直射辐射＞50W/m² 的限制更容易达到，即室外太阳总辐射起主导作用。策略 9～策略 11 的遮阳时数随着玻璃的太阳得热系数的减小而相应地减少。

由图 4.4 可知，正南方向的遮阳时数整体较少，这主要是因为正南方向的直射时间较短，导致了以透射后直射辐射为控制对象的策略 8～策略 11 的遮阳时数相对偏小。

由图 4.5 可知，正西方向的遮阳时数受玻璃类型影响的整体变化规律与正东相似，但是其遮阳时数约为正东的一半，这是由于典型气象年中下午太阳辐射的时间一般比上午短。

正北方向由于一年中的直射辐射较少，故其与策略 8～策略 11 对应的遮阳时数均为 0。

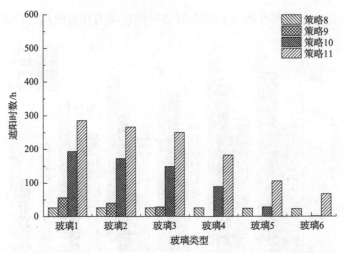

图 4.4　正南方向不同玻璃类型及遮阳控制策略对应的遮阳时数

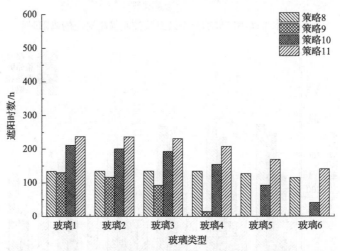

图 4.5　正西方向不同玻璃类型及遮阳控制策略对应的遮阳时数

由以上分析可知，策略 8 对应的遮阳时数由于受到了太阳总辐射≥450W/m² 的限制，在夏季该条件比室内的直射辐射＞50W/m² 的限制更容易达到，所以基本不受玻璃类型的影响，而对于策略 9～策略 11，采用太阳得热系数小的玻璃可以有效地减小遮阳时数。

4.4　倾角的影响

水平面的太阳直射辐射需要根据法向太阳直射辐射及太阳高度角进行计算，其计算公式如下：

$$I_{\mathrm{h,b}} = I_{\mathrm{n}} \sin h \tag{4.1}$$

$$\sin h = \sin \delta \sin \varphi + \cos \delta \cos \varphi \cos \omega \tag{4.2}$$

式中，$I_{\mathrm{h,b}}$ 为水平面太阳直射辐射照度，W/m²；I_{n} 为法向太阳直射辐射照度，W/m²。

而各朝向的太阳直射辐射需要根据法向太阳直射辐射及各朝向的入射角计算，其计算公式如下：

$$I_{t,b} = I_n \cos\theta \tag{4.3}$$

$$\cos\theta = A\sin\delta + B\cos\delta\cos\omega + C\cos\delta\sin\omega \tag{4.4}$$

$$A = \sin\phi\cos\beta - \cos\phi\sin\beta\cos\gamma_t \tag{4.5}$$

$$B = \cos\phi\cos\beta + \sin\phi\sin\beta\cos\gamma_t \tag{4.6}$$

$$C = \sin\beta\sin\gamma_t \tag{4.7}$$

根据 2012 年 7～12 月在同济大学彰武路校区(121.51°E，31.28°N)实测所得的辐射数据，采用式(4.1)～式(4.7)可以分别计算得到水平面及各朝向不同角度的太阳直射辐射，再结合策略 1～策略 6，可以得到各朝向不同倾角及遮阳控制策略对应的遮阳时数如图 4.6～图 4.9 所示。

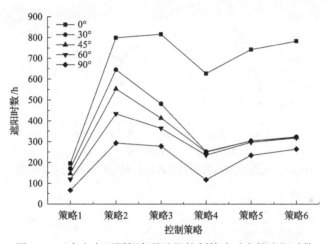

图 4.6　正东方向不同倾角及遮阳控制策略对应的遮阳时数

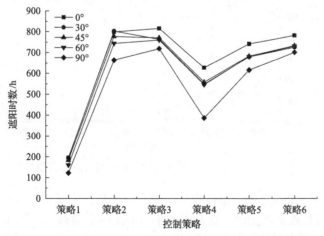

图 4.7　正南方向不同倾角及遮阳控制策略对应的遮阳时数

由图 4.6 可知，水平面(倾角为 0°)的遮阳时数最大，正东方向不同遮阳控制策略对应的遮阳时数随着倾角的增大而减小，其中策略 1 由于增加了温度控制，遮阳时数最小；策略 4 也相对较小，这是因为策略 1~策略 3 的控制对象是总辐射或以总辐射为主，而策略 4~策略 6 的控制对象是通过窗户或幕墙透射进入室内的直射辐射，这三者中以策略 4 的控制阈值最高。

由图 4.7 可知，正南方向的整体规律与正东的相似，但是当倾角在 30°~60°时，策略 3~策略 6 对应的遮阳时数基本相同，都较为接近水平面的遮阳时数，即以直射辐射为控制对象的四种控制策略效果差不多，控制阈值对于遮阳时数的影响并不大，这主要是因为南向的入射角较小，其对应的直射辐射较大，一般均大于直射的控制阈值。

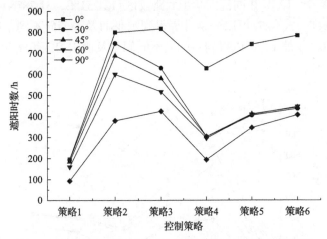

图 4.8　正西方向不同倾角及遮阳控制策略对应的遮阳时数

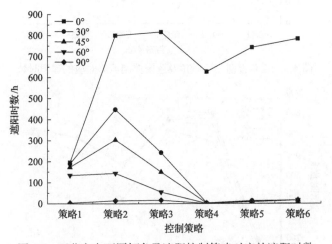

图 4.9　正北方向不同倾角及遮阳控制策略对应的遮阳时数

由图 4.8 可知，正西方向的整体规律与正东的相似，但是策略 4~策略 6 在倾角为 30°~60°时的遮阳时数基本相同，这是因为午后的法向辐射较大，倾角在 30°~60°对应的入射角也较大，而直射辐射的控制阈值相对较小，在这一范围内倾角对遮阳时数的影响不明显。此外这三种策略西向的遮阳时数都小于水平面,约为其一半,其原因在于水平面包含了上午的遮阳时数。

由图 4.9 可知,正北方向因为极少受到太阳直射,所以以直射辐射为控制对象的策略 4～策略 6 在不同倾角及遮阳控制策略对应的遮阳时数基本都接近于 0,即对于这三种控制策略而言,基本不需要遮阳。

由以上分析可知,策略 1～策略 6 对应的水平面(倾角为 0°)的遮阳时数都高于各立面的遮阳时数,因此水平面的遮阳需求更大,这也是节能规范中限制屋顶天窗窗墙比的原因;不同遮阳控制策略对应的遮阳时数随着倾角的增大而减小;正南方向的遮阳时数在各朝向中最大,与水平面较为接近,正东和正西朝向的遮阳时数和变化规律较为相似,正北方向基本无直射辐射,以散射辐射为主,因此策略 4～策略 6 基本不需要遮阳。

4.5 天气状况的影响

根据同济大学的两个自动气象站(121°13'E,31°17'N)2009～2011 年记录的时间间隔为 30min 的温度、相对湿度、风速、风向、水平面太阳总辐照度、水平面照度和其他气象数据,得到了三年间的频数及累计百分率分布如图 4.10 所示。

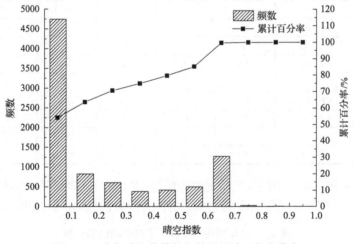

图 4.10　全年晴空指数的频数及累计百分率分布

由图 4.10 可知,全年中阴天(晴空指数≤0.3)的比例较大,晴天(晴空指数>0.6)的比例较小,特别是晴空指数>0.7 的天气所占比例几乎可以忽略。这主要是因为上海地处沿海,属亚热带海洋性季风气候,雨水充沛。

根据测得的水平面太阳总辐射数据,采用中的直散分离模型求得太阳直射辐射和散射辐射,再结合直射辐射在各立面的法向分量求得各立面的太阳总辐射。各立面的直射辐射和总辐射再结合前述的遮阳控制策略 1～策略 6,以晴空指数分段统计近三年水平面及各朝向不同晴空指数对应的遮阳时数,计算并取均值结果如表 4.5 和表 4.6 所示。

由表 4.5 可知,对于水平面不同的遮阳策略,阴天基本不需要考虑遮阳,对于遮阳需求较大的天气状况对应的晴空指数在 0.5～0.8,而晴空指数特别大(>0.8)的天气状况由于出现的概率较小，也基本不需要考虑其对遮阳时数的影响。

表 4.5　全年水平面不同控制策略下的遮阳时数　　　　　（单位：h）

天气状况	晴空指数	策略 1	策略 2	策略 3	策略 4	策略 5	策略 6
阴天	0~0.1	0	0	0	0	0	0
	0.1~0.2	0	0	0	0	0	0
	0.2~0.3	45	57	0	0	0	0
多云	0.3~0.4	65	142	17	0	0	0
	0.4~0.5	97	278	194	0	17	179
	0.5~0.6	140	483	494	28	403	494
晴天	0.6~0.7	95	272	272	227	272	272
	0.7~0.8	13	24	24	24	24	24
	0.8~0.9	1	1	1	1	1	1
	0.9~1	0	0	0	0	0	0

表 4.6　全年东向不同控制策略下的遮阳时数　　　　　（单位：h）

天气状况	晴空指数	策略 1	策略 2	策略 3	策略 4	策略 5	策略 6
阴天	0~0.1	0	0	0	0	0	0
	0.1~0.2	0	0	0	0	0	0
	0.2~0.3	0	0	0	0	0	0
多云	0.3~0.4	0	0	0	0	0	0
	0.4~0.5	19	26	96	0	7	96
	0.5~0.6	33	105	183	0	111	183
晴天	0.6~0.7	21	63	111	12	87	111
	0.7~0.8	3	6	11	4	8	11
	0.8~0.9	0	0	0	0	0	0
	0.9~1	0	0	0	0	0	0

由表 4.6 可知，东向不同天气状况对应的遮阳时数的整体趋势和水平面相似，但数值上明显小得多，这主要是由于东向太阳直射的持续时间较短，强度也比南向和西向弱。

表 4.7　全年南向不同控制策略下的遮阳时数　　　　　（单位：h）

天气状况	晴空指数	策略 1	策略 2	策略 3	策略 4	策略 5	策略 6
阴天	0~0.1	0	0	0	0	0	0
	0.1~0.2	0	0	0	0	0	0
	0.2~0.3	0	0	0	0	0	0
多云	0.3~0.4	0	0	0	0	0	0
	0.4~0.5	0	0	111	0	11	111
	0.5~0.6	0	0	319	3	218	319
晴天	0.6~0.7	0	10	222	34	153	222
	0.7~0.8	0	4	23	6	18	23
	0.8~0.9	0	0	2	1	2	2
	0.9~1	0	0	0	0	0	0

表 4.8 全年西向不同控制策略下的遮阳时数 (单位：h)

天气状况	晴空指数	策略 1	策略 2	策略 3	策略 4	策略 5	策略 6
阴天	0~0.1	0	0	0	0	0	0
	0.1~0.2	0	0	0	0	0	0
	0.2~0.3	0	0	0	0	0	0
多云	0.3~0.4	0	0	0	0	0	0
	0.4~0.5	0	0	84	0	7	84
	0.5~0.6	0	0	176	1	106	176
晴天	0.6~0.7	3	4	103	13	76	103
	0.7~0.8	1	2	9	3	7	9
	0.8~0.9	0	1	1	1	1	1
	0.9~1	0	0	1	1	1	1

表 4.7 和表 4.8 可知，对于南向和西向而言，不同晴空指数对应的控制策略 1 和控制策略 2 基本不需要考虑遮阳，这是由于夏季太阳高度角较大，立面的直射辐射相对较小，总辐射也相应地减小，遮阳时数就较小；而控制策略 3 由于只要满足总辐射或直射辐射之一即可，直射辐射的阈值较低，因此遮阳时数较大。

表 4.9 全年北向不同控制策略下的遮阳时数 (单位：h)

天气状况	晴空指数	策略 1	策略 2	策略 3	策略 4	策略 5	策略 6
阴天	0~0.1	0	0	0	0	0	0
	0.1~0.2	0	0	0	0	0	0
	0.2~0.3	0	0	0	0	0	0
多云	0.3~0.4	0	0	0	0	0	0
	0.4~0.5	0	0	0	0	0	0
	0.5~0.6	0	0	0	0	0	0
晴天	0.6~0.7	0	0	1	0	0	1
	0.7~0.8	0	0	0	0	0	0
	0.8~0.9	0	0	0	0	0	0
	0.9~1	0	0	0	0	0	0

由表 4.9 可知，对于北向而言，无论采用何种遮阳控制策略，天气状况如何变化(即晴空指数的变化)，都不需要采取遮阳措施，这是由于北向极少受到太阳直射辐射。

4.6 遮阳控制策略的研究结论

综上所述，通过对上海地区典型年的逐时气象参数和实测数据的分析可得到如下主要结论。

(1)同时控制温度和太阳辐射的策略(如策略1),各向遮阳时数远小于只控制太阳辐射的策略(如策略2~策略6),其各向遮阳时数呈偏西向分布。

(2)控制太阳总辐射的策略(如策略1和策略2)北向基本不需要遮阳,这是由于北向太阳直射辐射较少,仅出现在早晚,其遮阳时数明显小于其他三个方向。考虑季节性因素的影响后,其各向遮阳时数呈对称性分布。

(3)控制太阳直射辐射的策略(如策略4~策略6)随着直射辐射控制阈值的减小,遮阳时数逐渐增加,考虑季节性因素的影响后,其各向遮阳时数呈偏东向分布。

(4)控制太阳直射辐射并考虑季节性影响的策略(如策略8~策略11),遮阳时数随着玻璃太阳得热系数的减小而相应地减少。其中控制总辐射和直射辐射并考虑季节性影响的策略(如策略8),各朝向在采用此策略对应的遮阳时数基本不受玻璃类型的影响,这是由于策略8中室外太阳总辐射起主导作用。

(5)水平面(倾角为 0°)的遮阳时数高于各立面,各向遮阳时数随着倾角的增大而减小;正南方向的遮阳时数在各朝向中最大,与水平面较为接近,正东和正西朝向的遮阳时数和变化规律较为相似,正北方向遮阳时数最小,控制直射辐射的策略(如策略4~策略6)基本不需要遮阳。

(6)对于水平面不同的遮阳策略,阴天基本不需要考虑遮阳,对于遮阳需求较大的天气状况对应的晴空指数在 0.5~0.8。东向不同天气状况对应遮阳时数的整体趋势和水平面相似,但数值上明显小得多。对于南向和西向而言,不同晴空指数对应的控制策略 1 和控制策略 2 基本不需要考虑遮阳,而控制策略 3 的遮阳时数较大。对于北向,无论采用何种遮阳控制策略,都不需要采取遮阳措施。

第5章　适应近年来大气状况变化的太阳辐射模型修正

近年来，能源危机和环境污染程度加剧，大气状况和天气状况相较于之前显著变化，这些变化对地面接收到的太阳辐射的影响显著。所以，采用既有太阳辐射模型评估太阳能资源，计算分析太阳能利用效率将难以与实测数据吻合，因此本章在分析大气状况和天气状况的基础上，结合微元积分法、能量平衡分析、SVM算法等方法，对太阳总辐射和散射辐射分别提出了相应的修正模型，并采用实测值对修正模型的准确性进行了验证。

5.1　大气污染及其对太阳辐射影响的现状分析

5.1.1　大气污染的现状分析

如图 5.1 所示，2011～2017 年，我国烟(粉)尘的平均排放量约为 127 万 t，氮氧化物的平均排放量约为 194 万 t，二氧化硫的平均排放量约为 174 万 t。该图也显示出，2011～2017 年二氧化硫和氮氧化物的排放量有逐年减少的趋势。这主要归功于国家的"十二五"计划，国家制定环境保护规划，将废弃总量控制指标定为二氧化硫和氮氧化物，其排放量得到了很好的控制。另外，烟(粉)尘排放量从 2011～2013 年较为稳定，但在 2014 年激增为 174 万 t，并在 2015 年的排放量仍然居高不下。根据图 5.1 可知，至 2017 年，二氧化硫、氮氧化物、烟(粉)尘排放量均有明显下降，这主要得益于国家大力治理空气污染的政策。因此，总体上来说，现阶段大气污染已得到较好的控制。

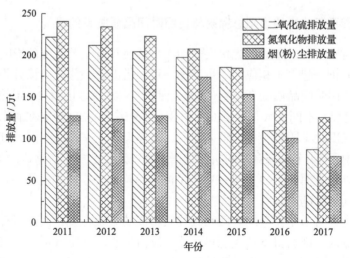

图 5.1　2011～2017 年大气污染物排放量统计

5.1.2　太阳辐射的历年变化状况

　　雾霾对太阳辐射的散射及削弱较为严重，以北京为例，近年来年太阳总辐射平均下降了 14.19%，近几十年的太阳总辐射量年值变化如图 5.2 所示。根据常规气象数据设计的太阳能系统在重度雾霾天气下将很难满足使用需求，这势必会影响对太阳能资源的开发和利用，因此迫切需要提供雾霾影响下的太阳辐射数据及相应的计算模型。

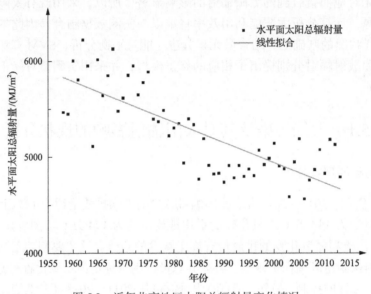

图 5.2　近年北京地区太阳总辐射量变化情况

5.2　太阳总辐射模型的修正方法及修正思路

5.2.1　基于能量平衡分析的太阳总辐射与日照时间品质关系的研究

　　太阳总辐射模型对太阳能的光伏发电和光热转换具有至关重要的影响。作者通过传热过程的理论分析，建立了相应的能量平衡方程，借助合理假设对该方程进行了简化并得到一种基于日照时间品质的新模型（QSD 模型）。以北京地区近 24 年的气象数据为基础，分析了该模型在不同天气状况下的适用性，结果表明 QSD 模型在北京地区晴天的精度最高，多云天次之，阴天最差。整体而言，该模型在北京地区不同天气状况下的适用性较好。根据中国 24 个气象台站的实测数据拟合得到了适用于各地区的 QSD 模型，这些模型的对比分析表明，QSD 模型在中国不同地区均具有广泛的适用性，太阳能资源越丰富的地区，其精度越高。

　　在短时间内，对由单位地球表面和大气层构成的系统来说，假定只存在太阳能这一种形式的能量输入，即自身不产生能量。该系统由地表层、空气层和大气层构成，基于这些分析，提出以下假设：①在单位面积的地表上空，地表层、空气层和大气层互相平行；②温度梯度方向与各层正交；③空气层是透明的，并且自身不产生热量。

基于以上假设，可以得到单位空气层的瞬时能量平衡方程如式(5.1)所示，即

$$\frac{\partial E_{\text{air}}}{\partial t} = \alpha_1 H_1 + h_1(T_s - T_a) + \lambda(T_s - T_a)/\delta + k_1(T_u - T_a) + R_1 + R_2 \tag{5.1}$$

式中，H_1 为入射到空气层的太阳辐射，MJ/m^2；α_1 为空气层对太阳辐射的吸收率；$\dfrac{\partial E_{\text{air}}}{\partial t}$ 为单位空气层单位时间自身能量的变化量，W；$h_1(T_s - T_a)$ 为空气层与地表层的对流传热量，W/m^2；$\lambda(T_s - T_a)/\delta$ 为导热传热量，W/m^2；R_1 为空气层向地表的辐射传热量，W/m^2；$k_1(T_u - T_a)$ 为空气层向高层大气的对流换热量(含对流传热量和导热量)，W/m^2；R_2 为空气层向上层大气的辐射传热量，W/m^2。

同样对于地表层来说，单位面积瞬时能量平衡方程如式(5.2)所示，即

$$\frac{\partial E_{\text{soil}}}{\partial t} = \alpha_2 H_2 + h_1(T_a - T_s) + \lambda(T_a - T_s)/\delta - R_1 + q_1 \tag{5.2}$$

式中，H_2 为入射到地表的太阳辐射，MJ/m^2；α_2 为地表对太阳辐射的吸收率；$\dfrac{\partial E_{\text{soil}}}{\partial t}$ 为单位地表层单位时间自身能量的变化量，W；q_1 为地表层向地表深层的传热量，W/m^2。

联立式(5.1)和式(5.2)可以得到式(5.3)，即

$$\frac{\partial E_{\text{air}}}{\partial t} + \frac{\partial E_{\text{soil}}}{\partial t} = \alpha_1 H_1 + \alpha_2 H_2 + k_1(T_u - T_a) + R_2 + q_1 \tag{5.3}$$

式中，T_u 和 T_a 分别为高层大气温度和空气层温度，℃。

对于太阳辐射而言，空气层和地表层之间的传热具有热惯性，因此可以做出如下假设。

(1)空气层和地表层接收到的能量呈一次线性关系，如式(5.4)所示，即

$$\frac{\partial E_{\text{soil}}}{\partial t} = c + d\frac{\partial E_{\text{air}}}{\partial t} \tag{5.4}$$

式中，c、d 均为中间系数。

(2)空气可以被认为是透明体，且既有研究表明空气是一种良好的绝热体，空气层与地表层的传热绝大部分来自对流传热，如式(5.5)所示，即

$$T_u = e + fT_a \tag{5.5}$$

式中，e、f 均为中间系数。

(3)不考虑大气层的反射和折射，空气层和地表层接收到的太阳辐射总量保持一定，如式(5.6)所示，即

$$H_2 = g + hH_1 \tag{5.6}$$

式中，H_1 为空气层太阳辐射入射量，MJ/m^2；H_2 为地表层太阳辐射入射量，MJ/m^2；g

和 h 均为中间系数。

将式(5.4)~式(5.6)代入式(5.3)中，整理可得式(5.7)，即

$$(1+d)\frac{\partial E_{air}}{\partial t} = (\alpha_1 + h\alpha_2)H_1 + k_1(f-1)T_a + R_2 + q_1 + i \tag{5.7}$$

式中，i 为中间变量，$i = k_1 e + \alpha_2 g - c$。对于一个周期(如一天或一年)来说，空气层和地表层接收到的能量变化规律均符合式(5.7)。因此本书采用一天作为分析周期(C=24h)，对式(5.7)进行积分，可以得到相应的能量积分方程，如式(5.8)所示，即

$$\int_C (1+d)\frac{\partial E_{air}}{\partial t}dt = (\alpha_1 + h\alpha_2)\int_C H_1 dt + k_1(f-1)\int_C T_a dt + \int_C (R_2 + q_1)dt + i \tag{5.8}$$

由假设(1)和相关学者的研究成果可知，热辐射导致的热量传递可忽略，即 $\frac{\partial E_{air}}{\partial t}=0$，同理可得空气层、地表层和大气层之间的辐射传热量在一个周期内为常数。基于这些分析，式(5.8)可简化为式(5.9)，即

$$0 = (\alpha_1 + h\alpha_2)\int_C H_1 dt + k_1(f-1)\int_C T_a dt + j \tag{5.9}$$

式(5.9)，等式右侧的第一部分 $(\alpha_1 + h\alpha_2)\int_C H_1 dt$ 为一天内太阳对地面辐射的累计值，即水平面日太阳总辐射 G；第二部分 $k_1(f-1)\int_C T_a dt$ 为瞬时温度对时间(周期 C)的积分，瞬时温度的累计值可考虑用日平均温度来代替，而日平均温度随着太阳与地球相对位置的变化，该变化趋势遵循正弦规律。因此，日平均温度可用太阳高度角的正弦值乘以常数来代替，如式(5.10)所示，即

$$T_a = k \sin h \tag{5.10}$$

式中，k 为常数；h 为太阳高度角，(°)。

在一天内，只有从日出到日落的时间内存在太阳能的积累，因此考虑用日照小时数(S)代替周期 $C\left(\int_C dt = S\right)$，将式(5.10)代入式(5.9)可得式(5.11)，即

$$G = m + nS(k \sin h) \tag{5.11}$$

式中，G 为水平面太阳总辐射量，MJ/m^2。

式(5.11)中的常数经改写可得到式(5.12)。将 $S \sin h$ 命名为太阳日照时间品质 Q，并代入式(5.12)，可以得到式(5.13)：

$$G = a + bS \sin h \tag{5.12}$$

$$G = a + bQ \tag{5.13}$$

5.2.2　基于雾霾散射-削弱效应研究其对太阳辐射的影响

太阳辐射在大气传输的过程中，受到气体分子、悬浮于其中的固态和液态粒子等多

种因素的影响,因此水平面太阳总辐射呈现出显著的随机性。为了排除云量和阴雨天等天气状况对太阳辐射削弱模型的影响,本书仅选用天气状况为晴天时的太阳辐射数据。为使该 GSRW 模型具有更好的适用性,本书采用量纲一化的方法来探究雾霾对太阳总辐射的削弱程度,即尝试建立晴空指数与相对空气质量指数之间的函数关系。本书采用的相对空气质量指数定义见公式(5.14),其中 AQI_s 为空气质量基准值(100)。当 RAQI<1时,表征为空气良好,没有污染;当 RAQI≥1 时,表征为存在空气污染,并且 RAQI 越大,表明雾霾越严重。

$$RAQI = AQI / AQI_s \tag{5.14}$$

式中,AQI 为空气质量指数;AQI_s 为空气质量基准值;RAQI 为相对空气质量指数。

由于太阳总辐射随着相对空气质量呈近线性变化,因此本书考虑使用几种常见的函数(线性函数、多项式函数、幂函数、指数函数、对数函数等)建立其函数关系。其函数形式如下(k_t 为晴空指数)。

模型 1:

$$k_t = a + b\text{RAQI} \tag{5.15}$$

模型 2:

$$k_t = a + b\text{RAQI} + c\text{RAQI}^2 \tag{5.16}$$

模型 3:

$$k_t = a + b\text{RAQI} + c\text{RAQI}^2 + d\text{RAQI}^3 \tag{5.17}$$

模型 4:

$$k_t = a\text{RAQI}^b \tag{5.18}$$

模型 5:

$$k_t = a + b\text{RAQI}^c \tag{5.19}$$

模型 6:

$$k_t = \exp(a + b\text{RAQI} + c\text{RAQI}^2) \tag{5.20}$$

模型 7:

$$k_t = a - b\ln(\text{RAQI} + c) \tag{5.21}$$

通过对实测数据的拟合,得到了七种太阳总辐射削弱模型(图 5.3),基于相关系数(R)、平均百分比误差(MPE)、平均绝对百分比误差(MAPE)、相对标准误差(RSE)、均方根误差(RMSE)和 Nash-Sutcliffe 方程值(NSE)对模型计算值和实测值的对比分析如

表 5.1 所示，结果表明模型 1、模型 2、模型 3 和模型 6 相对较为准确。模型 1 形式最为简单，但无法反映变化速度的快慢，尤其是大气状况为严重污染时；模型 2 整体表现较好，其 R 值最大为 0.771，MPE 最小为 0.271；模型 3 和模型 2 相似，通常而言，当 RAQI 越大时，空气的能见度越低，地面可以接收到的太阳辐射越小，但当严重污染时，模型 3 的晴空指数出现了回升（其中当 RAQI 为 5 时，晴空指数相较于最低点提高了 8.92%），这不符合实际观测结果，因此在严重污染的大气状况下不推荐采用模型 3。模型 6 性能不输于模型 2，但是考虑到模型的易用性，本书推荐采用模型 2[式 (5.22)]：

$$k_t = 0.790 - 0.207\text{RAQI} + 0.0244\text{RAQI}^2 \tag{5.22}$$

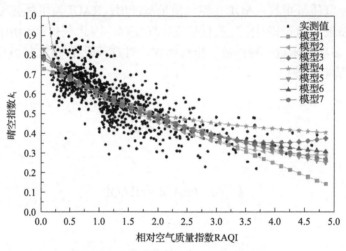

图 5.3　七种削弱模型与实测数据对比

表 5.1　不同 GSRW 模型统计学参数对比

模型	R	MPE	MAPE	RMSE	NSE
模型 1	0.770	1.811	9.382	0.079	0.593
模型 2	0.771	0.271	9.350	0.080	0.585
模型 3	0.771	1.723	9.339	0.079	0.595
模型 4	0.728	2.350	10.335	0.085	0.530
模型 5	0.766	1.807	9.468	0.080	0.587
模型 6	0.770	1.811	9.382	0.079	0.593
模型 7	0.769	1.804	9.422	0.080	0.591

由模型 2 可知，随着 RAQI 的增加，晴空指数 k_t 逐渐减小，但是其减小的幅度（变化速度）逐渐变小。形成雾霾的固体颗粒物及液体微粒对不同波长的太阳辐射既有吸收也有反射作用，并且反射的次数越多，太阳辐射的损耗越多。所以，当大气状况为轻度污染（RAQI 较小）时，空气中的微粒数量较少，吸收作用占据主导地位，直射辐射比例较大，散射辐射比例较小。随着 RAQI 增大（微粒数量增加），微粒之间的距离变小，反射的概

率增加，并且散射部分占据主导地位，颗粒之间的内部损耗也逐渐增多。尤其是在严重污染的大气状况下，颗粒浓度最大，直接导致能见度降低，在近地面形成一层"隔离带"，其阻止了太阳辐射传输。随着 RAQI 的增大，大气中固体颗粒物的浓度越来越大，但地面可接收到的太阳总辐射受"隔离带"中颗粒物浓度变化的影响较小，因此太阳辐射被削弱的速度逐渐减小。

5.2.3　太阳总辐射日值分解为逐时值的新模型

目前，国内对于太阳辐射数据的积累主要是日值，而太阳能光伏及光热利用、建筑得热、能耗模拟等科研及工程应用一般需要逐时值，因此研究太阳总辐射日值分解为逐时值模型(以下简称日值分解模型)极为必要。即使具有逐时辐射数据，也需要使用气象站提供的日值数据结合日值分解模型来补充由仪器故障、检修等造成的数据缺失。此外，国内的气象站大多缺少对逐时值的记录，即使有逐时值的数据积累也较少，无法满足对太阳辐射长期预测及评估的需求，因此研究日值分解模型可以将长期积累的日值数据转化为逐时值，为太阳辐射相关领域的研究积累数据。

Jain 模型如式(5.23)所示，即

$$\frac{H}{G} = \frac{1}{\sigma\sqrt{2\pi}} \exp\left[-\frac{(t_s - 12)^2}{2\sigma^2}\right] \tag{5.23}$$

式中，t_s 为真太阳时，h；σ 为中间变量，$\sigma = 0.2S + 0.378$，h，其中 S 为日长，h。

式(5.23)的计算结果通常会出现太阳辐射逐时值大于逐日值的情况，特别是当太阳高度角很小(即日出及日落前后)时，这一不合理的趋势更为明显，因此考虑到计算结果的合理性，对式(5.23)做出调整，调整后的模型称为 Jain 调整模型，如式(5.24)所示，即

$$\frac{H}{G} = \min\left(\frac{1}{\sigma\sqrt{2\pi}} \exp\left[-\frac{(t_s - 12)^2}{2\sigma^2}\right], \sin h\right) \tag{5.24}$$

以同济大学嘉定校区气象站(31°17′N，121°13′E)2009 年 1 月～2011 年 12 月的气象观测数据为基础，对既有日值分解模型进行对比分析，分析结果如表 5.2 所示。

表 5.2　既有日值分解模型的准确性

模型	RSE	MBE	RMSE	NSE	t-stat
Liu & Jordan 模型	7.865	11.169	173.458	0.446	5.483
Collares-Pereira & Rabl 模型	1.214	−41.747	102.050	0.808	38.098
Jain 模型	442.079	944.989	1640.483	−48.537	59.888
Jain 调整模型	21.402	408.149	631.594	−6.343	71.961

由表 5.2 可知，在既有日值分解模型中，Jain 模型的 NSE 最小，RSE、MBE、RMSE

最大，其准确性最差，调整后的模型(Jain 调整模型)准确性虽有提高，但仍低于其他既有日值分解模型；Liu & Jordan 模型的 t 统计量(t-stat)最小，MBE 相对较小，虽以图表形式给出将太阳总辐射日值分解为逐时值的方法，但其形式简单，使用方便，在晴天为主的地区有其适用性；Collares-Pereira & Rabl 模型的 NSE 值最大，RSE 和 RMSE 最小，其他统计学参数相对较小，在既有日值分解模型中的准确性最高，适用性较好，这也是其得到广泛应用的原因。

　　既有日值分解模型由于未考虑到云层、气溶胶等因素对太阳辐射的削减，故一般只适合晴天，而无法适应复杂多变的天气状况。要适应不同的天气状况就必须研究影响太阳辐射的因素，这些影响因素包括：①太阳所在位置(即太阳高度角和太阳方位角)；②距离正午的时间(即太阳时角)；③天气状况及云层的遮挡(即晴空指数)。此外，太阳辐射影响气温，气温可以间接反映出太阳辐射的强弱。因此，在日值分解模型中需要综合考虑太阳高度角、太阳方位角、太阳时角、晴空指数、气温等因素，采用量纲分析方法构建新模型的基本构成如式(5.25)所示，即

$$\frac{H}{G} = f\left(\sin h, \cos \gamma, \cos \omega, K_t, \frac{T_{n-2}-T_{min}}{T_{max}-T_{min}}\right) \tag{5.25}$$

式中，h 为太阳高度角，(°)；γ 为太阳方位角，(°)；T_{n-2} 为 $n-2$ 时刻(当前为第 n 时刻，$n-2$ 为当前时刻的后 2 个时刻)的空气温度，℃；T_{max} 为日最高气温，℃；T_{min} 为日最低气温，℃；K_t 为日平均晴空指数，$K_t = G/G_0$，其中，G_0 为大气层外日总辐射，MJ/m^2；ω 为太阳时角，(°)。

　　根据同济大学嘉定校区气象站(31°17′N，121°13′E)2009 年 1 月～2011 年 12 月的气象观测数据对式(5.25)采用多项式拟合，由于高次多项式的不稳定性，每个变量均以三次为限，对其所构成的多项式进行回归分析以求解其系数，其中较为典型的求解结果见式(5.26)～式(5.44)。

$$\frac{H}{G} = -0.0207+0.0260\sin h+0.0108\cos\gamma+0.0965\cos\omega-0.0163K_t$$
$$+0.0474\frac{T_{n-2}-T_{min}}{T_{max}-T_{min}} \tag{5.26}$$

$$\frac{H}{G} = -0.0319+0.1576\sin h-0.0857\sin^2 h+0.0363\cos\gamma+0.0355\cos\omega$$
$$-0.0160K_t+0.0469\frac{T_{n-2}-T_{min}}{T_{max}-T_{min}} \tag{5.27}$$

$$\frac{H}{G} = -0.0183+0.0252\sin h+0.3028\sin^2 h-0.2644\sin^3 h+0.0467\cos\gamma$$
$$+0.0113\cos\omega-0.0155K_t+0.0455\frac{T_{n-2}-T_{min}}{T_{max}-T_{min}} \tag{5.28}$$

$$\frac{H}{G} = -0.0316 - 0.0338\sin h - 0.0939\cos\gamma + 0.0899\cos^2\gamma + 0.1868\cos\omega$$
$$- 0.0141K_t + 0.0445\frac{T_{n-2} - T_{min}}{T_{max} - T_{min}} \tag{5.29}$$

$$\frac{H}{G} = -0.0323 - 0.0339\sin h - 0.0948\cos\gamma + 0.0974\cos^2\gamma - 0.0071\cos^3\gamma$$
$$+ 0.1876\cos\omega - 0.0140K_t + 0.0445\frac{T_{n-2} - T_{min}}{T_{max} - T_{min}} \tag{5.30}$$

$$\frac{H}{G} = -0.0063 - 0.0628\sin h - 0.0444\cos\gamma + 0.0803\cos\omega + 0.1351\cos^2\omega$$
$$- 0.0146K_t + 0.0441\frac{T_{n-2} - T_{min}}{T_{max} - T_{min}} \tag{5.31}$$

$$\frac{H}{G} = -0.0062 - 0.0685\sin h - 0.0487\cos\gamma + 0.1006\cos\omega + 0.0888\cos^2\omega$$
$$+ 0.0356\cos^3\omega - 0.0147K_t + 0.0441\frac{T_{n-2} - T_{min}}{T_{max} - T_{min}} \tag{5.32}$$

$$\frac{H}{G} = -0.0199 + 0.0258\sin h + 0.0108\cos\gamma + 0.0967\cos\omega - 0.0238K_t$$
$$+ 0.012K_t^2 + 0.0475\frac{T_{n-2} - T_{min}}{T_{max} - T_{min}} \tag{5.33}$$

$$\frac{H}{G} = -0.0167 + 0.0269\sin h + 0.0109\cos\gamma + 0.0957\cos\omega - 0.0765K_t$$
$$+ 0.2113K_t^2 - 0.2108K_t^3 + 0.0476\frac{T_{n-2} - T_{min}}{T_{max} - T_{min}} \tag{5.34}$$

$$\frac{H}{G} = 0.0030 + 0.0141\sin h + 0.0043\cos\gamma + 0.1076\cos\omega - 0.0149K_t$$
$$- 0.0485\frac{T_{n-2} - T_{min}}{T_{max} - T_{min}} + 0.0819\left(\frac{T_{n-2} - T_{min}}{T_{max} - T_{min}}\right)^2 \tag{5.35}$$

$$\frac{H}{G} = -0.0003 + 0.0133\sin h + 0.0036\cos\gamma + 0.1092\cos\omega - 0.0150K_t$$
$$- 0.0210\frac{T_{n-2} - T_{min}}{T_{max} - T_{min}} + 0.0240\left(\frac{T_{n-2} - T_{min}}{T_{max} - T_{min}}\right)^2 + 0.0342\left(\frac{T_{n-2} - T_{min}}{T_{max} - T_{min}}\right)^3 \tag{5.36}$$

$$\frac{H}{G} = -0.0219 - 0.0592\sin h - 0.0915\cos\gamma + 0.0657\cos^2\gamma + 0.1549\cos\omega$$
$$+ 0.0632\cos^2\omega - 0.0139K_t + 0.0438\frac{T_{n-2} - T_{min}}{T_{max} - T_{min}} \tag{5.37}$$

$$\frac{H}{G} = -0.0222 - 0.0568\sin h - 0.0904\cos \gamma + 0.0666\cos^2 \gamma + 0.1475\cos \omega$$
$$+ 0.0814\cos^2 \omega - 0.0148\cos^3 \omega - 0.0139K_t + 0.0437\frac{T_{n-2} - T_{\min}}{T_{\max} - T_{\min}} \tag{5.38}$$

$$\frac{H}{G} = -0.0190 - 0.0613\sin h - 0.0889\cos \gamma + 0.0428\cos^2 \gamma + 0.0196\cos^3 \gamma$$
$$+ 0.1498\cos \omega + 0.0690\cos^2 \omega - 0.0141K_t + 0.0437\frac{T_{n-2} - T_{\min}}{T_{\max} - T_{\min}} \tag{5.39}$$

$$\frac{H}{G} = -0.0175 - 0.0547\sin h - 0.0827\cos \gamma + 0.0270\cos^2 \gamma + 0.0357\cos^3 \gamma$$
$$+ 0.1204\cos \omega + 0.1359\cos^2 \omega - 0.0503\cos^3 \omega - 0.0141K_t + 0.0436\frac{T_{n-2} - T_{\min}}{T_{\max} - T_{\min}} \tag{5.40}$$

$$\frac{H}{G} = -0.0190 + 0.1259\sin h - 0.1360\sin^2 h - 0.0208\cos \gamma - 0.0312\cos^2 \gamma$$
$$+ 0.0410\cos^3 \gamma - 0.0158\cos \omega + 0.1663\cos^2 \omega - 0.0075\cos^3 \omega - 0.0138K_t$$
$$+ 0.0424\frac{T_{n-2} - T_{\min}}{T_{\max} - T_{\min}} \tag{5.41}$$

$$\frac{H}{G} = -0.0174 + 0.0931\sin h - 0.0464\sin^2 h - 0.0592\sin^3 h - 0.0211\cos \gamma$$
$$- 0.0202\cos^2 \gamma + 0.0318\cos^3 \gamma - 0.0065\cos \omega + 0.1372\cos^2 \omega + 0.0095\cos^3 \omega$$
$$- 0.0137K_t + 0.0423\frac{T_{n-2} - T_{\min}}{T_{\max} - T_{\min}} \tag{5.42}$$

$$\frac{H}{G} = -0.0244 + 0.1209\sin h - 0.1341\sin^2 h - 0.0304\cos \gamma + 0.0149\cos^2 \gamma$$
$$+ 0.0172\cos \omega + 0.1035\cos^2 \omega + 0.0326\cos^3 \omega - 0.0136K_t + 0.0426\frac{T_{n-2} - T_{\min}}{T_{\max} - T_{\min}} \tag{5.43}$$

$$\frac{H}{G} = -0.0108 + 0.1255\sin h - 0.1356\sin^2 h - 0.0204\cos \gamma - 0.0307\cos^2 \gamma$$
$$+ 0.0405\cos^3 \gamma - 0.0112\cos \omega + 0.1613\cos^2 \omega - 0.0089\cos^3 \omega - 0.0134K_t$$
$$+ 0.0063\frac{T_{n-2} - T_{\min}}{T_{\max} - T_{\min}} + 0.0310\left(\frac{T_{n-2} - T_{\min}}{T_{\max} - T_{\min}}\right)^2 \tag{5.44}$$

式(5.26)~式(5.44)的准确性如表 5.3 所示。

由表 5.3 中式(5.26)~式(5.44)的统计学参数可知,式(5.29)、式(5.30)和式(5.32)的 NSE 值较大,而其他统计学参数相对较低,而式(5.27)、式(5.29)的 NSE 值大于式(5.33)和式(5.34),其他统计学参数相对较低,即太阳方位角和太阳时角对日值分解模型准确性的影响较为显著,太阳高度角次之,其次为日晴空指数和气温。式(5.42)较好地考虑了

表 5.3　实测值拟合公式的准确性

拟合公式	RSE	MBE	RMSE	NSE	t-stat
式(5.26)	4.1252	0.0198	0.3401	0.8315	6.0587
式(5.27)	2.7613	0.0224	0.3386	0.8330	6.8961
式(5.28)	3.5555	0.0191	0.3393	0.8323	5.8557
式(5.29)	2.5223	0.0100	0.3269	0.8443	3.1718
式(5.30)	2.5308	0.0108	0.3266	0.8446	3.4341
式(5.31)	2.7754	-0.1003	0.3566	0.8148	30.4528
式(5.32)	3.6893	0.0040	0.3320	0.8394	1.2671
式(5.33)	4.1192	0.0203	0.3403	0.8313	6.2143
式(5.34)	4.1121	0.0199	0.3402	0.8314	6.0985
式(5.35)	4.0308	0.0169	0.3405	0.8311	5.1520
式(5.36)	4.0323	0.0172	0.3407	0.8309	5.2557
式(5.37)	2.7820	0.0067	0.3230	0.8480	2.1554
式(5.38)	2.8943	0.0051	0.3229	0.8481	1.6348
式(5.39)	2.6772	0.0046	0.3232	0.8479	1.4671
式(5.40)	2.8886	0.0047	0.3234	0.8477	1.5182
式(5.41)	2.1065	0.0070	0.3179	0.8528	2.3008
式(5.42)	2.1467	0.0072	0.3178	0.8529	2.3461
式(5.43)	2.0939	0.0077	0.3179	0.8528	2.5012
式(5.44)	2.1243	0.0067	0.3181	0.8526	2.1770

上述影响因素，且其 NSE 值最大，其他统计学参数相对较小，因此以式(5.42)作为太阳总辐射日值分解模型 1(daily global solar radiation decomposition model 1，DGSRD 模型 1)。

在实际应用中，由于地点(经纬度)、时间可以确定太阳的位置(太阳高度角、方位角)和时角，而气温是间接地受太阳辐射影响的，因此为进一步提高日值分解模型的准确性，应考虑分天气状况构建日值分解模型。根据晴空指数，天气状况可以分为三类：晴天，晴空指数 $K_t > 0.6$；多云天，晴空指数 $0.3 < K_t \leqslant 0.6$；阴天，晴空指数 $0 \leqslant K_t \leqslant 0.3$。据此构建太阳总辐射日值分解模型 2(daily global solar radiation decomposition model 2，DGSRD 模型 2)，如式(5.45)～式(5.47)所示。

当天气状况为晴天，即晴空指数 $K_t > 0.6$ 时，有

$$\frac{H}{G} = 0.0128 - 0.0243\sin h + 0.1187\sin^2 h - 0.1358\sin^3 h - 0.0282\cos\gamma$$
$$- 0.0346\cos^2\gamma + 0.0347\cos^3\gamma - 0.0078\cos\omega + 0.2399\cos^2\omega - 0.0398\cos^3\omega$$
$$+ 0.0085K_t - 0.0148\frac{T_{n-2} - T_{min}}{T_{max} - T_{min}} \tag{5.45}$$

当天气状况为多云天，即晴空指数 $0.3 < K_t \leqslant 0.6$ 时，有

$$
\begin{aligned}
\frac{H}{G} = &-0.0133 + 0.0672\sin h + 0.0024\sin^2 h - 0.0867\sin^3 h - 0.0210\cos\gamma \\
&-0.0204\cos^2\gamma + 0.0319\cos^3\gamma - 0.0013\cos\omega + 0.1284\cos^2\omega + 0.0149\cos^3\omega \\
&-0.0133K_t + 0.0401\frac{T_{n-2} - T_{\min}}{T_{\max} - T_{\min}}
\end{aligned}
\tag{5.46}
$$

当天气状况为阴天，即晴空指数 $0 \leqslant K_t \leqslant 0.3$ 时，有

$$
\begin{aligned}
\frac{H}{G} = &-0.0142 + 0.0734\sin h - 0.0087\sin^2 h - 0.0807\sin^3 h - 0.0203\cos\gamma \\
&-0.0218\cos^2\gamma + 0.0327\cos^3\gamma - 0.0044\cos\omega + 0.1313\cos^2\omega + 0.0135\cos^3\omega \\
&-0.0129K_t + 0.0414\frac{T_{n-2} - T_{\min}}{T_{\max} - T_{\min}}
\end{aligned}
\tag{5.47}
$$

5.2.4　上海地区太阳总辐射新模型

预测太阳能光伏和太阳能热系统的效率需要太阳总辐射数据及其估算模型，建筑热增益也需要以太阳总辐射数据为研究基础。此外，工程设计和规划项目需要每日的太阳总辐射模型。我国对太阳总辐射模式的研究相对较晚，记录的数据具有较大的时间尺度（许多气象站只能提供日值，不能提供小时值），而其他气象参数（如日照时数、温度、湿度、降雨量）的记录更为全面，但对太阳辐射模型的研究相对滞后。另外，据报道，太阳记录仪的测量结果是准确的，而由于其机械元件的热灵敏度，太阳记录仪的测量结果有一定的误差。此外，由于许多地区缺乏对太阳总辐射数据的记录，再加上设备维修或更换、气象站搬迁等造成的数据损失，因此需要研究由其他气象参数估算太阳总辐射的经验模型。

作者利用上海龙华气象站 1961 年 1 月~1990 年 12 月共 30 年和上海气象站 1991 年 1 月~2002 年 12 月共 10 年的月平均日太阳辐射资料，拟合上海市日照时数来估算月平均日太阳辐射模型（SDEADGR 模型），结果如式（5.48）~式（5.52）所示。

（1）SDEADGR 模型 1（线性模型）：

$$
\frac{G}{G_0} = 0.2715 + 0.3837\left(\frac{S}{S_{\max}}\right)
\tag{5.48}
$$

（2）SDEADGR 模型 2（多项式模型）：

$$
\frac{G}{G_0} = 0.1094 - 0.0098\left(\frac{S}{S_{\max}}\right) + 5.3302\left(\frac{S}{S_{\max}}\right)^2 - 10.3730\left(\frac{S}{S_{\max}}\right)^3 + 5.6243\left(\frac{S}{S_{\max}}\right)^4
\tag{5.49}
$$

（3）SDEADGR 模型 3（对数模型）：

$$\frac{G}{G_0} = 0.6050 + 0.1917 \ln\left(\frac{S}{S_{\max}}\right) \tag{5.50}$$

(4) SDADGR 模型 4(指数模型):

$$\frac{G}{G_0} = 0.2674 e^{1.0391\left(\frac{S}{S_{\max}}\right)} \tag{5.51}$$

(5) SDADGR 模型 5(幂函数模型):

$$\frac{G}{G_0} = 0.6673\left(\frac{S}{S_{\max}}\right)^{0.5343} \tag{5.52}$$

式中，G_0 为大气层外水平面月平均日太阳总辐射量，MJ/m^2；G 为水平面月平均日太阳总辐射量，MJ/m^2。

5.3　太阳总辐射模型修正效果的对比分析

5.3.1　基于 SVM 算法研究雾霾对太阳总辐射的影响

作者使用 SVM 神经网络算法，以 MATLAB 为工具对太阳总辐射进行建模和评估，其具体步骤如下:

(1) 将所有数据进行预处理、剔除不合理数据，再将水平面太阳总辐射和日照时数进行归一化处理，得到晴空指数和日照百分比。

(2) 将数据导入 MATLAB 软件，将数据分为训练集(1000 组数据)及验证集(210 组数据)。

(3) 通过对数据集的训练实现对样本数据的学习，使用线性核函数建立基于 SVM 算法的太阳总辐射估算模型(SVM-1 模型)，将模型计算值与实测值进行对比分析，评估该模型的精确性。

(4) 分析不同影响因素之间的内在联系，探究其对太阳总辐射的影响。在 SVM-1 太阳总辐射估算模型的基础上，引入 AQI，建立 SVM-2 模型。

(5) 将 SVM-1 模型、SVM-2 模型和既有模型进行对比分析，评估 SVM 模型的准确性。

根据不同输入参数对太阳辐射的影响，将 SVM 模型分为两大类(SVM-1 和 SVM-2)，具体见图 5.4。其中第一类为 SVM-1，输入参数包括表面温度差、气温差、相对湿度、日照时数；此外，在 SVM-1 的基础上，新增了空气质量指数(AQI)来建立 SVM-2 类模型，输入参数包括表面温度差、气温差、相对湿度、日照时数、AQI。

将作者提出的 SVM 模型与既有模型(包括经验模型和神经网络模型)进行对比，结果表明 SVM 模型相对于其他模型的精度均有一定提高，尤其是经验模型。SVM-2-8 相对于经验模型，RMSE 降低了 37.20%，MAPE 降低了 76.60%；相较于其他神经网络，

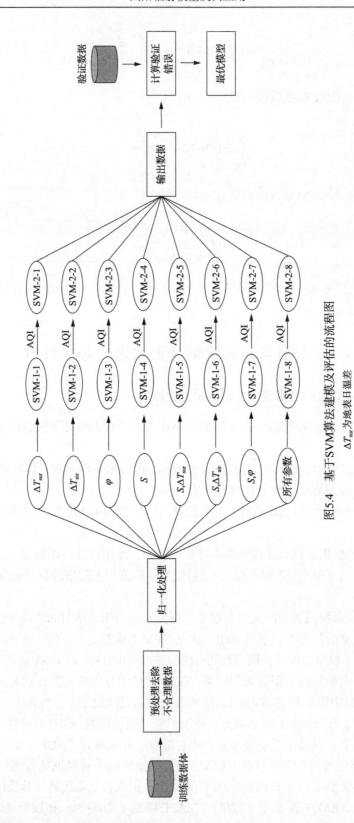

图 5.4　基于 SVM 算法建模及评估的流程图

ΔT_{sur} 为地表日温差

RMSE 降低了 38.19%。从时间尺度考虑，由于日值反映太阳辐射一天内的变化，相较于月平均日值更具随机性，这使月平均日太阳辐射模型的精度普遍高于日值模型。从输入参数方面研究，将日照时数作为主要输入参数的模型，其性能好于其他输入参数模型（如温度、相对湿度等）。基于日照时数的 SVM-1-4 模型的性能虽已很好，但是加入其他参数（地表温差、空气温差和相对湿度）仍可提高模型精度。如果可以考虑雾霾对太阳辐射的影响，并将空气质量指数也作为额外的输入参数，可进一步提高模型的精度。

5.3.2　基于雾霾散射-削弱效应研究其对太阳辐射的影响

作者选取了六个观测站点来验证雾霾对太阳辐射的削弱模型在中国不同地区的适用性。其数据处理原则与天津地区相同，即选用晴天时不同空气质量对应的太阳辐射数据。将本书推荐的 GSRW 模型 2 应用到不同地区，可以得到不同测试站点晴空指数随着 RAQI 变化的分布，如图 5.5 所示。从表 5.4 中可知，GSRW 模型 2 在北京的适用性最好，其 R 值为 0.816，NSE 值为 0.665，RMSE 值为 0.072，MAPE 值为 9.350，其次是西安、南阳、

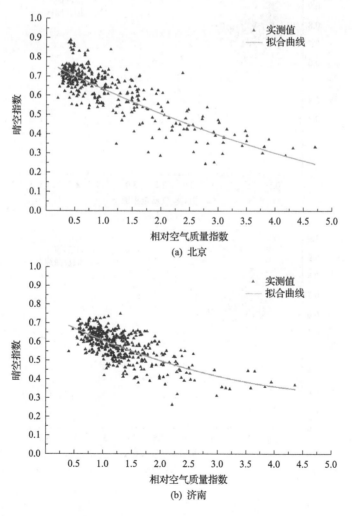

(a) 北京

(b) 济南

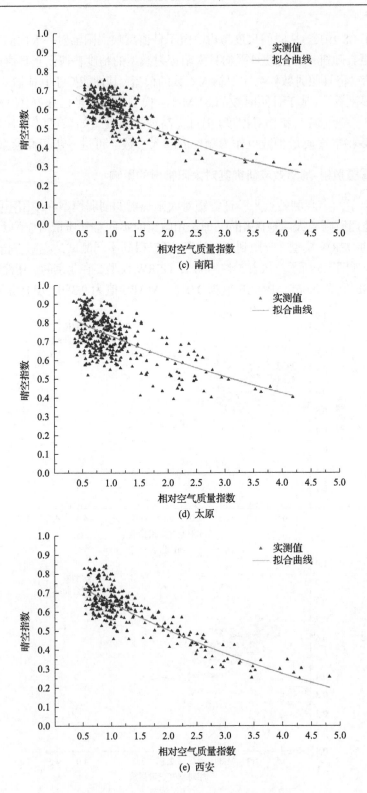

(c) 南阳

(d) 太原

(e) 西安

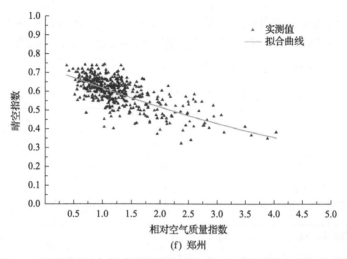

(f) 郑州

图 5.5　不同测试站点的晴空指数随着相对空气质量指数变化的分布图

表 5.4　中国不同地区站点的 GSRW 模型系数及其统计学参数

站点	系数			统计参数			
	a	b	c	R	NSE	RMSE	MAPE
北京	0.776	−0.146	0.00800	0.816	0.665	0.072	9.350
济南	0.746	−0.150	0.0135	0.691	0.478	0.061	8.836
南阳	0.762	−0.168	0.0129	0.755	0.570	0.062	8.730
太原	0.864	−0.143	0.00765	0.617	0.367	0.092	11.356
西安	0.811	−0.168	0.00914	0.810	0.604	0.074	10.354
郑州	0.731	−0.118	0.00653	0.692	0.477	0.057	7.954

注：a、b、c 系数参见式(5.16)。

郑州和济南，太原最差。对于 6 个城市整体而言，R 均值为 0.730，RMSE 均值为 0.069，MAPE 均值为 9.430。

　　对于各观测站点而言，由于雾霾的成因不同，所以虽然同属于大气污染较为严重的地区，但是不同等级雾霾的时空分布状况不同，即不同空气质量的大气在全年出现的时间、频率、占比各不相同，尤其是严重大气污染情况下。对于北京和西安地区，由于污染较为严重，且分布较广，因此 GSRW 模型 2 更加适合。而其他四个地区，虽然全年污染也较为严重，但是由于大多数时间段空气质量集中在轻度和中度雾霾，故 GSRW 模型的适用性不如北京和西安。

5.3.3　基于能量平衡分析的太阳总辐射与日照时间品质关系的研究

1. 不同天气的适用性

通过对既有文献的分析可知，日晴空指数 K_t 可用于表征天气状况，具体可分为：①当

$0 \leqslant K_t < 0.3$ 时，为阴天；②当 $0.3 \leqslant K_t \leqslant 0.7$ 时，为多云天；③当 $0.7 < K_t \leqslant 1$ 时，为晴天。各类天气状态共计 8519 组数据，其中阴天占据 17.70%，多云天占 76.36%，晴天占 5.94%。不同天气状况下 QSD 模型的准确性详见表 5.5。

表 5.5　北京地区不同天气状况下的 QSD 模型精度

天气条件	a	b	R	RSE	RMSE	NSE
阴天	4.254	1.988	0.561	23.571	2.667	0.302
多云	3.814	1.867	0.921	0.212	2.357	0.847
晴天	1.937	2.249	0.987	0.073	1.787	0.903
汇总	3.975	1.869	0.940	9.919	2.385	0.884

注：系数 a、b 参见式(5.12)。

由表 5.5 可知，阴天状况下，QSD 模型的精度最低（R 值只有 0.561，RMSE 值为 2.667，NSE 为 0.302），这是由于此时日太阳总辐射受到云量和降雨等气象因素的影响最大，而受太阳辐射的强度（正午太阳高度角表示）和持续时间（日照时数表示）的影响最小。在多云天状况下，日总辐射随日照时间品质的变化较为集中，相对于阴天状况，R 值提高了 64.2%，RMSE 值降低了 11.6%，NSE 提高到 0.847。云量和降雨等气象因素的影响逐渐削弱，而太阳辐射的强度（正午太阳高度角表示）和持续时间（日照时数表示）的影响在加强。在晴天状况下，日总辐射 G 随日照时间品质 Q 的变化最为明显，相对于多云天状况，R 值提高了 7.2%，RMSE 值降低了 24.2%，NSE 提高了 6.6%。此时，太阳辐射的强度（正午太阳高度角表示）和持续时间（日照时数表示）的影响最大。

以上分析结果表明，该 QSD 模型对晴天的适用性最好，多云天其次，阴天较差。整体而言，该模型在北京地区不同天气状况下的适用性较好，R 值为 0.940，RMSE 值为 2.385，NSE 为 0.884。

2. 不同地区的适用性

为了便于分析不同地区的适用性，根据年平均晴空指数和日平均总辐射对中国大陆地区进行分区，分为 5 个大区、7 个小区，详见表 5.6。

表 5.6　根据年平均晴空指数和日平均总辐射对中国大陆地区进行分区

分区	年平均晴空指数	日平均太阳总辐射/(MJ/m²)
I	>0.67	>20
II-A(盆地)	0.57~0.67	16~20
II-B(高原)	0.57~0.67	16~20
III-A(平原)	0.48~0.57	14~16
III-B(高原)	0.48~0.57	14~16
IV(平原)	0.39~0.48	12~14
V(盆地)	0.39	<12

通过中国 24 个气象台站 1993 年 1 月～2016 年 5 月的实测气象数据验证模型的适用性，其相应 QSD 模型的方程系数和统计学参数详见表 5.7。

表 5.7　24 个气象站 QSD 模型中的系数和统计学参数

分区	站点	方程系数		R	RSE	RMSE	NSE	分区	站点	方程系数		R	RSE	RMSE	NSE
		a	b							a	b				
II-A	阿勒泰	3.387	2.314	0.965	12.725	2.217	0.932	II-B	拉萨	7.237	2.188	0.901	0.166	2.260	0.813
III-A	北京	3.975	1.869	0.940	9.919	2.385	0.884	IV	南昌	4.169	1.821	0.945	30.138	2.501	0.893
V	成都	4.968	2.002	0.901	15.281	2.799	0.812	II-A	若羌	4.805	2.197	0.947	0.302	2.294	0.896
III-A	大连	3.489	1.845	0.924	2.261	2.748	0.855	III-A	上海	5.162	1.851	0.925	15.940	2.723	0.856
IV	福州	5.355	1.894	0.925	6.248	2.771	0.855	III-A	沈阳	4.312	1.875	0.920	11.318	2.745	0.846
I	格卢姆	5.258	2.256	0.950	0.159	2.222	0.902	II-A	吐鲁番	3.428	2.258	0.920	11.318	2.745	0.846
IV	广州	5.564	1.659	0.919	8.476	2.319	0.844	II-A	乌鲁木齐	3.402	2.304	0.949	9.937	2.729	0.900
III-A	哈尔滨	4.566	1.911	0.911	1.857	3.040	0.830	IV	武汉	4.872	1.720	0.928	0.910	2.603	0.862
II-B	呼和浩特	3.265	2.038	0.954	2.637	2.248	0.910	II-B	玉树	6.390	2.099	0.923	0.241	2.359	0.852
III-B	昆明	6.353	1.865	0.929	14.092	2.393	0.863	III-A	长春	3.350	1.983	0.952	12.913	2.213	0.907
IV	南宁	5.598	1.878	0.934	18.183	2.422	0.873	III-A	郑州	5.220	1.849	0.924	17.848	2.661	0.853
IV	三亚	7.878	1.589	0.900	3.102	2.472	0.811	V	重庆	4.238	1.931	0.917	24.386	2.831	0.842

对于分区 I 来说，该 QSD 模型的适用性最好，拟合优度最高，R 值最高为 0.950，NSE 值为 0.902，RMSE 值为 2.222。对于分区 II-A，QSD 模型的适用性较好，拟合优度较高，R 均值为 0.945，NSE 均值为 0.894，RMSE 均值为 2.496。其中阿勒泰的效果最好，R 值高达 0.965，NSE 值高达 0.932。对于分区 II-B，QSD 模型的适用性较好，R 均值为 0.926，NSE 均值为 0.858，RMSE 均值为 2.289。其中呼和浩特的效果最好，R 值为 0.954，NSE 值为 0.910，RMSE 值为 2.248。对于分区 III，QSD 模型的适用性较好，R 均值为 0.928，NSE 均值为 0.862，RMSE 均值为 2.614。其中长春的适用性最好，R 值为 0.954，NSE 值为 0.907，RMSE 值为 2.213。对于分区 IV，QSD 模型适用性较好，R 均值为 0.925，NSE 均值为 0.856，RMSE 均值为 2.515。其中南昌的适用性最好，R 值为 0.945，NSE 值为 0.893，RMSE 值为 2.501。对于分区 V，QSD 模型的适用性一般，R 均值为 0.909，NSE 均值为 0.827，RMSE 值为 2.815。其中重庆的适用性最好，R 值为 0.917，NSE 值为 0.842，RMSE 值为 2.831。整体来说，QSD 模型对每个分区的适用性都较好，R 均值达到了 0.930，NSE 均值为 0.866，RMSE 均值为 2.482。其中，I 区的适用性最好，II 区、III 区和 IV 区次之，V 区最差。

通过对中国大陆地区 24 个站点的适用性进行分析，QSD 模型的 R 均值为 0.929，NSE 均值为 0.864，RMSE 均值为 2.529。各站点的 R 值均大于 0.9，NSE 值均大于 0.81，RMSE 最大值不超过 3.04。整体而言，QSD 模型具有较好的适用性，详见表 5.7。其中适用性最好的地区为阿勒泰（R 值为 0.965，相对于均值提高了 3.88%，NSE 值为 0.932，相对于均值提高了 7.87%，RMSE 值为 2.217，相对于均值降低了 12.34%）。适用性最差的地区为成都（R 值为 0.901，相对于均值降低了 3.01%，NSE 值为 0.812，相对于均值提高了 6.02%，RMSE 值为 2.799，相对于均值升高了 10.68%）。

5.3.4　太阳总辐射日值分解为逐时值的新模型

作者以同济大学彰武路校区（31°17′N，121°30′E）2012 年 7 月～2012 年 12 月实测的太阳总辐射日值及逐时值数据对既有日值分解模型和新日值分解模型的准确性进行对比分析，如表 5.8 所示。

表 5.8　既有日值分解模型与新日值分解模型准确性的对比

模型	RSE	MBE	RMSE	NSE	t-stat
Liu & Jordan 模型	7.4610	0.0011	0.7285	0.5346	0.0628
Collares-Pereira & Rabl 模型	3.3334	−0.1748	0.5159	0.7666	14.7857
Jain 原模型	89.9518	3.3516	5.7138	−27.6344	29.7393
Jain 调整模型	28.0682	1.6937	2.6385	−5.1059	34.3739
DGSRD 模型 1	5.0701	−0.0066	0.4809	0.7972	0.5678
DGSRD 模型 2	5.0651	0.0023	0.4698	0.8064	0.1992

由表 5.8 可知，新日值分解模型（DGSRD 模型 1 和 DGSRD 模型 2）的 NSE 值大于既有日值分解模型，而其他统计学参数相对较低，其准确性高于既有日值分解模型，其中分天气状况的 DGSRD 模型 2 的准确性最高。

5.3.5　上海地区太阳总辐射新模型的性能分析

利用上海市气象台 2003 年 1 月至 2012 年 12 月 10 年来的月平均日太阳总辐射数据，对现有的月平均日太阳总辐射模型和实测数据拟合模型进行比较，结果见表 5.9。

表 5.9　现有月平均日太阳总辐射模型和实测数据拟合模型的精度

模型	MPE	MAPE	RSE	MBE	RMSE	NSE	t-stat
Page 模型	2.550	6.523	0.181	0.108	1.661	0.188	1.458
Bahel 模型 1	0.580	5.724	0.151	−0.101	1.546	0.296	1.470
Srivastava 模型	1.794	6.108	0.166	0.032	1.586	0.259	0.452
Toğrul 模型 1	3.288	7.186	0.203	0.169	1.803	0.043	2.107
Toğrul 模型 5	2.993	6.977	0.195	0.142	1.760	0.089	1.811
Toğrul 模型 2	2.878	7.038	0.199	0.121	1.775	0.072	1.529
Almorox 模型 5	3.667	7.044	0.201	0.228	1.767	0.081	2.912
Toğrul 模型 8	1.844	6.604	0.184	0.019	1.694	0.155	0.256
Jin 模型 8	−0.684	5.484	0.139	−0.239	1.562	0.282	3.468

续表

模型	MPE	MAPE	RSE	MBE	RMSE	NSE	t-stat
MADGSR 模型 1	3.062	7.006	0.197	0.148	1.766	0.082	1.884
MADGSR 模型 2	1.620	5.646	0.150	0.056	1.537	0.305	0.817
MADGSR 模型 3	2.187	6.260	0.168	0.089	1.624	0.224	1.234
MADGSR 模型 4	1.832	6.501	0.179	0.013	1.674	0.176	0.178
MADGSR 模型 5	1.076	5.757	0.153	−0.037	1.543	0.300	0.538

　　从表 5.9 可以看出，MADGSR 模型 2 的 NSE 值最大，其他统计参数较小。这意味着 MADGSR 模型 2 是最精确的模型，其次是 MADGSR 模型 5(幂函数模型)。在现有模型中，Bahel 等的 NSE 值模型 1 最大，其他统计参数较小，因此 Bahel 模型 1 也很精确。

　　利用上海市气象台 2003 年 1 月～2012 年 12 月共 10 年的日太阳总辐射数据，对现有的日太阳总辐射模型和实测数据拟合模型进行比较，结果见表 5.10。

表 5.10　现有的日太阳总辐射模型和实测数据拟合模型的精度

模型	MPE	MAPE	RSE	MBE	RMSE	NSE	t-stat
Chen 模型 1	65.180	88.713	6.931	−0.221	3.877	0.690	3.417
Maduekwe 模型 2	53.552	77.035	5.895	−0.202	3.762	0.708	3.214
Chen 模型 7	53.337	82.238	6.355	−0.949	3.942	0.679	14.842
Chen 模型 10	44.377	72.768	5.512	−0.860	3.815	0.700	13.830
Chen 模型 11	42.916	71.947	5.432	−0.932	3.826	0.698	15.015
Chen 模型 13	44.184	72.703	5.505	−0.876	3.818	0.699	14.089
SDEDGR 模型 1	−16.674	66.314	0.753	1.248	8.057	−0.343	9.391
SDEDGR 模型 2	55.221	78.280	6.052	−0.258	3.704	0.716	4.189
SDEDGR 模型 3	−27.530	44.785	0.584	−1.820	4.515	0.578	26.396
SDEDGR 模型 4	59.599	88.042	6.884	−0.768	3.972	0.674	11.801

　　从表 5.10 可以看出，SDEDGR 模型 2 的 NSE 值最大，其他统计参数较小，因此 SDEDGR 模型 2 是最精确的模型。而 SDEDGR 模型 1 的 NSE 值最小，其他统计参数较大，因此 SDEDGR 模型 1 的误差最大。在现有模型中，Maduekwe 模型 2 的 NSE 值最大，其他统计参数较小，因此 Maduekwe 模型 2 也很精确。

5.4　太阳散射辐射模型的修正方法及修正思路

　　近年来，由于气候变化和空气污染的加重，原有的太阳散射辐射模型已无法较好地适应现有的气候条件，因此亟待提出太阳散射辐射的修正方法及修正思路，以下为作者关于太阳散射辐射模型提出的几种修正方法及修正思路，供读者参考。

5.4.1　各向异性散射辐射的新模型

作者通过对散射辐射天空分布的分析，将天空散射辐射分为四个区域，基于立体角采用微元积分求解每个区域对应的方程，建立了各向异性散射辐射的新理论模型。

水平面对应的散射辐射在空间的分布如图 5.6 所示。

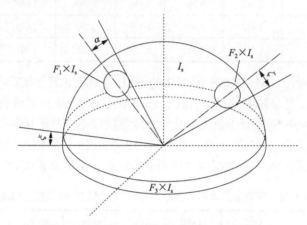

图 5.6　水平面对应散射辐射在空间的分布

根据太阳散射辐射在空间的分布特性将太阳散射辐射分为四个部分：环日散射辐射、正交散射辐射、天边散射辐射、天顶散射辐射。

根据辐射强度及立体角的定义，这四部分对应的散射辐射积分如下。

1）水平面环日散射辐射

环日散射辐射积分为

$$I_{h,d1}=\chi_h(\theta_z)F_1 I_s \int_0^{2\pi}\int_0^{\alpha}\sin\theta\mathrm{d}\theta\mathrm{d}\phi=2\pi(1-\cos\alpha)\chi_h(\theta_z)F_1 I_s \tag{5.53}$$

式中，α 为环日球冠顶角的 1/2，实测数据分析如表 5.11 所示，结果表明 α 取 10° 更为合适。

表 5.11　环日角度对计算结果准确性的影响

环日角度 α /(°)	RSE	MBE /(W/m²)	RMSE /(W/m²)	NSE	环日角度 α /(°)	RSE	MBE /(W/m²)	RMSE /(W/m²)	NSE
0.0	3.2592	13.3048	58.9290	−0.0006	17.5	3.6529	3.8038	54.3381	0.1493
2.5	3.2662	12.7242	57.2861	0.0545	20.0	3.7350	3.0799	57.8200	0.0367
5.0	3.2903	11.2548	53.5234	0.1746	22.5	3.8098	2.5636	61.1096	−0.0760
7.5	3.3358	9.4243	49.9316	0.2816	25.0	3.8753	2.2301	64.0257	−0.1811
10.0	3.4013	7.6305	48.2014	0.3306	27.5	3.9338	2.0218	66.4791	−0.2734
12.5	3.4806	6.0638	48.7707	0.3147	30.0	3.9883	1.8747	68.4272	−0.3491
15.0	3.5665	4.7891	51.0970	0.2477					

2) 水平面正交散射辐射

正交散射辐射积分为

$$I_{h,d2} = \chi_h\left(\frac{\pi}{2} - \theta_z\right)F_2 I_s \int_0^{2\pi}\int_0^{\zeta}\sin\theta\mathrm{d}\theta\mathrm{d}\phi = 2\pi(1-\cos\zeta)\chi_h\left(\frac{\pi}{2} - \theta_z\right)F_2 I_s \qquad (5.54)$$

式中，ζ 为正交球冠顶角的 1/2，根据实测数据及文献取值为 17.5°，(°)；F_2 为正交辐射削弱系数。

3) 水平面天边散射辐射

天边散射辐射积分为

$$I_{h,d3} = F_3 I_s\left(\pi - \int_{\phi=0}^{\phi=2\pi}\int_{\theta=0}^{\theta=\frac{\pi}{2}-\xi}\sin\theta\cos\theta\mathrm{d}\phi\mathrm{d}\theta\right) = \frac{\pi}{2}(1-\cos 2\xi)F_3 I_s \qquad (5.55)$$

式中，ξ 为天边辐射增强区域对应的角度；F_3 为天边辐射增强系数。

4) 水平面天顶散射辐射

求天顶散射辐射需要先求接收面对应的整个半球面的散射辐射(简称半球散射辐射)，然后再减去环日散射辐射、正交散射辐射和天边散射辐射。水平面半球散射辐射的积分如下：

$$I'_{h,d4} = I_s\int_{\phi=0}^{\phi=2\pi}\int_{\theta=0}^{\theta=\frac{\pi}{2}}\sin\theta\cos\theta\mathrm{d}\phi\mathrm{d}\theta = \pi I_s \qquad (5.56)$$

故天顶散射辐射为

$$\begin{aligned}I_{h,d4} &= I'_{h,d4} - I_{h,d1} - I_{h,d2} - I_{h,d3}\\ &= \pi I_s\left[1 - 2(1-\cos\alpha)\chi_h(\theta_z)F_1 - 2(1-\cos\zeta)\chi_h\left(\frac{\pi}{2} - \theta_z\right)F_2 - \frac{1}{2}(1-\cos 2\xi)F_3\right]\end{aligned} \qquad (5.57)$$

由上述内容可知，水平面总散射辐射为

$$I_{h,d} = I_{h,d1} + I_{h,d2} + I_{h,d3} + I_{h,d4} \qquad (5.58)$$

$$I_{h,d} = \pi I_s\begin{bmatrix}1 + 2(1-\cos\alpha)\chi_h(\theta_z)(F_1 - 1) + 2(1-\cos\zeta)\chi_h\left(\frac{\pi}{2} - \theta_z\right)(F_2 - 1)\\ + \frac{1}{2}(F_3 - 1)(1-\cos 2\xi)\end{bmatrix} \qquad (5.59)$$

综上，水平面散射辐射与倾斜面散射辐射模型的关系如下。

由于水平面散射辐射的数据比较容易获得，一般气象站或现场测试均可以提供水平面的太阳总辐射、直射辐射、散射辐射，而倾斜面的散射辐射一般难以获得，因此建立水平面散射辐射与倾斜面散射辐射之间的关系,通过水平面散射辐射求得倾斜面散射辐射具有重要的应用价值。水平面散射辐射 $I_{h,d}$ 与倾斜面散射辐射 $I_{t,d}$ 模型的关系如下:

$$I_{t,d} = I_{h,d} \left\{ \frac{0.5(1+\cos\beta) + a(\theta)(F_1-1) + b(\beta)(F_2-1) + c(\beta)(F_3-1)}{1 + d(\theta_z)(F_1-1) + e(\theta_z)(F_2-1) + f(\zeta)(F_3-1)} \right\} \qquad (5.60)$$

式中 $a(\theta)$ 为倾斜面环日散射辐射的立体角,sr,其表达式为

$$a(\theta) = 2(1-\cos\alpha)\chi_c(\theta) \qquad (5.61)$$

$b(\beta)$ 为倾斜面正交散射辐射的立体角,sr,其表达式为

$$b(\beta) = 2(1-\cos\zeta)\chi_c\left(\frac{\pi}{2}-\theta\right) \qquad (5.62)$$

$c(\beta)$ 为倾斜面天边散射辐射的立体角,sr,其表达式为

$$c(\beta) = \begin{cases} 0.5(\cos\beta - \cos 2\xi), & \beta \leqslant \xi \\ -\dfrac{1}{2}\cos 2\xi + \dfrac{1}{2\pi}(1+\cos 2\xi)\arccos(\tan\xi\cot\beta) \\ \qquad + \dfrac{1}{\pi}\arcsin(\sin\xi\csc\beta)\cos\beta & \beta > \xi \end{cases} \qquad (5.63)$$

$d(\theta_z)$ 为水平面环日散射辐射的立体角,sr,其表达式为

$$d(\theta_z) = 2(1-\cos\alpha)\chi_h(\theta_z) \qquad (5.64)$$

$e(\theta_z)$ 为水平面正交散射辐射的立体角,sr,其表达式为

$$e(\theta_z) = 2(1-\cos\zeta)\chi_h\left(\frac{\pi}{2}-\theta_z\right) \qquad (5.65)$$

$f(\xi)$ 为水平面天边散射辐射的立体角,sr,其表达式为

$$f(\xi) = 0.5(1-\cos 2\xi) \qquad (5.66)$$

5.4.2 各向异性太阳散射辐射新模型的简化模型

太阳能系统的设计、模拟、性能评价都需要准确的太阳辐射数据,同时太阳辐射也决定着建筑冷负荷及空调设备的选型,而散射辐射更是其中的关键。此外,对于太阳能热利用、光伏发电等太阳能应用领域,也需要用到倾斜面散射辐射,而气象站一般无法提供这类数据,因此迫切需要发展通过水平面散射辐射计算倾斜面散射辐射的理论模型。

这些散射辐射模型广泛应用于太阳能、建筑能耗等模拟软件中,如能耗模拟软件 EnergyPlus 中就采用了 Perez 简化模型,而在模拟软件及工程中应用散射模型需要具备以下条件:公式形式简单、计算过程简洁、计算结果准确,因此本书在各向异性散射辐射

新模型的基础上进行简化，得到了新的简化模型。

1. 各向异性散射辐射新模型的提出

根据散射辐射的空间分布特性可将其分为四个部分：环日散射辐射、正交散射辐射、天边散射辐射、天顶散射辐射。在此基础上通过对基于立体角构建的散射辐射微元进行积分，可分别求得水平面和倾斜面散射辐射，建立两者的联系如式(5.67)所示，即

$$I_{t,d} = I_{h,d} \left[\frac{0.5(1+\cos\beta) + a(F_1-1) + b(F_2-1) + c(F_3-1)}{1 + d(F_1-1) + e(F_2-1) + f(F_3-1)} \right] \tag{5.67}$$

式中，$I_{t,d}$ 为倾斜面散射辐射，W/m^2；$I_{h,d}$ 为水平面散射辐射，W/m^2；β 为倾斜面的倾角，(°)。

2. 新散射辐射模型的简化

根据相关文献提供的简化方法，将式(5.67)改写成如下形式，即

$$I_{t,d} = I_{h,d} \left(\frac{I_{t,d}^i + I_{t,d}^c + I_{t,d}^q + I_{t,d}^h}{I_{h,d}^i + I_{h,d}^c + I_{h,d}^q + I_{h,d}^h} \right) \tag{5.68}$$

式中，i 为天顶区域；c 为环日区域；q 为正交区域；h 为天边区域。

$$I_{h,d} = I_{h,d}^i + I_{h,d}^c + I_{h,d}^q + I_{h,d}^h \tag{5.69}$$

将式(5.69)代入式(5.68)可得

$$I_{t,d} = I_{h,d} \left(\frac{I_{t,d}^i}{I_{h,d}} + \frac{I_{t,d}^c I_{h,d}^c}{I_{h,d} I_{h,d}^c} + \frac{I_{t,d}^q I_{h,d}^q}{I_{h,d} I_{h,d}^q} + \frac{I_{t,d}^h I_{h,d}^h}{I_{h,d} I_{h,d}^h} \right) \tag{5.70}$$

而 $\dfrac{I_{t,d}^c}{I_{h,d}^c} = \dfrac{a}{d}$，$\dfrac{I_{t,d}^q}{I_{h,d}^q} = \dfrac{b}{e}$，$\dfrac{I_{t,d}^h}{I_{h,d}^h} = \dfrac{c}{f}$，令 $I_{h,d}^c / I_{h,d} = F_1'$，$I_{h,d}^q / I_{h,d} = F_2'$，$I_{h,d}^h / I_{h,d} = F_3'$，

$I_{t,d}^i = I_{t,d} - I_{t,d}^c - I_{t,d}^q - I_{t,d}^h = I_{h,d}[0.5(1+\cos\beta)(1 - I_{t,d}^c / I_{h,d} - I_{t,d}^q / I_{h,d} - I_{t,d}^h / I_{h,d})] = I_{h,d}[0.5(1+\cos\beta)(1 - F_1' - F_2' - F_3')]$ 代入式(5.70)可得

$$I_{t,d} = I_{h,d} \left[0.5(1+\cos\beta)(1 - F_1' - F_2' - F_3') + F_1'(a/d) + F_2'(b/e) + F_3'(c/f) \right] \tag{5.71}$$

对比式(5.71)和式(5.67)可得

$$F_1' = d(F_1-1) / \left[1 + d(F_1-1) + e(F_2-1) + f(F_3-1) \right] \tag{5.72}$$

$$F_2' = e(F_2-1) / \left[1 + d(F_1-1) + e(F_2-1) + f(F_3-1) \right] \tag{5.73}$$

$$F_3' = f(F_3 - 1) / \left[1 + d(F_1 - 1) + e(F_2 - 1) + f(F_3 - 1) \right] \tag{5.74}$$

式中，F_1' 为环日辐射调整系数；F_2' 为正交辐射调整系数；F_3' 为天边辐射调整系数。

　　为了便于应用，根据实测值和相关文献，提出如下假设：

　　(1) 天边散射辐射集中在地平线附近接近 0° 极薄的一层，即 $\xi \to 0$，则 $c \to 0$，$f \to 0$，$c/f = 0.5$。

　　(2) 环日散射辐射集中于太阳所在的一点，当 $0 \leqslant \theta \leqslant \dfrac{\pi}{2}$ 时，$a/d = \cos\theta / \cos\theta_z$，当 $\dfrac{\pi}{2} < \theta \leqslant \pi$ 时，$a/d = 0$。

　　(3) 与太阳呈 90° 夹角的正交散射辐射集中在与太阳夹角为 90° 的一点，即 $\chi_c\left(\dfrac{\pi}{2} - \theta \right) = \sin\theta$，$\chi_h\left(\dfrac{\pi}{2} - \theta_z \right) = \sin\theta_z$ 时，$b/e = \sin\theta / \sin\theta_z$。

　　当满足上述假设条件 (1) 时，式 (5.71) 简化为

$$I_{t,d} = I_{h,d} \left[0.5(1 + \cos\beta)(1 - F_1' - F_2') + F_1'(a/d) + F_2'(b/e) - 0.5\cos\beta F_3' \right] \tag{5.75}$$

　　当同时满足假设条件 (1) 和 (2)，且 $0 \leqslant \theta \leqslant \dfrac{\pi}{2}$ 时，式 (5.71) 简化为

$$I_{t,d} = I_{h,d} \left[0.5(1 + \cos\beta)(1 - F_1' - F_2') + F_1'(\cos\theta / \cos\theta_z) + F_2'(b/e) - 0.5\cos\beta F_3' \right] \tag{5.76}$$

　　当同时满足假设条件 (1) 和 (2)，且 $\dfrac{\pi}{2} < \theta \leqslant \pi$ 时，式 (5.71) 简化为

$$I_{t,d} = I_{h,d} \left[0.5(1 + \cos\beta)(1 - F_1' - F_2') + F_2'(b/e) - 0.5\cos\beta F_3' \right] \tag{5.77}$$

　　当同时满足假设条件 (1) ~ (3)，且 $0 \leqslant \theta \leqslant \dfrac{\pi}{2}$ 时，式 (5.71) 简化为

$$I_{t,d} = I_{h,d} \left[0.5(1 + \cos\beta)(1 - F_1' - F_2') + F_1'\frac{\cos\theta}{\cos\theta_z} + F_2'\frac{\sin\theta}{\sin\theta_z} - 0.5\cos\beta F_3' \right] \tag{5.78}$$

式中，θ_z 为天顶角，(°)；θ 为倾斜面的入射角，(°)。

　　当同时满足假设条件 (1) ~ (3)，且 $\dfrac{\pi}{2} < \theta \leqslant \pi$ 时，式 (5.71) 简化为

$$I_{t,d} = I_{h,d} \left[0.5(1 + \cos\beta)(1 - F_1' - F_2') + F_2'(\sin\theta / \sin\theta_z) - 0.5\cos\beta F_3' \right] \tag{5.79}$$

　　根据 Perez 等的研究，同时满足假设条件 (1) 和 (2) 所造成的误差是可以接受的，且式 (5.78) 和式 (5.79) 避免了较为复杂的立体角计算，更便于求解倾斜面散射辐射，也更适合各类模拟软件同时进行多个倾斜面散射辐射的数值计算，因此本书采用式 (5.78) 和式 (5.79) 作为新的简化模型。

5.4.3　重度雾霾地区基于 AQI 修正的太阳散射辐射日值新模型的研究

　　近年来，越来越多的城市和地区遭受着严峻的大气污染问题，全国多省市出现了不同程度的极端低能见度和重度雾霾。其中京津冀地区的雾霾尤为严重，该地区 2014 年及 2015 年空气质量等级的全年分布情况如图 5.7 和图 5.8 所示。2014 年该地区轻度污染以上天气所占比例为 56.86%，2015 年该地区轻度污染以上天气所占比例为 46.55%，由此可知我国的大气污染(特别是雾霾天气)较为严重。

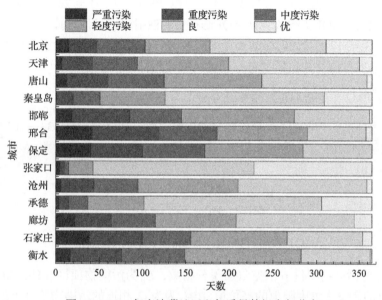

图 5.7　2014 年京津冀地区空气质量等级全年分布

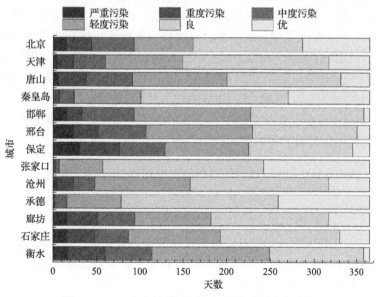

图 5.8　2015 年京津冀地区空气质量等级全年分布

　　本书采用定性分析和定量计算相结合的方法,具体包括数据拟合、相关性分析和实测值验证。第一,根据 1957 年 5 月至 2013 年 11 月北京的太阳总辐射及散射辐射日值数据拟合得到散射比和晴空指数之间的定量关系,即散射辐射日值计算新模型;第二,通过 1958~2013 年北京太阳总辐射年值的回归分析得到太阳总辐射年值的变化趋势,并将其分解为太阳总辐射日值的变化趋势;第三,对影响雾霾的主要因素 PM2.5、PM10 和 AQI 进行相关性分析;第四,以 2013 年 12 月至 2016 年 6 月北京日平均的 AQI 值修正太阳总辐射日值的变化趋势;第五,以太阳总辐射日值变化趋势和 AQI 值综合修正日晴空指数,进而修正散射辐射计算模型;第六,以 2013 年 12 月至 2016 年 6 月北京太阳总辐射、散射辐射、AQI 实测值验证 AQI 修正后的散射辐射日值计算新模型和既有模型;第七,以 2013 年 12 月至 2016 年 6 月不同地区的日太阳总辐射、直射辐射及 AQI 值验证太阳散射辐射日值计算新模型对不同地区的适用性。

　　1. AQI、PM2.5 和 PM10 的相关性分析

　　根据国家标准《环境空气质量指数(AQI)技术规定(试行)》(HJ633—2012)中的规定,每一类大气污染物的空气质量分指数 $IAQI_p$ 和综合的空气质量指数 AQI 的计算如式 (5.80) 和式 (5.81) 所示,即

$$IAQI_p = \frac{IAQI_{Hi} - IAQI_{Lo}}{BP_{Hi} - BP_{Lo}} (C_p - BP_{Lo}) + IAQI_{Lo} \tag{5.80}$$

$$AQI = \max \{IAQI_1, IAQI_2, IAQI_3, \cdots, IAQI_n\} \tag{5.81}$$

式中,$IAQI_p$ 为污染物项目 p 的空气质量分指数;C_p 为污染物项目 p 的质量浓度;BP_{Hi} 与为 C_p 相近的污染物浓度限值的高位值;BP_{Lo} 为为 C_p 相近的污染物浓度限值的低位值;$IAQI_{Hi}$ 为与 BP_{Hi} 对应的空气质量分指数;$IAQI_{Lo}$ 为与 BP_{Lo} 对应的空气质量分指数。

　　PM2.5 及 PM10 可以直接反映雾霾的严重程度,而 AQI 综合考虑了 PM2.5、PM10、CO、NO_2、O_3、SO_2 等大气成分的影响,且已作为常规预报项和空气质量评价标准并得到了广泛认可,因此有必要分析 AQI 与 PM2.5 及 PM10 的相关性,借助 AQI 来修正雾霾对太阳辐射的影响,分析结果如图 5.9(图中的 max(IAQI-PM2.5, IAQI-PM10)计算见式 (5.82)所示,由图 5.9 可知,PM2.5 及 PM10 空气质量分指数的最大值 max(IAQI-PM2.5, IAQI-PM10) 与 AQI 存在着正相关的关系,其平均误差在可接受范围内(5.77%),故本书采用 AQI 作为雾霾对太阳辐射影响的修正参数。

$$\max(IAQI\text{-}PM2.5, IAQI\text{-}PM10) = \max \{IAQI_{PM2.5}, IAQI_{PM10}\} \tag{5.82}$$

　　2. 以实测数据拟合得到的太阳散射辐射日值新模型

　　以 1957 年 5 月至 2013 年 11 月北京地区实测太阳总辐射、直射辐射和散射辐射日值数据拟合得到实测值拟合模型。根据既有模型的类型分别拟合得到相应的四类五个模型(散射辐射日值新模型 1~5),具体见公式 (5.83)~式 (5.87)。

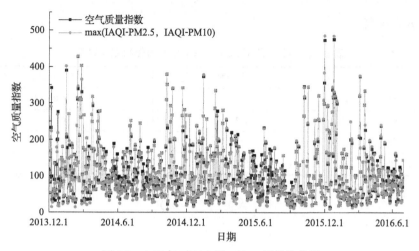

图 5.9　AQI 与 PM2.5 及 PM10 相关性分析

$$K_d = \begin{cases} 1 - 0.2425K_t, & 0 \leqslant K_t \leqslant 0.3 \\ 1.4183 - 1.6756K_t, & 0.3 < K_t \leqslant 0.75 \\ 0.1553, & 0.75 < K_t \leqslant 1 \end{cases} \tag{5.83}$$

$$K_d = 0.9174 + 1.4953K_t - 6.56K_t^2 + 4.4015K_t^3 \tag{5.84}$$

$$K_d = 0.9981 - 0.3764K_t + 4.1365K_t^2 - 19.361K_t^3 + 21.8506K_t^4 - 6.6157K_t^5 \tag{5.85}$$

$$K_d = \begin{cases} 0.9434 + 1.0672K_t - 5.0595K_t^2 + 2.9767K_t^3, & 0 \leqslant K_t \leqslant 0.7 \\ 0.177, & 0.7 < K_t \leqslant 1 \end{cases} \tag{5.86}$$

$$K_d = \begin{cases} 1, & 0 \leqslant K_t \leqslant 0.1 \\ 1 + 0.632K_t - 4.0728K_t^2 + 2.2913K_t^3, & 0.1 < K_t \leqslant 0.71 \\ 0.17, & 0.71 < K_t \leqslant 1 \end{cases} \tag{5.87}$$

式中，K_d 为散射比。

3. 考虑雾霾修正的太阳散射辐射模型

雾霾对太阳辐射有显著的削减-散射效应，本书为描述这种削减-散射效应，提出了考虑雾霾修正的太阳辐射模型，该模型基于以下假设：

(1)某一年的太阳总辐射年值遵循近 55 年的整体变化趋势(表 5.12)。

(2)在不考虑雾霾影响的前提下，某一天的太阳总辐射变化趋势与全年变化趋势保持一致，即日值变化趋势可以由年值变化趋势分解得到式(5.88)。

(3)雾霾对太阳辐射的影响可以由表征雾霾严重程度的 AQI 来定量描述并修正，计算如式(5.89)所示：

$$k_d = k_a / n \tag{5.88}$$

式中，k_d 为近几十年来全球太阳辐射日变化的斜率；k_a 为近几十年全球太阳辐射年变化的斜率; n 为年数。

表 5.12　典型城市近几十年来的太阳总辐射变化斜率

城市	年值变化斜率 k_a	日值变化斜率 k_d
北京	−21.149	−0.05794
广州	−10.306	−0.02824
沈阳	−7.052	−0.01932
兰州	−5.458	−0.01495

$$K_t' = \left[1 + \left(\frac{\text{AQI}_{\text{average}} - \text{AQI}}{\text{AQI}_{\text{average}}}\right)k_d\right]K_t \tag{5.89}$$

式中, K_t' 为 AQI 修正后的晴空指数日值; $\text{AQI}_{\text{average}}$ 为近年的平均晴空指数。

以 K_t' 分别替换式 (5.83)～式 (5.87) 中的 K_t, 即可得到式 (5.90)～式 (5.94), 式 (5.90)～式 (5.94) 即为考虑雾霾修正的太阳散射辐射日值新模型 1～5。同理以 K_t' 分别替换既有散射辐射模型中的 K_t, 即可得到相应既有散射辐射模型的修正模型。

$$K_d = \begin{cases} 1 - 0.2425\left[1 + \left(\dfrac{\text{AQI}_{\text{average}} - \text{AQI}}{\text{AQI}_{\text{average}}}\right)k_d\right]K_t, & 0 \leqslant K_t \leqslant 0.3 \\[3mm] 1.4183 - 1.6756\left[1 + \left(\dfrac{\text{AQI}_{\text{average}} - \text{AQI}}{\text{AQI}_{\text{average}}}\right)k_d\right]K_t, & 0.3 < K_t \leqslant 0.7 \\[3mm] 0.1553, & 0.7 < K_t \leqslant 1 \end{cases} \tag{5.90}$$

$$K_d = 0.9174 + 1.4953\left[1 + \left(\frac{\text{AQI}_{\text{average}} - \text{AQI}}{\text{AQI}_{\text{average}}}\right)k_d\right]K_t - 6.56\left[1 + \left(\frac{\text{AQI}_{\text{average}} - \text{AQI}}{\text{AQI}_{\text{average}}}\right)k_d\right]^2 K_t^2$$

$$+ 4.4015\left[1 + \left(\frac{\text{AQI}_{\text{average}} - \text{AQI}}{\text{AQI}_{\text{average}}}\right)k_d\right]^3 K_t^3, \quad 0 \leqslant K_t \leqslant 1$$

$$\tag{5.91}$$

$$K_d = 0.9981 - 0.3764\left[1 + \left(\frac{\text{AQI}_{\text{average}} - \text{AQI}}{\text{AQI}_{\text{average}}}\right)k_d\right]K_t + 4.1365\left[1 + \left(\frac{\text{AQI}_{\text{average}} - \text{AQI}}{\text{AQI}_{\text{average}}}\right)k_d\right]^2 K_t^2$$

$$- 19.361\left[1 + \left(\frac{\text{AQI}_{\text{average}} - \text{AQI}}{\text{AQI}_{\text{average}}}\right)k_d\right]^3 K_t^3 + 21.8506\left[1 + \left(\frac{\text{AQI}_{\text{average}} - \text{AQI}}{\text{AQI}_{\text{average}}}\right)k_d\right]^4 K_t^4$$

$$- 6.6157\left[1 + \left(\frac{\text{AQI}_{\text{average}} - \text{AQI}}{\text{AQI}_{\text{average}}}\right)k_d\right]^5 K_t^5, \quad 0 \leqslant K_t \leqslant 1$$

$$\tag{5.92}$$

$$K_{\mathrm{d}} = \begin{cases} 0.9434 + 1.0672\left[1 + \left(\dfrac{\mathrm{AQI}_{\mathrm{average}} - \mathrm{AQI}}{\mathrm{AQI}_{\mathrm{average}}}\right)k_{\mathrm{d}}\right]K_{\mathrm{t}} - 5.0595\left[1 + \left(\dfrac{\mathrm{AQI}_{\mathrm{average}} - \mathrm{AQI}}{\mathrm{AQI}_{\mathrm{average}}}\right)k_{\mathrm{d}}\right]^2 K_{\mathrm{t}}^2 \\ +2.9767\left[1 + \left(\dfrac{\mathrm{AQI}_{\mathrm{average}} - \mathrm{AQI}}{\mathrm{AQI}_{\mathrm{average}}}\right)k_{\mathrm{d}}\right]^3 K_{\mathrm{t}}^3, \quad 0 \leqslant K_{\mathrm{t}} \leqslant 0.7 \\ 0.177, \hspace{8.5cm} 0.7 < K_{\mathrm{t}} \leqslant 1 \end{cases}$$

$$(5.93)$$

$$K_{\mathrm{d}} = \begin{cases} 1, \hspace{7.5cm} 0 \leqslant K_{\mathrm{t}} \leqslant 0.1 \\ 1 + 0.632\left[1 + \left(\dfrac{\mathrm{AQI}_{\mathrm{average}} - \mathrm{AQI}}{\mathrm{AQI}_{\mathrm{average}}}\right)k_{\mathrm{d}}\right]K_{\mathrm{t}} - 4.0728\left[1 + \left(\dfrac{\mathrm{AQI}_{\mathrm{average}} - \mathrm{AQI}}{\mathrm{AQI}_{\mathrm{average}}}\right)k_{\mathrm{d}}\right]^2 K_{\mathrm{t}}^2 \\ +2.2913\left[1 + \left(\dfrac{\mathrm{AQI}_{\mathrm{average}} - \mathrm{AQI}}{\mathrm{AQI}_{\mathrm{average}}}\right)k_{\mathrm{d}}\right]^3 K_{\mathrm{t}}^3, \quad 0.1 < K_{\mathrm{t}} \leqslant 0.7 \\ 0.17, \hspace{7cm} 0.7 < K_{\mathrm{t}} \leqslant 1 \end{cases}$$

$$(5.94)$$

5.5　太阳散射辐射模型的修正效果对比分析

针对 5.4 节提出的太阳散射辐射修正模型，本节对其修正效果进行对比分析，分析结果如下。

5.5.1　各向异性散射辐射新模型的修正效果

通过 2012 年 7～12 月在同济大学彰武路校区(121.51°E，31.28°N)实测所得的各朝向倾角为 30°、45°、60°，每 30min 记录一次的瞬时太阳散射辐射数据，建立辐射增强(削弱)系数 F_1、F_2、F_3 与晴空指数小时值 k_{t}、散射比 k_{d}、天顶角 θ_z 之间的关系式。通过实测所得的各朝向倾角为 90°的瞬时太阳散射辐射数据，对新模型及文献中的典型模型进行对比分析如表 5.13 所示。

由表 5.13 可知，对于立面瞬时太阳散射辐射而言，第一阶段的各向同性模型具有一定的适用性，这主要是由于采用倾角为 90°作比较，环日散射辐射和正交散射辐射都以较大入射角投射到立面上，这在一定程度上削弱了散射辐射的各向异性。

第二阶段模型计算立面散射辐射时的准确性不一定优于第一阶段模型，这主要是由于第二阶段模型引入的修正系数是基于部分辐射台站统计得出的，缺乏合理的理论推导(积分求解)过程，因而其适用范围有限，其中 Hay 模型和 Skartveit & Olseth 模型相对较为准确。

第三阶段模型中的 Gueymard 模型和 Muneer 模型的误差较大，这主要是因为它们都是在 Steven & Unsworth 模型基础上发展而来的，Steven & Unsworth 模型是通过 Moon & Spencer 模型进行积分求解得到的，而 Moon & Spencer 模型是通过分析阴天亮度分布得

表 5.13　不同散射辐射模型统计学参数汇总

模型	RSE	MBE	RMSE	NSE
Liu & Jordan 模型	3.4894	14.3337	56.8343	0.0693
Temps & Coulson 模型	5.3848	84.5695	107.7783	−2.3460
Klucher 模型	4.8557	52.9991	79.2361	−0.8084
Hay 模型	4.3271	2.7685	81.0942	−0.8942
Skartveit & Olseth 模型	4.3171	2.3773	81.0862	−0.8939
Reindl 模型	4.5085	9.8992	83.6966	−1.0178
Gueymard 模型	6.7829	62.4913	102.5950	−2.0319
Muneer 模型	4.2800	6.3758	80.6418	−0.8732
Perez 模型	3.8792	7.5764	54.9189	0.1310
新模型	3.4013	7.6305	48.2014	0.3306

到的，这制约了其在晴天和多云天的适用性，此外，模型中的亮度(辐射)分布指数是根据统计拟合得到的，其不确定性对计算结果的准确性影响也较大。而 Perez 模型则相对较为准确，因为其是基于立体角的微元积分求得的，物理意义明确。新模型的统计参数 RSE、RMSE、NSE 均优于其他模型，与实测数据最吻合，这是主要追加了正交散射辐射的原因。

经过以上分析，以 30°、45°、60°倾斜面的瞬时散射辐射求解了理论模型中的辐射增强系数，并用 90°倾斜面的瞬时散射辐射对比分析了新模型与既有模型，结果表明对于立面瞬时太阳散射辐射而言，第一阶段各向同性模型具有一定的适用性，第二阶段模型计算立面散射辐射时的准确性不一定优于第一阶段模型，其中 Hay 模型和 Skartveit & Olseth 模型相对较为准确。第三阶段模型中的 Gueymard 模型和 Muneer 模型的误差较大，Perez 模型则相对较为准确，而新模型与实测值最吻合。

5.5.2　各向异性太阳散射辐射新模型的简化模型

通过实测所得的各朝向倾角为 90°的瞬时太阳散射辐射数据，对新模型及简化模型进行对比分析如表 5.14 所示。

表 5.14　不同散射辐射模型的准确性

模型	RSE	MBE	RMSE	NSE
新模型(NADR 模型)	3.6354	16.4507	42.0341	0.4911
新简化模型(NSADR 模型)	3.8543	14.2358	46.4382	0.3788

注：考虑到计算结果的实际物理意义，对 Hay 模型、Skartveit & Olseth 模型、Reindl 模型、Muneer 模型做了计算结果大于等于 0 的限制。

与新模型(NADR 模型)相比，新简化模型(NSADR 模型)的 NSE 值偏小，RSE 和 RMSE 值偏大，其相对于实测值的误差略大，但仍优于其他模型，且该模型中的形式相对简单，变量易于获得，因此该模型适用于计算倾斜面的散射辐射，有利于提高模拟软件中散射辐射计算的准确性。

5.5.3　重度雾霾地区基于 AQI 修正的太阳散射辐射日值新模型的研究

以 2013 年 12 月至 2016 年 6 月北京的太阳总辐射、直射辐射、散射辐射实测数据对既有太阳散射辐射日值模型及其调整模型和太阳散射辐射日值新模型及其调整模型进行对比验证，验证结果如表 5.15 和表 5.16 所示。

表 5.15　既有太阳散射辐射日值模型及其调整模型的精度对比

分组	模型	R	MPE	MAPE	RSE	MBE	RMSE	NSE
第一组 (线性模型)	Orgill & Hollands 模型	0.9414	16.5640	21.7217	0.3363	0.4590	1.4063	0.8674
	Orgill & Hollands 修正模型	0.9506	11.9023	18.1815	0.2740	0.3109	1.2527	0.8948
	Spencer 模型	0.9393	−3.6182	18.1914	0.2278	−0.6862	1.6229	0.8235
	Spencer 修正模型	0.9418	−7.9974	17.8523	0.2208	−0.8258	1.6247	0.8231
	Reindl 模型	0.9385	16.6037	22.4447	0.3488	0.3904	1.4457	0.8599
	Reindl 修正模型	0.9509	12.0086	18.4936	0.2826	0.2447	1.2692	0.8920
	Lam & Li 模型	0.9188	4.4780	23.1101	0.3180	−0.4928	1.8444	0.7720
	Lam & Li 修正模型	0.9310	2.7259	21.0678	0.2938	−0.5444	1.7745	0.7890
第二组 (多项式模型)	Soares 模型	0.9333	−1.8871	17.8735	0.2334	−0.7199	1.7823	0.7871
	Soares 修正模型	0.9406	−3.6878	16.3870	0.2113	−0.7659	1.7306	0.7993
	Su Hua 模型	0.9311	15.3167	23.4167	0.3564	0.2453	1.5249	0.8441
	Su Hua 修正模型	0.9464	12.4788	20.2545	0.3038	0.1603	1.3687	0.8744
第三组(两段 多项式模型)	Liu & Jordan 模型	0.9359	−7.8584	19.7408	0.2414	−1.1473	2.1213	0.6984
	Liu & Jordan 修正模型	0.9469	−10.2238	18.2036	0.2205	−1.2150	2.0777	0.7107
	Collares-Pereira & Rabl 模型	0.8686	38.2596	40.9047	0.6468	1.4330	2.3945	0.6157
	Collares-Pereira & Rabl 修正模型	0.8787	37.2442	39.6667	0.6295	1.4093	2.3226	0.6384
	Vignola & McDaniels 模型	0.8266	69.2470	69.3973	0.9872	3.2357	4.0950	0.1239
	Vignola & McDaniels 修正模型	0.8611	63.2255	63.3409	0.8813	3.0284	3.7777	0.0435
第四组(三段 多项式模型)	Erbs 等模型	0.9429	14.3553	19.6317	0.2989	0.4002	1.3577	0.8765
	Erbs 等修正模型	0.9489	10.6038	16.8881	0.2513	0.2810	1.2551	0.8944
	Newland 模型	0.9430	1.9066	16.3960	0.2260	−0.3977	1.4722	0.8547
	Newland 修正模型	0.9455	−1.2095	15.2248	0.2058	−0.4975	1.4485	0.8594
	Chandrasekaran & Kumar 模型	0.9408	17.0713	22.2549	0.3413	0.4551	1.4225	0.8644
	Chandrasekaran & Kumar 修正模型	0.9516	13.7654	19.1553	0.2874	0.3524	1.2731	0.8914
	Karatasou 模型	0.9202	10.6558	24.0858	0.3489	−0.1122	1.6854	0.8096
	Karatasou 修正模型	0.9409	7.4755	20.4455	0.2910	−0.2102	1.5357	0.8419

表 5.16　太阳散射辐射日值新模型及其调整模型的精度对比

模型	R	MPE	MAPE	RSE	MBE	RMSE	NSE
NDDSR 模型 1	0.9425	7.7790	18.3762	0.2722	−0.0977	1.4135	0.8661
NDDSR 修正模型 1	0.9506	3.6149	15.5799	0.2235	−0.2272	1.3163	0.8839
NDDSR 模型 2	0.9383	9.3047	19.8488	0.2914	−0.0636	1.4791	0.8534
NDDSR 修正模型 2	0.9501	6.3134	16.8362	0.2423	−0.1524	1.3603	0.8760
NDDSR 模型 3	0.9369	8.9879	19.6886	0.2868	−0.0697	1.4771	0.8538
NDDSR 修正模型 3	0.9464	6.7665	17.4163	0.2497	−0.1320	1.3811	0.8721
NDDSR 模型 4	0.9390	8.7213	19.4951	0.2844	−0.0780	1.4592	0.8573
NDDSR 修正模型 4	0.9453	6.4289	17.5536	0.2559	−0.1480	1.3880	0.8709
NDDSR 模型 5	0.9437	5.7152	17.3346	0.2514	−0.1846	1.4031	0.8681
NDDSR 修正模型 5	0.9515	2.9663	15.0441	0.2138	−0.2702	1.3234	0.8826

　　由表 5.15 可知，在采用雾霾修正后，四类既有散射辐射模型的统计学参数绝大部分都得到了不同程度的改善，其中第一组模型的 NSE 值平均提高 2.26%（Reindl 模型提高得最多为 3.73%，Spencer 模型略有下降，下降了约 0.05%），R 值平均提高了 0.98%（Lam & Li 模型提高得最多，约为 1.33%；Spencer 模型提高得最少，约为 0.27%），其他统计学参数的均值除 MPE 外，均有所下降。第二组模型的 NSE 值平均提高了 2.57%（Su Hua 模型提高得最多，约为 3.59%；Soares 模型略有下降，下降了约 1.55%），R 值平均提高了 1.21%（Su Hua 模型提高得最多，约为 1.64%；Soares 模型提高得最少，下降了约 0.78%），其他统计学参数的均值除 MPE 外，均有所下降。第三组模型的 NSE 值平均提高了 23.45%，R 值平均提高 2.17%（Vignola & McDaniels 模型提高得最多，约为 4.17%；Liu & Jordan 模型提高得最少为 1.18%），其他统计学参数的均值除 MPE 外，均有所下降。第四组模型的 NSE 值平均提高了 2.43%（Karatasou 模型提高得最多，约为 3.99%；Newland 模型略有下降，下降了约 0.55%），R 值平均提高了 1.07%（Karatasou 模型提高得最多，约为 2.25%；Newland 模型提高得最少，约为 0.27%），其他统计学参数的均值除 MBE 外，均有所下降。综上可知，对于四类既有模型采用雾霾修正后的精度都得到了不同程度的提高。

　　由表 5.16 可知，在采用 AQI 修正后，太阳散射辐射日值新模型的 NSE 值平均提高了 2.02%（NDDSR 模型 2 提高得最多，约为 2.65%；NDDSR 模型 4 提高得最少，约为 1.59%），R 值平均提高了 0.92%（NDDSR 模型 2 提高得最多，约为 1.26%；NDDSR 模型 4 提高得最少，约为 0.67%），其他统计学参数的均值除 MBE 外，均有所下降。由此可知，在考虑雾霾影响之后，太阳散射辐射日值新模型的精度都得到了不同程度的提高。

　　对比表 5.15 和表 5.16 可知，每一类太阳散射辐射日值新模型都比既有散射辐射模型的精度高。其中相对于第一组模型的均值，NDDSR 模型 1 的 NSE 值提高了 4.26%，R 值提高了 0.85%；相对于第二组模型的均值，NDDSR 模型 2 的 NSE 值提高了 4.63%，R 值提高了 0.66%；NDDSR 模型 3 的 NSE 值提高了 4.68%，R 值提高了 0.51%；相对于第三组模型的均值，NDDSR 模型 4 的 NSE 值提高了 116.09%，R 值提高了 7.07%；相对于第四组模型的均值，NDDSR 模型 5 的 NSE 值提高了 1.97%，R 值提高了 0.75%。在采用 AQI 修正后，其精度都得到了进一步的提高，相对于第一组模型的均值，NDDSR 修正模型 1 的 NSE 值提高了 6.40%，R 值提高了 1.73%；相对于第二组模型的均值，NDDSR 修正模型 2 的 NSE 值提高了 7.40%，R 值提高了 1.92%；NDDSR 修正模型 3 的 NSE 值提高了 6.93%，R 值提高了 1.52%；相对于第三组模型的均值，NDDSR 修正模型 4 的 NSE 值提高了 119.52%，R 值提高了 7.79%；相对于第四组模型的均值，NDDSR 修正模型 5 的 NSE 值提高了 3.68%，R 值提高了 1.58%。其中 AQI 调整前，NDDSR 模型 5 的精度最高，调整后 Chandrasekaran & Kumar 模型和 NDDSR 模型 5 精度最高。

第6章 太阳辐射相关软件的开发

太阳辐射相关计算涉及的参数较多，对其进行分析和评价的算法一般也较为复杂，为便于相关计算模型的推广和使用，作者采用程序语言开发了相应的计算及评价软件，并将软件开发的目的、运行环境、使用说明分别列出，此外相关源程序也附在附录中供广大相关人员参考和使用。

6.1 太阳辐射基本参数的计算程序

6.1.1 概述

1. 开发目的

本章为指导太阳能光伏、光热开发利用、建筑热物理分析等领域的相关研究及技术人员计算日序数、赤纬角、时差、真太阳时、日地距离、太阳时角、太阳高度角、太阳方位角、当日水平面日出时角、朝向赤道的倾斜面日出时角、朝向赤道的倾斜面入射角、朝向赤道的倾斜面入射光线高度角、任意朝向表面的日出时角、任意朝向表面的日落时角、大气层外水平面瞬时太阳辐射、大气层外水平面小时太阳辐射、大气层外水平面日太阳辐射、大气层外倾斜面瞬时太阳辐射、大气层外倾斜面小时太阳辐射、大气层外倾斜面日太阳辐射、当天水平面对应的日长等太阳辐射相关的基本参数。

2. 开发背景

太阳辐射基本参数计算软件 V1.0 采用《建筑热过程》中的相应公式；太阳辐射基本参数计算软件 V2.0 采用王炳忠《太阳辐射计算讲座》中的相应公式；太阳辐射基本参数计算软件 V3.0 借鉴并修正了王炳忠《太阳辐射计算讲座》中的相应公式。通过太阳辐射的实际测试及与相关设备厂家的沟通，太阳辐射基本参数计算软件 V3.0 的计算结果精度最高，该结论已被作者的博士论文《各向异性散射辐射模型的研究》及多篇 SCI、EI 论文《A new anisotropic diffuse radiation model》《New decomposition models to estimate hourly global solar radiation from the daily value》《Reply to "On the correct use of the Gueymard diffuse radiation model for tilted surfaces" by Christian A. Gueymard》《Evaluation of global solar radiation models for Shanghai, China》《New models for separating hourly diffuse and direct components of global solar radiation》《New models for separating hourly diffuse and direct components of global solar radiation》《几种散射辐射模型精度的对比》《水平面日太阳散射辐射模型对比研究》所证实。

该软件的使用者是太阳能光伏、光热开发利用、建筑热物理分析等领域的相关研究及技术人员。

6.1.2　运行环境

1. 硬件设备

电脑：普通个人电脑(personal computer，PC)(奔腾处理器、内存 1G、硬盘 80G)、小型服务器和同等及以上配置的其他机型。

打印机：Windows 操作系统支持的打印机。

2. 软件环境

支持操作系统 Windows XP、Windows 7、Windows 8、Windows 10。

6.1.3　使用说明

1. 软件功能及主界面

太阳辐射基本参数计算软件 V3.0 主要由清零、计算、当前值、说明四个模块组成，其中前三个模块均由两部分构成，即输入参数和输出结果。输入参数包括当地的时间(年、月、日)、地理位置(经纬度)、倾斜面的坡度和方位角；输出结果包括计算日序数、赤纬角、时差、真太阳时、日地距离、太阳时角、太阳高度角、太阳方位角、当日水平面日出时角、朝向赤道的倾斜面日出时角、朝向赤道的倾斜面入射角、朝向赤道的倾斜面入射光线高度角、任意朝向表面的日出时角、任意朝向表面的日落时角、大气层外水平面瞬时太阳辐射、大气层外水平面小时太阳辐射、大气层外水平面日太阳辐射、大气层外倾斜面瞬时太阳辐射、大气层外倾斜面小时太阳辐射、大气层外倾斜面日太阳辐射、当天水平面对应的日长。软件的设计界面见图 6.1。

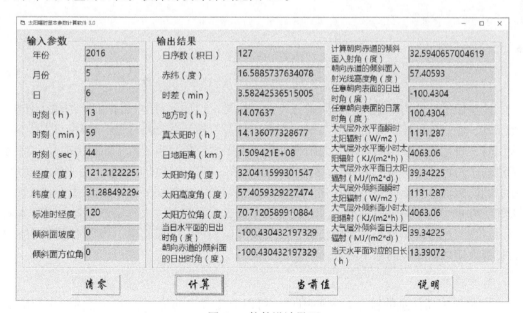

图 6.1　软件设计界面

2. 操作流程

由于输入参数及输出结果的数据量不是特别大，为便于应用，该软件未设置多级菜单，而是采用统一用户界面。操作界面中的主要对象介绍如下：操作界面中的主要对象包括四类：①控件框；②标签框；③文本框；④命令按钮。该系统各窗口界面的操作基本相同，在文本框中对数据进行填写、编辑或输出；编辑按钮对数据进行修改；关闭按钮是退出当前窗口。

1) 清零

如图 6.2 所示，该按钮的功能为清除各文本框的数据，为后续输入准备条件。

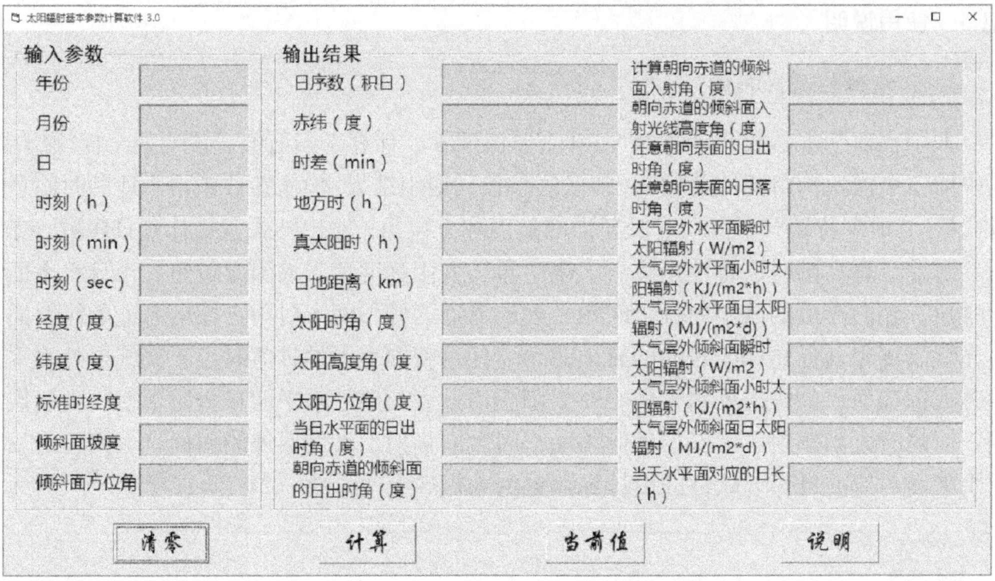

图 6.2　"清零"按钮操作结果界面

2) 计算

该按钮的功能为对输入的数据进行计算，如图 6.3 所示。用户根据提示的输入日期、经纬度、倾斜面坡度、方位角等数据，点击"计算"按钮输出日序数、赤纬、时差、真太阳时、日地距离、太阳时角、太阳高度角、太阳方位角、当日水平面日出时角、朝向赤道的倾斜面日出时角、朝向赤道的倾斜面入射角、朝向赤道的倾斜面入射光线高度角、任意朝向表面的日出时角、任意朝向表面的日落时角、大气层外水平面瞬时太阳辐射、大气层外水平面小时太阳辐射、大气层外水平面日太阳辐射、大气层外倾斜面瞬时太阳辐射、大气层外倾斜面小时太阳辐射、大气层外倾斜面日太阳辐射、当天水平面对应的日长等太阳辐射相关的基本参数。

3) 当前值

为避免烦琐信息的输入，方便用户，可以点击"当前值"按钮，直接调用当前电脑时间(年、月、日、小时、分钟、秒)作为用户输入的时间，标准时经度为东经120°，经纬度缺省值为上海同济大学四平路校区（东经 121.212222576141°，北纬 31.2884922944579°），倾斜面坡度为 0°，倾斜面方位角为 0°。该按钮操作结果界面如图 6.4 所示。

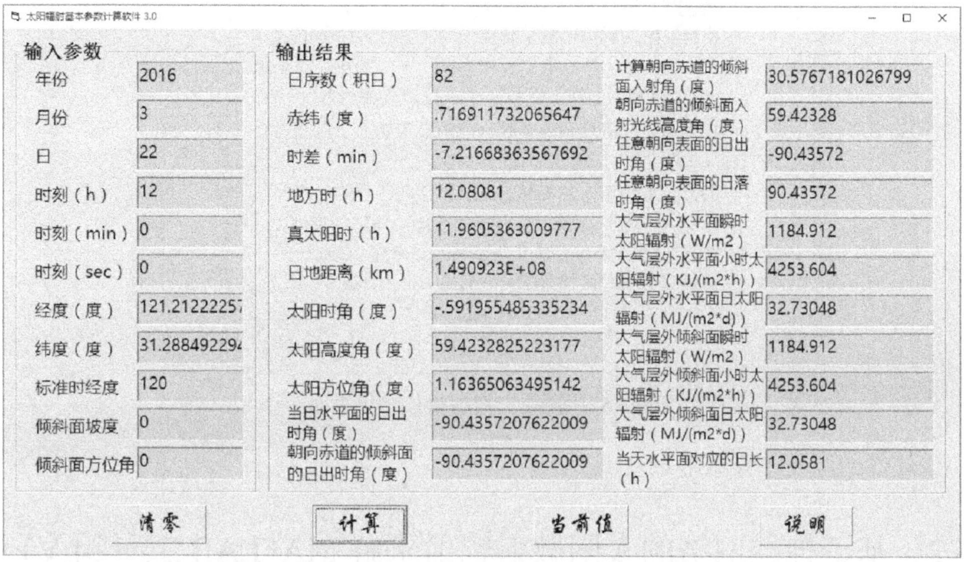

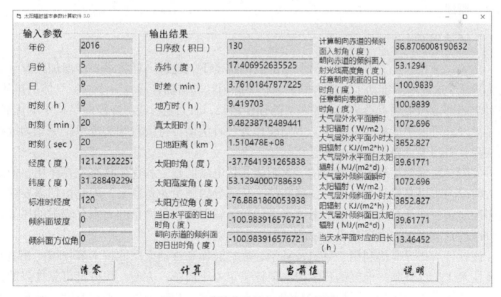

图 6.3　"计算"按钮操作结果界面

图 6.4　"当前值"按钮操作结果界面

4) 说明

该按钮的功能为解释说明输入参数及输出结果的含义。由于太阳辐射领域对经纬度、方位角、日出时角、日落时角及太阳常数等的取值略有不同，故此处需要补充说明一下，以便于使用，该按钮的操作结果界面如图 6.5 所示。

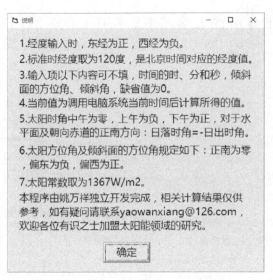

图 6.5　"说明"按钮操作结果界面

该软件的源程序详见附录一。

6.2　基于神经网络的太阳散射辐射求解 MATLAB 工具箱 V1.0

6.2.1　概述

1. 开发目的

在人口增长、经济发展和生活质量提高的推动下,能源消耗将进一步增加且预计增速将持续,这进一步推动了对能源的需求。能源消耗的增加将导致更多温室气体的排放,并对全球环境产生严重影响。能源需求的预期增长,加上化石能源在能源结构中的优势,凸显了发展可再生能源的重要性。太阳能作为一种清洁可持续且相关技术发展较为成熟的能源,得到了世界各国的关注研究。

太阳散射辐射对建筑能耗评估、太阳能光伏电站的建立和优化具有重要作用,但太阳散射辐射难以测量且测量设备价格高昂,从而导致测量花费巨大,因此迫切需要建立太阳散射辐射的计算模型。日散射比是太阳散射辐射和容易测量的太阳总辐射的比值,可以通过日散射比来确定某一地区的太阳散射辐射。

该软件为指导光伏利用、科研及教学、光热转换和被动太阳能技术等领域的相关研究及技术人员计算某一地区的日散射辐射提供了一个简单、方便、快捷且可靠性强的方法,只要输入该地区的日平均晴空指数、日照百分率、相对湿度、平均温度、最高气温和最低气温这六个被气象站收录的参数,即可通过该基于神经网络的工具箱计算得到该地区的日散射比值,进而计算得到某一地区的太阳散射辐射。

2. 开发背景

工具箱开发基于国际主流的算法开发、数据可视化、数据分析及数值计算的

MATLAB 数学软件，再结合不同种类的神经网络建立基于不同算法的日散射辐射计算模型，根据使用者选定的模型计算得到日散射辐射的值，并可以将计算值与实际测量值进行对比验。

经过开发者的测试证明，相对于基于传统经验公式的计算值而言，该工具箱的计算值具有更高的精确度。该工具箱在光伏发电、光热转换、科研及教学、太阳能发电站并网等领域具有广泛的应用前景。

该工具箱的使用者是光伏利用、科研及教学、光热转换和被动太阳能技术等领域的相关研究及技术人员。

6.2.2　运行环境

1. 硬件设备

电脑：普通 PC（奔腾处理器、内存 1G、硬盘 80G）、小型服务器和同等及以上配置的其他机型。

打印机：Windows 操作系统支持的打印机。

2. 软件环境

支持操作系统 Windows XP、Windows 7、Windows 8、Windows 10。

该工具箱是基于 MATLAB 数学软件开发的，因此使用该工具箱时使用者计算机上必须已经安装了 MATLAB 软件，支持的 MATLAB 软件版本有 MATLAB 7～MATLAB 9.2。

6.2.3　使用说明

1. 功能及初始界面

太阳散射辐射求解 MATLAB 工具箱 V1.0，主要包含基于 BP 算法的主成分分析、Elman、遗传算法三种不同的神经网络模型，如图 6.6 所示。

太阳散射辐射求解 MATLAB 工具箱 V1.0 的对外接口有两个函数：一个函数带测试数据实测值输入，可以比较工具箱模型计算值与实测值之间的误差及其他统计参数，统计参数具体包括平均误差百分比、平均绝对百分比误差、相对标准误差、均值偏移误差、均方根误差、Nash-Sutcliffe 因子、t_stat 参数及相关系数；另一个函数不带测试数据实测值输入，只计算工具箱模型对测试数据的输出。

函数具体形式如下：

function[output_ratio_diffradi,out_para,out_hiddennum]=AA_NN_diffradi_ratio_cal(train_data,train_ans,test_data,net_num,hiddenlayer_num)。

输入参数：

AA_NN_diffradi_ratio_cal：函数名称。

train_data：训练数据。

train_ans：训练数据所对应的实际测量值。

test_data：测试数据。

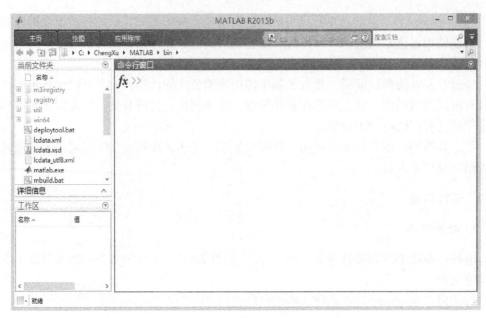

图 6.6　MATLAB 初始操作界面

net_num：神经网络模型的选择参数，该参数与具体神经网络模型的对应关系见表 6.1。

表 6.1　参数与具体神经网络模型的对应关系

net_num 的值	对应的神经网络模型
1	BP 主成分分析神经网络模型
2	Elman 神经网络模型
6	遗传算法神经网络模型

hiddenlayer_num：使用者设置的最大隐含层个数，在 BP 主成分分析神经网络模型、Elman 神经网络模型、遗传算法神经网络模型中，隐含层不同的层数对最终结果的影响很大，因此开发者们在函数中设置了最大隐含层个数，当使用上述三个神经网络模型时，使用者可以通过改变隐含层的层数来寻找最佳的网络结构，得到精确度最高的值。

输出参数：

output_ratio_diffradi：不同神经网络模型对输入的测试数据的计算值。

out_para：基于模型计算值与实际测量值之间的误差统计及模型计算值与输入之间的相关系数等。

out_hiddennum：最佳的隐含层数。

函数功能：

该函数可以实现基于训练数据及训练数据实测值进行建模，并利用建立好的模型计算测试数据所对应的日散射辐射。

带测试数据真实值的函数，其函数具体形式如下：

Function[output_ratio_diffradi,out_hiddennum]=AA_NN_diffradi_ratio（train_data,train_ans,test_data,test_ans,net_num,hiddenlayer_num）。

输入参数：

AA_NN_diffradi_ratio：函数名称，调用工具箱时即使用该名称。

train_data：训练数据。

train_ans：训练数据所对应的实际测量值。

test_data：测试数据。

test_ans：测试数据所对应的实际测量值。

net_num：神经网络模型的选择参数，该参数与具体神经网络模型的对应关系如表 6.1 所示。

输出参数：

output_ratio_diffradi：不同神经网络模型对输入的测试数据的计算值。

out_hiddennum：最佳的隐含层数。

函数功能：

该函数可以实现基于训练数据及训练数据实测值进行建模，利用建立好的模型计算测试数据所对应的日散射辐射，并可以将模型计算值与实际测量值进行比较，并输出各种统计参数。

2. 操作流程

该软件的使用需要基于 MATLAB 数学软件，因此首先要在 MATLAB 软件中添加该工具箱软件所在的路径，具体的工具箱路径的添加方式如下。

打开 MATLAB 软件，点击菜单栏中的主页选项，具体界面如图 6.7 所示。

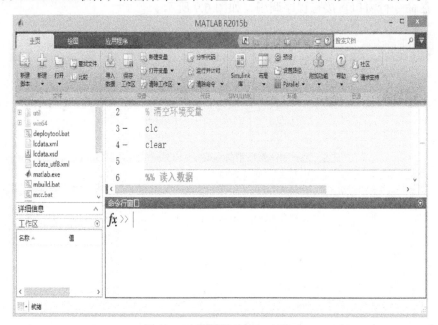

图 6.7　工具箱路径添加步骤 1

点击图 6.7 中的"设置路径"按钮，软件会弹出一个窗口，界面如图 6.8 所示。

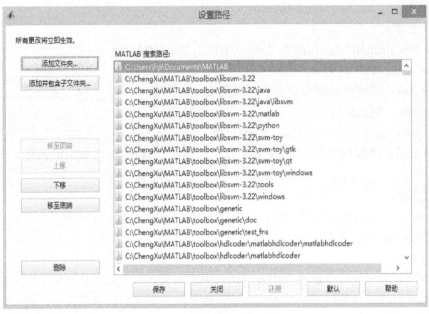

图 6.8 工具箱路径添加步骤 2

点击图 6.8 中的"添加并包含子文件夹"按钮，选中工具箱所在的文件夹进行添加，添加完成之后一定要点击"保存"按钮，即实现了 MATLAB 对工具箱的成功添加。

MATLAB 软件在添加完成本工具箱之后，即可实现对本工具箱的调用，调用该工具箱有两种方式。

(1)在命令行窗口直接写程序调用，如图 6.9 所示。

图 6.9 命令行直接调用本工具箱

（2）新建一个脚本文件，实现对工具箱的调用，如图 6.10 所示。

图 6.10　利用脚本调用本工具箱

3. 测试程序

为了提高该工具箱使用的便捷性，工具箱中附带了一组数据及一个脚本文件，可以让使用者用来确定工具箱安装是否成功及对工具箱进行调用，该脚本文件名称为：AA_NN_program_test.m。该脚本给出了本工具箱所附带的所有类型的神经网络的调用，使用者在调用想要的神经网络时，删去其他代码或将其转换为注释（在代码前面加上"%"）。

用 MATLAB 软件打开该脚本，点击"编辑器"菜单栏下的运行按钮或按 F5 键即可实现脚本的运行，从而对工具箱进行调用。

该软件的源程序详见附录二。

6.3　基于神经网络算法的太阳散射辐射预测及评估 MATLAB 工具箱 V1.0

6.3.1　概述

1. 开发目的

准确可靠的太阳散射辐射数据在许多太阳能应用中都是不可或缺的，如设计和监测太阳能光伏电站、太阳能热水器和太阳能干燥系统等。通常来说，建造高精度的测量设备是获取太阳辐射数据的最佳途径。然而，在许多发展中国家和偏远地区，由于缺乏高精度测量仪器及财政困难等问题，获取太阳散射辐射的真实数据并不容易。事实上，尽管近年来全世界都在努力建设更多的太阳辐射测量站，但是记录太阳散射辐射数据的测量站的数量仍然非常有限。对太阳散射辐射数据的迫切需要及太阳辐射测量站建设的困难性，促使研究人员努力开发出合适的太阳散射辐射模型来预测某地区的太阳散射辐射值。在此背景下，利用各种容易测量的气象数据来预测太阳散射辐射值的模型如雨后春笋般破土而出。

由于影响太阳散射辐射的因素众多，且这些因素之间又相互影响，彼此之间存在着复杂的非线性关系。神经网络具有强大的自学习、自适应能力和强容错性，处理这类具有非线性关系数据的能力是目前其他方法所不可比拟的。神经网络可以利用已知样本对建立的模型进行训练，让网络存储变量间成为非线性关系，然后再利用网络存储的知识对未知样本进行预测。基于神经网络的这些特点，众多科研人员利用神经网络模型来预测太阳散射辐射值，取得了很好的效果。但是神经网络模型种类众多且建立过程复杂，因此开发者选取大多数气象站都采集的一些常规气象参数作为输入，建立不同种类的神经网络模型来预测太阳散射辐射，并且将各种模型进行了综合，将其编写成 MATLAB 工具箱，并在工具箱中加入了对不同模型的评估功能。因此，使用者可以直接调用工具箱中不同种类的神经网络模型，从而省去了建立模型的烦琐过程，可以更好地评估不同模型的表现，极大地提高了使用者的工作效率。

2. 开发背景

开发者基于国际主流算法开发软件 MATLAB，将太阳能领域的相关知识与神经网络相结合，利用编程技术构建出了这个太阳散射辐射预测及评估的 MATLAB 工具箱。本工具箱不仅可以利用不同类型的神经网络模型预测某地区的太阳散射辐射值，还可评估不同类型的神经网络模型的预测效果，方便使用者选择最合适的预测模型。除此之外，工具箱还给出了相关接口，使用者可以自行调整工具箱中一些神经网络模型的相关结构，让使用者的选择范围更大。

对于光伏发电、光热转换及太阳能干燥等领域的工程技术人员来说，本工具箱可以减少在太阳散射辐射数据测量上的花费，在节省投资的同时提高了工作效率；对于科研机构及大中专院校的相关研究及教育人员来说，本工具箱既可以用来预测太阳散射辐射，也可以用来教学，引领学生走进科研的大门。

6.3.2 运行环境

1. 硬件设备

电脑：普通 PC（奔腾处理器、内存 1G、硬盘 100G）；小型服务器、工作站和同等及以上配置的其他机型。

打印机：Windows 操作系统支持的打印机。

2. 软件环境

支持操作系统 Windows XP、Windows 7、Windows 8、Windows 10。

本工具箱是基于 MATLAB 软件开发的,因此使用该工具箱时使用者计算机上必须已经安装了 MATLAB 软件。本工具箱支持的 MATLAB 软件版本有 MATLAB 7～MATLAB 9.2。除此之外,本工具箱还调用了台湾大学林智仁教授开发的 libSVM 工具箱中的函数,因此使用者安装的 MATLAB 软件还需要安装该工具箱,否则本工具箱中的 SVM 神经网络模型将不能使用。

6.3.3　使用说明

1. 功能及初始界面

基于神经网络算法的太阳散射辐射预测及评估 MATLAB 工具箱 V1.0 包含基于 SVM、径向基(radial basis function, RBF)、粒子群算法(particle swarm optimization, PSO)及小波算法四种不同的神经网络模型,其中 RBF 神经网络模型又包含采用 approximate 函数和 exact 函数这两种不同结构的模型。

基于神经网络算法的太阳散射辐射预测及评估 MATLAB 工具箱 V1.0 可以对某地区的太阳散射辐射进行预测,并对不同模型的预测值进行评估。考虑到不同情境下不同的使用目标,开发者设置了两个接口函数:一个函数仅具备预测功能,只能预测某地区的太阳散射辐射值,不能对模型的性能做出评估;另一个函数则既可以预测太阳散射辐射,还可以评估不同模型的性能。在对模型性能的评估过程中,开发者使用了平均误差百分比、平均绝对百分比误差、相对标准误差、均值偏移误差、均方根误差、Nash-Sutcliffe 因子、t_stat 参数及相关系数共八个统计参数,统计参数的值会作为输出参数传递给使用者。

MATLAB 软件初始操作界面(图 6.6)介绍如下:

当前文件夹:指在当前的工作状况下,MATLAB 软件读取其他文件时的起始位置(类似于 Windows 操作系统中文件资源管理器的概念)。需要使用者注意的一点是,当想要执行已经写好的程序时,程序文件所在的文件目录最好与当前文件夹所指的文件路径保持一致,否则需要使用者在程序中设置清楚具体要调用文件所在的文件路径,但是当程序文件位置移动时,因为相对路径改变,可能导致 MATLAB 软件读取文件出错。

详细信息:指当前文件夹中选定文件的相关信息。

工作区:显示在程序或脚本执行过程中主程序中所列出的全部参数及变量的值,被脚本或程序调用函数中的参数及变量的值不会在此显示。

命令行窗口:使用者可以在该窗口输入一些简短的指令进行执行,但该区域输入的指令在写完一行转到下一行后,不能返回修改。当程序执行完成之后,相关结果也会在该窗口中显示。

图 6.11 给出一个 MATLAB 软件实际的使用界面。

2. 软件函数接口使用说明

1)预测函数

函数具体形式如下:

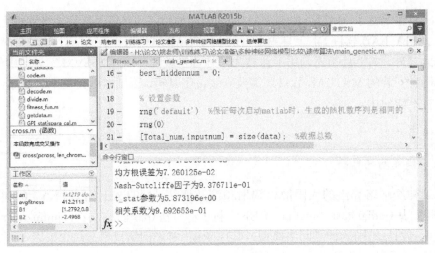

图 6.11　MATLAB 实际操作界面

function[output_ratio_diffradi, out_hiddennum]=AA_NN_diffradi_ratio_cal（train_data, train_ans, test_data, net_num, hiddenlayer_num）。

函数名称：AA_NN_diffradi_ratio_cal。

输入参数：

train_data：使用者指定的训练集。

train_ans：对应于训练集的实际测量值。

test_data：使用者给定的测试集。

net_num：神经网络模型的选择参数，本工具箱中输入参数与具体的神经网络模型的对应关系如表 6.2 所示。

表 6.2　输入参数与具体的神经网络模型的对应关系

net_num 的值	对应的神经网络模型
1	SVM 神经网络模型
21	RBF 神经网络模型（approximate）
22	RBF 神经网络模型（exact）
3	PSO 神经网络模型
4	小波神经网络模型

hiddenlayer_num：前面提到的使用者可以调整的神经网络模型的结构参数。该输入参数用来控制 PSO 神经网络模型和小波神经网络模型中的隐含层数，工具箱可以通过不断的循环比较选择在（1, hiddenlayer_num）范围内最优的隐含层数，进而找到最佳的网络结构，获得精确度最高的预测值。

输出参数：

output_ratio_diffradi：工具箱中不同神经网络模型对使用者给定测试集的预测值。

out_hiddennum：最优隐含层数。

函数功能：

该函数利用使用者给定的训练样本进行训练，并利用训练好的神经网络预测某地区的太阳散射辐射。

2）带测试数据真实值的函数

函数具体形式如下：

function[output_ratio_diffradi,out_hiddennum]=AA_NN_diffradi_ratio（train_data,train_ans,test_data,test_ans,net_num,hiddenlayer_num）。

函数名称:AA_NN_diffradi_ratio。

输入参数：

train_data：使用者指定的训练集。

train_ans：对应于训练集的实际测量值。

test_data：使用者给定的测试集。

test_ans：对应于测试集的实际测量值。

net_num：同 AA_NN_diffradi_ratio_cal 函数一样，是对工具箱中不同种类神经网络模型的选择参数，具体的对应形式如表 6.2 所示。

输出参数：

output_ratio_diffradi：使用者调用的神经网络模型对测试集的预测值。

out_para：不同模型预测值相对于实际测量值的各种统计参数。

out_hiddennum：最优隐含层数。

函数功能：

该函数既可以预测某地区的太阳散射辐射，又可以计算不同模型预测值相对于实际测量值之间的各种统计参数，方便使用者比较评估。

3. 使用说明

本工具箱的开发及使用都基于 MATLAB 软件，因此使用者首先要在 MATLAB 软件中添加该工具箱所在的路径，添加完成之后，才可以在 MATLAB 软件中调用该工具箱，工具箱路径添加方式如下。

打开 MATLAB 软件，点击菜单栏中的主页选项，界面如图 6.7 所示。

点击图 6.7 中的"设置路径"选项，软件会弹出一个窗口，界面如图 6.8 所示。

点击图 6.8 中的"添加并包含子文件夹"按钮，选中工具箱所在的文件夹进行添加，添加完成之后点击"保存"按钮，即实现了 MATLAB 对工具箱的成功添加。图 6.12 给出了成功添加工具箱路径的界面示例，与图 6.8 相比，可以清楚地看到工具箱路径栏里第一个工具箱已经改变，变成了本工具箱，说明工具箱路径添加成功。

MATLAB 软件在添加完成本工具箱之后，即可在 MATLAB 软件中利用接口函数对本工具箱进行调用，经常使用的调用方式主要有两种。

在命令行窗口直接写程序调用，如图 6.9 所示。

图 6.12　工具箱路径添加步骤 3

新建一个脚本文件，在脚本中实现对工具箱的调用，如图 6.10 所示。

4. 测试程序

为了帮助使用者确认工具箱路径的添加是否成功并能够正确调用该工具箱，开发者特意在本工具箱中附带了一组数据和一个测试脚本，测试脚本文件名为：AA_NN_program_test.m。使用者只需要执行该脚本，即可实现对工具箱的调用，相关结果会在命令行窗口中予以显示。

进行测试时，用 MATLAB 软件打开该脚本，点击"编辑器"菜单栏下的运行按钮或按快捷键 F5 都可以实现该测试脚本的运行，实现其测试功能。

该软件的源程序详见附录三。

6.4　基于 GPI 的模型性能评价软件

6.4.1　概述

1. 开发目的

模型是反映一个系统、一台机器或一个组织各种特性最好的方式之一，但是对于某一个特定的系统、机器或组织，可以反映其特性的模型却有许多，在形式各异、状态也不尽相同的模型中，如何评价模型的性能并选择最优的模型是当前科学研究的热点。

在综合考虑了均值偏移误差、平均绝对误差、均方根误差、平均误差百分比、95%不确定性、相对均方根误差、t 统计参数、最大绝对相对误差、相关系数、平均绝对相对误差、拟合优度、均方根相对误差和标准化均方根误差 13 个统计学参数对模型性能影响的基础上，该软件使用总性能指数来对模型性能进行评价并以此为依据来选择最适用的模型。

该软件为生产生活中不同领域的相关研究及技术人员在评估采用不同方法、不同参数及不同结构建立的模型性能及选用最适用的模型时提供指导。

2. 开发背景

该软件基于国际主流的数据分析及数值计算软件 MATLAB 进行开发，通过将均值偏移误差、平均绝对误差、均方根误差、平均误差百分比、95%不确定性、相对均方根误差、t 统计参数、最大绝对相对误差、相关系数、平均绝对相对误差、拟合优度、均方根相对误差和标准化均方根误差 13 个统计学参数的计算公式程序化，在充分考虑不同统计学参数特性的基础上，对不同统计参数进行恰当处理之后将其综合到总性能指数中，该软件可以充分利用 MATLAB 软件强大的数据处理及计算能力，可以瞬时对大数据量的模型数据进行处理，对模型性能进行评价并选择最适用的相关模型。

该软件的适用领域广泛，可以适用于任何模型评价领域，十分适合不同领域的研究及技术人员使用。

6.4.2　运行环境

1. 硬件设备

电脑：普通 PC（酷睿 i5 处理器、内存 1G、硬盘 80G）、小型服务器和同等及以上配置的其他机型。

打印机：Windows 支持的打印机。

2. 软件环境

支持操作系统 Windows XP、Windows 7、Windows 8、Windows 10。

该软件基于美国 MathWorks 公司出品的用于算法开发、数据可视化、数据分析及数值计算的专业数学软件 MATLAB 进行开发，使用者只有在确保计算机成功安装 MATLAB 并可以运行时，才可以使用该软件，MathWorks 公司每年更新两个版本，虽然版本间略有不同，但使用方法大体不变，支持本软件的 MATLAB 版本有 MATLAB R14、MATLAB R14SP1、MATLAB R14SP2、MATLAB R14SP3、MATLAB R2006a～MATLAB R2018a、MATLAB R2006b～MATLABR2018b。使用 32 位或 64 位的电脑时安装对应的 MATLAB 版本即可。

6.4.3　使用说明

1. 功能及运行环境介绍

基于 GPI 的模型性能评价软件 V1.0 程序中提出了 13 种不同的 GPI 计算方式。提出的新评价指标改善了现有 GPI 计算方法中存在的不足，针对统计学参数考虑不完整的问题，新评价指标考虑了尽可能多的统计学参数；针对统计学参数取值未能归一化的问题，对全部统计学参数计算值进行了归一化预处理；针对评价方向不统一的问题，对均值偏移误差和平均百分比误差进行了绝对值处理；针对权重分配不均衡问题，按照不重复、不遗漏的原则，对 t 统计参数、95%不确定性、均方根误差、均值偏移误差权重进行重新赋值；针对极值处理不够合理的问题，将最大绝对相对误差的权重与数据集所包含的样本量建立联系，消除了模型极值特性对整体性能评价的不利影响。

基于 GPI 的模型性能评价软件 V1.0 的对外接口设有一个函数，该函数可以用来计算不同的统计学参数，并且提出了一个新的参数 MRI（方法合理指数），它可以在不同的评价方式下得到 13 个 GPI 的模型排名。

在 MATLAB R2016a 安装目录下的 bin 文件夹内，启动 MATLAB.exe，即可打开 MATLAB 软件，出现图 6.13 界面时等待 1min 左右即可。

图 6.13　MATLAB 启动等待界面

MATLAB 软件成功启动后，可以看到开发环境，包括菜单栏、工具栏、开始键及各种不同功能的窗口，如图 6.14 所示。

2. 软件函数接口使用说明

函数具体形式如下：
function[GPI_calcute_value]=different_GPI_calcute_method（model_statics,statics_select_num,num,model_num）。

函数名称：different_GPI_calcute_method。
输入函数：
statics_select_num:GPI 输入不同计算方法的选择系数。
model_statics 输入计算的模型统计参数值。

num　输入数据集个数。

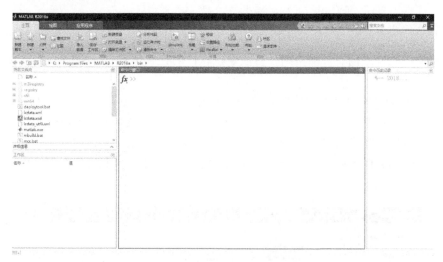

图 6.14　MATLAB 主界面

本软件中不同计算方法的选择系数对应关系如表 6.3 所示。

表 6.3　不同计算方法的选择系数

statics_select_num 的值	对应的 GPI 计算公式
1	除去 MBE 和 MPE
2	除去 erMAX
3	除去 U95 和 t-stat
4	除去 MBE、MPE 和 erMAX
5	除去 MBE、MPE、U95 和 t-stat
6	除去 erMAX、U95 和 t-stat
7	除去 MBE、MPE、erMAX、U95 和 t-stat
8	全部统计学参数(13 个)统一分配权值
9	MBE 和 MPE 取绝对值，除去 erMAX、U95 和 t-stat
10	除去 erMAX，U95 与 RMSE 平分权值，t-stat、MBE 和 RMSE 平分权值
11	MBE 和 MPE 取绝对值，erMAX 权值分配为 1/num，U95、RMSE 平分权值，t-stat、MBE、RMSE 平分权值
12	除去 MBE、MPE、U95 和 t-stat，erMAX 权值分配为 1/num
13	除去 erMAX，MBE 和 MPE 取绝对值

输出函数：

GPI_calcute_value：输出最终的计算结果。

函数功能：

该函数可以根据指定的 GPI 模型系数，计算不同模型的 GPI 值。

3. 使用说明

1) 软件的添加

在调用该软件之前，必须将路径修改至该软件的存放位置，MATLAB 修改工作路径方式如下。

(1) 在 MATLAB 命令窗口中输入"cd c\:mydir"。

(2) 在 MATLAB 工作环境下，输入 pathtool 或在 MATLAB 命令窗口的菜单主页面中的"路径设置"选项进行设置，如图 6.15 所示。点击添加文件夹选项，将软件工作目录添加进去，添加完成务必点击"保存"，否则会失效，点击"保存"后会直观地看到多了一条目录，代表添加成功，如图 6.16 所示。

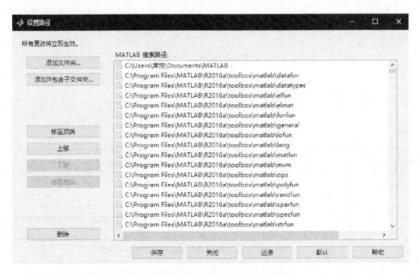

图 6.15　MATLAB 用户设置路径

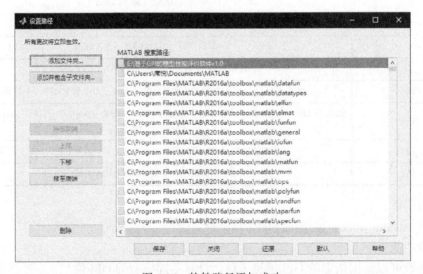

图 6.16　软件路径添加成功

使用者也可以右键"MATLAB"图标，然后选择"属性"直接进行用户工作目录的设置，如图 6.17 所示。在起始位置直接输入用户自己的工作路径，此后每次启动 MATLAB 时，默认的工作路径为起始位置下的路径。

图 6.17　MATLAB 图标属性的修改方法

2) 软件在 MATLAB 中的使用

将软件的工作路径修改完成后，下面介绍如何在 MATLAB 工作环境下运行。

(1) 在命令窗口直接输入 main_models_data_process 指令，等待 1~3min，在工作空间点击 GPI_finish_calcute_resule，即可看到该 GPI 方法下不同模型性能的排名，如图 6.18 所示。

(2) 将工作目录中的 main_models_data_process.m 文件直接打开，并点击工具栏的"执行"按钮，待工作区出现同方法一一致的结果时，即可完成该软件的调用，如图 6.19 所示。

4. 功能测试

使用者在学习和使用本软件时，为了避免出现使用者错误操作，更改该软件内的函数，开发者编写了专门用于新手研究、开发的测试脚本，脚本安装目录与软件位置相同，文件名为：data_test_process_program.m。使用者直接运行本文件，便可以计算出所有模型的所有统计学参数，并且根据预先设定的 GPI 计算方法得到模型性能的排名。

使用方法与软件 V1.0 一致，这极大地提升了软件的便捷性。

该软件的源程序详见附录四。

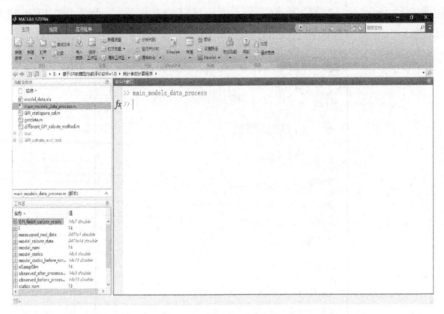

图 6.18 软件的调用方法一

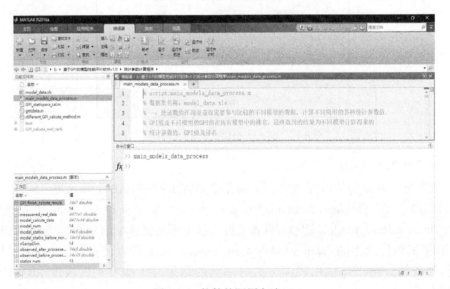

图 6.19 软件的调用方法二

主要参考文献

和清华, 谢云. 2010. 我国太阳总辐射气候学计算方法研究[J]. 自然资源学报, (2): 308-319.

马金玉, 罗勇, 申彦波, 等. 2012. 近 50 年中国太阳总辐射长期变化趋势[J]. 中国科学: 地球科学, (10): 1597-1608.

王炳忠. 1995. 太阳能辐射资源.太阳能利用[M]. 北京: 人民教育出版社.

王炳忠. 1999. 太阳辐射计算讲座第一讲太阳能中天文参数的计算[J]. 太阳能, (2): 8-10.

王炳忠. 1999. 太阳辐射计算讲座第二讲相对于斜面的太阳位置计算[J]. 太阳能, (3): 8.

王炳忠. 1999. 太阳辐射计算讲座第三讲地外水平面辐射量的计算[J]. 太阳能, (4): 12-13.

王炳忠. 2000. 太阳辐射计算讲座第四讲地外斜面辐射量的计算[J]. 太阳能, (2): 16-17.

王炳忠. 2000. 太阳辐射计算讲座第五讲地表斜面上辐射量的计算[J]. 太阳能, (3): 20-21.

王炳忠, 张纬敏. 1994. 中国大陆散射日射与总日射和地外日射的关系[J]. 太阳能学报, (3): 201-208.

尹青, 张华, 何金海. 2011. 近 48 年华东地区地面太阳总辐射变化特征和影响因子分析[J]. 大气与环境光学学报, (1): 37-46.

张富, 张丽娟, 闫国年. 2012. 简化太阳位置算法的对比模型及应用研究[J]. 太阳能学报, (2): 327-333.

张鹤飞. 1990. 太阳能热利用原理与计算机模拟[M]. 西安: 西北工业大学出版社.

张鹤飞. 2007. 太阳能热利用原理与计算机模拟[M]. 2 版. 西安: 西北工业大学出版社.

张杰, 吴保华, 王世礼. 2006. 窗口遮阳构件尺寸的计算研究[J]. 四川建筑科学研究, 32(5): 188-191.

Abdalla Y A G. 1994. New correlation of global solar radiation with meteorological parameters for Bahrain[J]. International Journal of Solar Energy, 16: 111-120.

Adaramola M S. 2012. Estimating global solar radiation using common meteorological data in Akura, Nigeria[J]. Renew Energy, 47: 38-44.

Adeala A A, Huan Z, Enweremadu C C. 2015. Evaluation of global solar radiation using multiple weather parameters as predictors for South Africa Provinces[J]. Thermal Science, 19(2): 495-509.

Ajayi O O, Ohijeagbon O D, Nwadialo C E, et al. 2014. New model to estimate daily global solar radiation over Nigeria[J]. Sustainable Energy Technologies and Assessments, 5: 28-36.

Al-Hamdani N, Al-Riahi M, Tahir K. 1989. Estimation of the diffuse fraction of daily and monthly average global radiation for Fudhaliyah, Baghdad (Iraq)[J]. Solar Energy, 42: 81-85.

Almorox J, Benito M, Hontoria C. 2005. Estimation of monthly Angström-Prescott equation coefficients from measured daily data in Toledo, Spain[J]. Renewable Energy, 30(6): 931-936.

Aras H, Balli O, Hepbasli A. 2006. Estimating the horizontal diffuse solar radiation over the Central Anatolia Region of Turkey[J]. Energy Conversion and Management, 47: 2240-2249.

Augustine C, Nnabuchi M N. 2010. Analysis of some meteorological data for some selected cities in the Eastern and Southern zone of Nigeria[J]. African Journal of Environmental Science and Technology, 4: 92-99.

Awachie I R N, Okeke C E. 1990. New empirical solar model and its use in predicting global solar irradiation[J]. Nigerian Journal of Solar Energy, 9: 143-156.

Ayodele T R, Ogunjuyigbe A S O. 2016. Performance assessment of empirical models for prediction of daily and monthly average global solar radiation: The case study of Ibadan, Nigeria[J]. International Journal of Ambient Energy, 38(8): 803-813.

Bahel V, Srinivasan R, Bakhsh H. 1986. Solar radiation for Dhahran, Saudi Arabia[J]. Energy, 11(10): 985-989.

Barbaro S, Cannata G, Coppolino S, et al. 1981. Diffuse solar radiation statistics for Italy[J]. Solar Energy, 26: 429-435.

Bashahu M. 2003. Statistical comparison of models for estimating the monthly average daily diffuse radiation at a subtropical African site[J]. Solar Energy, 75: 43-51.

Bayat K, Mirlatifi S M. 2009. Estimation of daily global solar radiation using regression models and artificial neural network[J]. Agriculture's Science and Natural Resources Magazine, 16: 3.

Bindi M, Miglietta F, Zipoli G. 1992. Different methods for separating diffuse and direct components of solar radiation and their application in crop growth models[J]. Climate Research, 2: 47-54.

Bird R E, Hulstrom R L. 1981. Simplified Clear Sky Model for Direct and Diffuse Insolation Horizontal Surfaces[M]. Washington D.C.: SERI.

Black J N. 1956. The distribution of solar radiation over the earth's surface[J]. Archiv für Meteorologie, Geophysik und Bioklimatologie, Serie B, 7: 165-189.

Boluwaji M O, Onyedi D O. 2016. Comparative study of ground measured, satellite-derived, and estimated global solar radiation data in Nigeria[J]. Journal of Solar Energy, 10: 1-7.

Boukelia T E, Mecibah M S, Meriche I E. 2014. General models for estimation of the monthly mean daily diffuse solar radiation (Case study: Algeria) [J]. Energy Conversion & Management, 81: 211-219.

Chandrasekaran J, Kumar S. 1994. Hourly diffuse fraction correlation at a tropical location[J]. Solar Energy, 53 (6): 505-510.

Chegaar M, Chibani A. 2001. Global solar radiation estimation in Algeria[J]. Energy Conversion Management, 42 (8): 967-973.

Chen J L, Liu H B, Wu W, et al. 2011. Estimation of monthly solar radiation from measured temperatures using support vector machines-A case study[J]. Renewable Energy, 36: 413-420.

Chen J L, Li G S, Wu S J. 2013. Assessing the potential of support vector machine for estimating daily solar radiation using sunshine duration[J]. Energy Conversion and Management, 75: 311-318.

Chen R S, Lu S H, Kang E, et al. 2006. Estimating daily global radiation using two types of revised models in China[J]. Energy Conversion and Management, 47 (7-8): 865-878.

Chen R S, Kang E, Ji X B, et al. 2007. An hourly solar radiation model under actual weather and terrain conditions: A case study in Heihe river basin[J]. Energy, 32 (7): 1148-1157.

Cjt S, Hajm T, Goudriaan J. 1986. Separating the diffuse and direct component of global radiation and its implications for modeling canopy photosynthesis Part I. Components of incoming radiation[J]. Agricultural & Forest Meteorology, 38 (1-3): 231-242.

Collares-Pereira M, Rabl A. 1979. The average distribution of solar radiation-correlations between diffuse and hemispherical and between daily and hourly insolation values [J]. Solar Energy, 22: 155-164.

Cortes C, Vapnik V. 1995. Support-vector networks[J]. Machine Learning, 20: 273-297.

Coulibaly O, Ouedoraogo A. 2016. Correlation of global solar radiation of eight synoptic stations in Burkina Faso based on linear and multiple linear regression methods[J]. Journal of Solar Energy, 2016: 1-9.

De Miguel A, Bilbao J, Aguiar R, et al. 2006. Diffuse solar irradiation model evaluation in the North Mediterranean Belt area[J]. Solar Energy, 70: 143-153.

Drucker H, Burges C J C, Kaufman L, et al. 1997. Support vector regression machines[J]. Advanced in Neural Information Processing Systens, 9: 155-161.

Du P, Du R, Ren W, et al. 2018. Seasonal variation characteristic of inhalable microbial communities in $PM_{2.5}$ in Beijing city, China[J]. Science of the Total Environment, 610-611: 308-315.

Dubois M C. 2003. Shading devices and daylight quality: An evaluation based on simple performance indicators[J]. Lighting Research & Technology, 35 (1): 61-76.

Elagib N, Mansell M G. 2000. New approaches for estimating global solar radiation across Sudan[J]. Energy Conversation & Management, 21: 271-287.

El-Sebaii A A, Al-Hazmi F S, Al-Ghamdi A A, et al. 2010. Global, direct and diffuse solar radiation on horizontal and tilted surfaces in Jeddah, Saudi Arabia[J]. Applied Energy, 87 (2): 568-576.

El-Sebaii A A, Trabea A A. 2003. Estimation of horizontal diffuse solar radiation in Egypt[J]. Energy Conversion and Management, 44: 2471-2482.

Emad A A. 2015. Statistical comparison between empirical models and artificial neutral network method for global solar radiation at Qena, Egypt[J]. Journal of Multidisciplinary Engineering Science and Technology, 2 (7): 1899-1906.

Erbs D G, Klein S A, Duffie J A. 1982. Estimation of the diffuse radiation fraction for hourly, daily and monthly-average global radiation[J]. Solar Energy, 28: 293-302.

Falayi E O, Adepitan J O, Rabiu A B. 2008. Empirical models for the correlation of global solar radiation with meteorological data for Iseyin, Nigeria[J]. International Journal of Physical Sciences, 3 (9): 210-216.

Ferreira A, Kunh S S, Fagnani K C, et al. 2018. Economic overview of the use and production of photovoltaic solar energy in brazil[J]. Renewable and Sustainable Energy Reviews, 81: 181-191.

Fisekis K, Davies M, Kolokotroni M, et al. 2003. Prediction of discomfort glare from windows[J]. Lighting Research & Technology, 35 (4): 360-371.

Foster M, Oreszczyn T. 2001. Occupant control of passive systems: The use of Venetian blinds[J]. Building and Environment, 36 (2): 149-155.

Gairaa K, Bakelli Y. 2013. A comparative study of some regression models to estimate the global solar radiation on the horizontal surface from sunshine duration and meteorological parameters for Ghardaïa site, Algeria[J]. ISRN Renew Energy, (2): 1-11.

Garcia J V. 1994. Principios F'isicos de la Climatolog'ia[M]. Lima: UNALM Universidad Nacional Agracia La Molina.

Giorgi F, Bi X, Qian Y. 2002. Direct radiative forcing and regional climatic effects of anthropogenic aerosols over East Asia: A regional coupled climate-chemistry/aerosol model study[J]. Journal of Geophysical Research, 107 (D20): 1-17.

Gopinathan K K, Soler A. 1995. Diffuse radiation models and monthly-average, daily, diffuse data for a wide latitude range[J]. Energy, 20: 657-667.

Gopinathan K K, Soler A. 1996. Effect of sunshine and solar declination on the computation of monthly mean daily diffuse solar radiation[J]. Renewable Energy, 7: 89-93.

Gueymard C. 1987. An anisotropic solar irradiance model for tilted surfaces and its comparison with selected engineering algorithms[J]. Solar Energy, 38 (5): 367-386.

Haldi F, Robinson D. 2009. A comprehensive stochastic model of blind usage: Theory and validation[C]. International Building Performance Simulation Association, Glasgow.

Hargreaves G H, Samani Z A. 1982. Estimating potential evaporation[J]. Journal of Irrigation and Drainage Engineering, 108: 223-230.

Hawas M M, Muneer T. 1984. Study of diffuse and global radiation characteristics in India[J]. Energy Conversion & Management, 24: 143-149.

Hay J E. 1979. Calculation of monthly mean solar radiation for horizontal and inclined surfaces[J]. Solar Energy, 23 (4): 301-307.

Hay J E, Davies J A. 1980. Calculations of the solar radiation incident on an inclined surface[Z]. Canada: Ministry of Supply and Services.

Hove T, Göttsche J. 1999. Mapping global, diffuse and beam solar radiation over Zimbabwe[J]. Renewable Energy, 18: 535-556.

Hua S, Shengyuan T, Fenxian S. 2002. Models to separate daily diffuse radiation from daily total radiation for energy consumption analysis of air conditioning system[J]. Journal of Chongqing University (Natural Science Edition), 25: 73-76.

Ibrahim H. 2015. Estimation of global solar radiation using sunshine-based and temperature-based models: Case study of Adama Town[J]. Published MSc Dissertation, 3 (2): 8-14.

Ibrahim S M A. 1985. Diffuse solar radiation in Cairo, Egypt[J]. Energy Conversion and Management, 25: 69-72.

Inkarojrit V. 2005. Balancing Comfort: Occupants' Control of Window Blinds in Private Offices[M]. Berkeley: University of California.

Inoue T, Kawase T, Ibamoto T, et al. 1988. The development of an optimal control system for window shading devices based on investigations in office buildings[J]. ASHRAE Transactions, 94: 1034-1049.

Iqbal M. 1979. Correlation of average diffuse and beam radiation with hours of bright sunshine[J]. Solar Energy, 23: 169-173.

Iqbal M. 1980. A study of Canadian diffuse and total solar radiation data-I Monthly average daily horizontal radiation[J]. Solar Energy, 22: 81-86.

ISO. 2006. Energy performance of buildings-calculation of energy use for space heating and cooling: ISO/FDIS 13790—2006[S].

Ituen E E, Esen N U, Nwokolo S C, et al. 2012. Prediction of global solar radiation using relative humidity, maximum temperature and sunshine how in Uyo, in the niger Delta region, Nigeria[J]. Advances in Applied Science Research, 3 (4): 1923-1937.

Jacovidesa C P, Hadjioannoub L, Pashiardisb S, et al. 1995. On the diffuse fraction of daily and monthly global radiation for the island of Cyprus[J]. Solar Energy, 56: 565-572.

Jain P C. 1986. Global irradiation estimation for Italian locations[J]. Solar & Wind Technology, 3 (4): 323-328.

Jain P C. 1988. Estimation of monthly average hourly global and diffuse irradiation[J]. Solar & Wind Technology, 5 (1): 7-14.

Jain P C. 1990. A model for diffuse and global irradiation on horizontal surfaces[J]. Solar Energy, 45: 301-308.

Janjai S, Praditwong P, Moonin C. 1996. A new model for computing monthly average daily diffuse radiation for Bangkok[J]. Renewable Energy, 9: 1283-1286.

Jiang Y N. 2009. Estimation of monthly mean daily diffuse radiation in China[J]. Applied Energy, 86: 1458-1464.

Jin Z, Wu Y, Gang Y. 2004. Estimation of daily diffuse solar radiation in China[J]. Renewable Energy, 29: 1537-1548.

Jin Z, Wu Y Z, Gang Y. 2005. General formula for estimation of monthly average daily global solar radiation in China[J]. Energy Conversion and Management, 46 (2): 257-268.

Kabir E, Kumar P, Kumar S, et al. 2018. Solar energy: Potential and future prospects[J]. Renewable and Sustainable Energy Reviews, 82: 894-900.

Kambezidis H D, Psiloglou B E, Karagiannis D, et al. 2016. Recent improvements of the meteorological radiation model for solar irradiance estimates under all-sky conditions[J]. Renewable Energy, 93: 142-158.

Karatasou S, Santamouris M, Geros V. 2010. Analysis of experimental data on diffuse solar radiation in Athens, Greece, for building applications[J]. International Journal of Sustainable Energy, 23: 1-11.

Kaygusuz K, Ayhan T. 1999. Analysis of solar radiation data for Trabzon, Turkey[J]. Energy Conversion and Management, 40 (5): 545-556.

Khogali A, Ramadan M R I, Ali Z E H, et al. 1983. Global and diffuse solar irradiance in Yemen (Y.A.R.) [J]. Solar Energy, 31: 55-62.

Klein S A. 1977. Calculation of monthly average insolation on tilted surfaces[J]. Solar Energy, 19 (4): 325-329.

Klucher T M. 1979. Evaluation of models to predict insolation on tilted surfaces[J]. Solar Energy, 23 (2): 111-114.

Kolebaje O T, Mustapha L O. 2012. On the performance of some predictive models for global solar radiation estimates in tropical stations: Port Harcourt and Lokoja[J]. African Review of Physics, 7 (15): 145-163.

Kolebaje O T, Sika A I, Akinyemi P. 2016. Estimating solar radiation in Ikeja and Port Harcourt via correlation with relative humidity and temperature[J]. International Journal of Energy Production and Management, 1 (3): 253-262.

Koronakis P S. 1986. On the choice of the angle of tilt for south facing solar collectors in the Athens basin area[J]. Solar Energy, 36 (3): 217-225.

Lalas D P, Petrakis M, Papadopoulos C. 1987. Correlations for the estimation of the diffuse radiation component in greece[J]. Solar Energy, 39: 455-458.

Lam J C, Li D H W. 1996. Correlation between global solar radiation and its direct and diffuse components[J]. Building and Environment, 31: 527-535.

Lealea T, Tchinda R. 2013. Estimation of diffuse solar radiation in the north and far north of cameroon[J]. European Scientific Journal, 9 (18): 370-381.

Lee E S, Selkowitz S E. 1995. Design and evaluation of integrated envelope and lighting control strategies for commercial buildings[C]//ASHRAE, Chicago.

Lewis G.1981. Irradiance estimates for Zambia[J]. Solar Energy, 26: 81-85.

Lewis G. 1983. Diffuse irradiation over Zimbabwe[J]. Solar Energy, 31: 125-128.

Lewis G. 1995. Estimates of monthly mean daily diffuse irradiation in the Southeastern United States[J]. Renewable Energy, 6: 983-988.

Li H, Ma W, Wang X, et al. 2011. Estimating monthly average daily diffuse solar radiation with multiple predictors: A case study[J]. Renewable Energy, 36: 1944-1948.

Li Z R, Yao W X, Zhao Q, et al. 2013. Study on the comparison of models for daily diffuse solar radiation on a horizontal surface[J]. Acta Energiae Solaris Sinica (in Chinese), 34: 794-799.

Liu B Y H, Jordan R C. 1960. The interrelationship and characteristic distribution of direct, diffuse and total solar radiation[J]. Solar Energy, 4(3): 1-19.

Liu B Y H, Jordan R C. 1963. The long-term average performance of flat-plate solar-energy collectors: With design data for the US, its outlying possessions and Canada[J]. Solar Energy, 7(2): 53-74.

Liu C M. 2002. Effect of PM2.5 on AQI in Taiwan[J]. Environmental Modelling & Software, 17: 29-37.

Liu J, Linderholm H, Chen D, et al. 2015. Changes in the relationship between solar radiation and sunshine duration in large cities of China[J]. Energy, 82: 589-600.

Ma N J, Fen L I, Bian Z Q, et al. 2016. Comparative study of solar beam-diffuse radiation separated Model[J]. Water Resources and Power, 34: 211-214.

Maduekwe A A L, Chendo M A C. 1995. Predicting the components of the total hemispherical solar radiation from sunshine duration measurements in Lagos, Nigeria[J]. Renewable Energy. 6(7): 807-812.

Mahdavi A, Proglhof C. 2009.Toward empirically-based models of people's presence and actions in buildings[C]//International Building Performance Simulation Association, Glasgow.

Martinez-Lozano J A, Utrillas M P, Gomez V. 1994. Estimation of the diffuse solar irradiation from global solar irradiation: Daily and monthly average daily values[J]. Renewable Energy, 4: 95-100.

Massaquoi J G M.1987. Predicting diffuse radiation where only data on sunshine duration is available[J]. Solar & Wind Technology, 4: 205-210.

Mghouchi Y E, Bouardi A E, Choulli Z. 2016. Models for obtaining the daily direct, diffuse and global solar radiations[J]. Renewable and Sustainable Energy Reviews, 56: 87-99.

Mohammad A, Darwa T H. 2014. Estimation of global solar radiation for Kano state, Nigeria based on meteorological data[J]. IOSR Journal of Applied Physics, 6(6): 19-23.

Molineaux B, Ineichen P. 1996. On the broad band transmittance of direct irradiance in a cloudless sky and its application to the parameterization of atmospheric turbidity[J]. Solar Energy, 56(6): 553-563.

Moon P, Spencer D E. 1942. Illumination from a non-uniform sky[J]. Transactions of the Illumination Engineering Society, 37(10):707-726.

Mubiru J, Banda E J K B. 2007. Performance of empirical correlations for predicting monthly mean daily diffuse solar radiation values at Kampala, Uganda[J]. Theoretical and Applied Climatology, 88: 127-131.

Muneer T, Hawas M M. 1984. Correlation between daily diffuse and global radiation for India[J]. Energy Conversion & Management, 24: 151-154.

Muneer T, Kambezidis H. 1997. Solar Radiation and Daylight Models for Energy Efficient Design of Buildings[M]. London: Architectural Press.

Muneer T, Gueymard C, Kambezidis H. 2004. Solar Radiation and Daylight Models[M]. Amsterdam: Elsevier.

Newland F. 1989. A study of solar radiation models for the coastal region of South China[J]. Solar Energy, 43: 227-235.

Newsham G R. 1994. Manual control of window blinds and electric lighting: Implications for comfort and energy consumption[J]. Indoor and Built Environment, (3): 135-144.

Nfaoui H, Buret J. 1993. Estimation of daily and monthly direct, diffuse and global solar radiation in Rabat (Morocco)[J]. Renewable Energy, 3: 923-930.

Ogolo E O. 2014. Estimation of global solar radiation in Nigeria using a modified Angström model and the trend analysis of the allied meteorological components[J]. Indian Journal of Radio & Space Physics, 43: 213-224.

Ohunakin O S, Adaramola M S, Oyewolu O M, et al. 2013. Correlations for estimating solar radiation using sunshine hours and temperature measurement in Osogbo, Osun state, Nigeria[J]. Frontiers in Energy, (72): 1-9.

Ojosu J O, Komolafe L K. 1987. Models for estimating solar radiations available in South Western Nigeria[J]. Solar Energy, 16: 69-77.

Okonkwo G N, Nwokoye A O C. 2014. Development of models for predicting global solar radiation in Minna, Nigeria using meteorological data[J]. IOSR Journal of Applied Physics, 6: 1-6.

Okonkwo G N, Nwokoye A O C. 2014. Estimating global solar radiation from temperature data in Minna location[J]. European Scientific Journal, 10(15): 254-264.

Okundamiya M S, Nzeako A N. 2011. Estimation of diffuse solar radiation for selected cities in Nigeria[J/OL]. ISRN Renewable Energy. https://doi. org/10.5402/2011/439410.

Okundamiya M S, Emagbethre J O, Ogujor E A. 2016. Evaluation of various global solar radiation models for Nigeria[J]. International Journal of Green Energy, 13(5): 505-512.

Olatomiwa L, Mekhilef S, Shamshirband S, et al. 2015. A support vector machine-firefly algorithm-based model for global solar radiation prediction[J]. Solar Energy, 115: 632-644.

Olayinka S. 2011. Estimation of global and diffuse solar radiations for selected cities in Nigeria[J]. International Journal of Energy Environmental Engineering, 2(3): 13-33.

Oliveira A P, Escobedo J F, Machado A J, et al. 1999. Correlation models of diffuse solar-radiation applied to the city of São Paulo, Brazil[J]. Applied Energy, 71: 59-73.

Orgill J F, Hollands K G T. 1977. Correlation equation for hourly diffuse radiation on a horizontal surface[J]. Solar Energy, 19(4): 357-359.

Ouali K, Alkama R. 2014. A new model of global solar radiation based on meteorological data in Bejaia City, Algeria[J]. Energy Procedia, 50: 670-676.

Ouria M, Sevinc H. 2018. Evaluation of the potential of solar energy utilization in Famagusta, Cyprus[J]. Sustainable Cities and Society, 37: 189-202.

Page J K. 1964. Estim-monthly mean values of daily tot.short wave radiation vert. & inclined surfaces from sunshine records for lat. 40°N[J]. IOP Conference Series Materials Science and Engineering, 255: 7-13.

Page. 1961. The estimation of monthly mean values of daily total short wave radiation on vertical and inclined surfaces from sunshine records for latitudes 40N-40S[J]. Proceedings of UN Conference on New Sources of Energy, 98(4): 378-390.

Paliatsos A G, Kambezidis H D, Antoniou A. 2003. Diffuse solar irradiation at a location in the Balkan Peninsula[J]. Renewable Energy, 28: 2147-2156.

Pandey C K, Katiyar A K. 2009. A comparative study to estimate daily diffuse solar radiation over India[J]. Energy, 34: 1792-1796.

Pandey C K, Katiyar A K. 2009. A note on diffuse solar radiation on a tilted surface[J]. Energy, 34(11): 1764-1769.

Perez R, Stewart R, Arbogast C, et al. 1986. An anisotropic hourly diffuse radiation model for sloping surfaces: Description, performance validation, site dependency evaluation[J]. Solar Energy, 36(6): 481-497.

Qing W, Chen R, Sun W. 2013. Estimation of global radiation in China and comparison with satellite product[J]. Environmental Earth Sciences, 70(4): 1681-1687.

Quansah E, Amekudzi L K, Preko K, et al. 2014. Empirical models for estimating global solar radiation over the Ashanti Region of Ghana[J]. Journal of Solar Energy, (3): 1-7.

Ramedani Z, Omid M, Keyhani A, et al. 2014.Potential of radial basis function based support vector regression for global solar radiation prediction[J]. Renewable and Sustainable Energy Reviews, 39: 1005-1011.

Rao C R N, Bradley W A, Lee T Y. 1984.The diffuse component of the daily global solar irradiation at Corvallis, Oregon (USA) [J]. Solar Energy, 32: 637-641.

Reindl D T, Beckman W A, Duffie J A. 1990. Diffuse fraction correlations[J]. Solar Energy, 45 (1): 1-7.

Reindl D T, Beckman W A, Duffie J A. 1990. Evaluation of hourly tilted surface radiation models[J]. Solar Energy, 45 (1): 9-17.

Reinhart C F, Voss K. 2003. Monitoring manual control of electric lighting and blinds[J]. Lighting Research and Technology, 35 (3): 243-258.

Reinhart C F. 2004. Lightswitch-2002: A model for manual and automated control of electric lighting and blinds[J]. Solar Energy, 77 (1): 15-28.

Renno C, Petito F, Gatto A. 2016. ANN model for predicting the direct normal irradiance and the global radiation for a solar application to a residential building[J]. Journal of Cleaner Production, 135: 1298-1316.

Roche L. 2002. Summertime performance of an automated lighting and blinds control system[J]. Lighting Research & Technology, 34 (1): 11-27.

Roche L, Dewey E, Littlefair P. 2000. Occupant reactions to daylight in offices[J]. Lighting Research and Technology, 32 (3): 119-126.

Ruggieri M, Plaia A. 2012. An aggregate AQI: Comparing different standardizations and introducing a variability index[J]. Science of the Total Environment, 420: 263-272.

Sabzpooshani M, Mohammadi K. 2014. Establishing new empirical models for predicting monthly mean horizontal diffuse solar radiation in city of Isfahan, Iran[J]. Energy, 69: 571-577.

Said R, Mansor M, Abuain T. 1988. Estimation of global and diffuse radiation at Tripoli[J]. Renewable Energy, 14: 221-227.

Salcedo-Sanz S, Jiménez-Fernández S, Aybar-Ruiz A, et al. 2017. A CRO-species optimization scheme for robust global solar radiation statistical downscaling[J]. Renewable Energy, 111: 63-76.

Shamshirband S, Mohammadi K, Chen H L, et al. 2015. Daily global solar radiation prediction from air temperatures using kernel extreme learning machine: A case study for Iran[J]. Journal of Atmospheric and Solar-Terrestrial Physics, 134: 109-117.

Shamshirband S, Mohammadi K, Khorasanizadeh H, et al. 2016. Estimating the diffuse solar radiation using a coupled support vector machine-wavelet transform model[J]. Renewable and Sustainable Energy Reviews, 56: 428-435.

Skartveit A, Olseth J A. 1986. Modelling slope irradiance at high latitudes[J]. Solar Energy, 36 (4): 333-344.

Soares J, Oliveira A P, Božnar M Z, et al. 2004. Modeling hourly diffuse solar-radiation in the city of São Paulo using a neural-network technique[J]. Applied Energy, 79 (2): 201-214.

Souf A, Chermitti A, Mostafa B M, et al. 2014. Investigating the performance of chosen models for the estimation of global solar radiation on the horizontal surface: A case study in Terny Hdiel, Tlemcen of Algeria[J]. Journal of Engineering Science & Technology Review, 7 (3): 45-49.

Spencer J W. 1982. A comparison of methods for estimating hourly diffuse solar radiation from global solar radiation[J]. Solar Energy, 29 (1): 19-32.

Srivastava S K, Singh O P, Pandey G N. 1993. Estimation of global solar radiation in Uttar Pradesh (India) and comparison of some existing correlations. Solar Energy, 51 (1): 27-29.

Steven M D, Unsworth M H. 1977. Standard distributions of clear sky radiance[J]. Quarterly Journal of the Royal Meteorological Society, 103 (437): 457-465.

Sutter Y, Dumortier D, Fontoynont M. 2006. The use of shading systems in VDU task offices: A pilot study[J]. Energy and Buildings, 38 (7): 780-789.

Taşdemiroğlu E, Sever R. 1991. Estimation of monthly average, daily, horizontal diffuse radiation in Turkey[J]. Energy, 16: 787-790.

Temps R C, Coulson K L. 1977. Solar radiation incident upon slopes of different orientations[J]. Solar Energy, 19 (2): 179-184.

Tijjani B I. 2011. Comparison between first and second order Angström type models for sunshine hours at Katisna, Nigeria[J]. Bayero Journal of Pure Applied Science, 4 (2): 24-27.

Tiris M, Tiris Ç, Türe İ E. 1996. Correlations of monthly-average daily global, diffuse and beam radiations with hours of bright sunshine in Gebze, Turkey[J]. Energy Conversion and Management, 37: 1417-1421.

Toğrul I T, Toğrul H, Evin D. 2000. Estimation of monthly global solar radiation from sunshine duration measurement in Elaziğ[J]. Renewable Energy, 19: 587-595.

Toğrul I T, Toğrul H. 2002. Global solar radiation over Turkey: Comparison of predicted and measured data[J]. Renewable Energy, 25(1): 55-67.

Trabea A A, Shaitout M A M. 2000. Correlation of global solar radiation with meteorological parameters over Egypt[J]. Renewable Energy, 21(2): 297-308.

Trabea A A. 1999. Technical note a multiple linear correlation for diffuse radiation from global solar radiation and sunshine data over Egypt[J]. Renewable Energy, 17: 411-420.

Udo S O. 2002. Contribution to the relationship between solar radiation and sunshine duration in the tropics: A case study of experimental data in Ilorin, Nigeria[J]. Turkish Journal of Physics, 26: 229-236.

Ulgen K, Hepbasli A. 2009. Diffuse solar radiation estimation models for Turkey's big cities[J]. Energy Conversion and Management, 50: 149-156.

Vakili M, Sabbagh-Yazdi S R, Khosrojerdi S, et al. 2017. Evaluating the effect of particulate matter pollution on estimation of daily global solar radiation using artificial neural network modeling based on meteorological data[J]. Journal of Cleaner Production, 141: 1275-1285.

Vapnik V N. 2000. The Nature of Statistic Learning Theory[M]. Berlin: Springer Verlag.

Vapnik V, Golowich S E, Smola A. 1996. Support vector method for function approximation, regression estimation, and signal processing[J]. Advances in Neural Information Processing Systems, 9: 281-287.

Veeran P K, Kumar S. 1993. Diffuse radiation on a horizontal surfaces at Madras[J]. Renewable Energy, 3: 931-934.

Vignola F, McDaniels D K. 1984. Correlations between diffuse and global insolation for the Pacific Northwest[J]. Solar Energy, 32: 161-168.

Vignola F, McDaniels D K. 1986. McDaniels. Beam-global correlations in the Pacific Northwest[J]. Solar Energy, 36(5): 409-418.

Wienold J, Christoffersen J. 2006. Evaluation methods and development of a new glare prediction model for daylight environments with the use of CCD cameras[J]. Energy and Buildings, 38(7): 743-757.

Wienold J. 2009. Dynamic daylight glare evaluation[C]//International Building Performance Simulation Association, Glasgow.

Will A, Bustos J, Bocco M, et al. 2013. On the use of niching genetic algorithms for variable selection in solar radiation estimation[J]. Renewable Energy, 50: 168-176.

Xie Y H, Tao Y U, Gu X F, et al. 2013. A comparative study on estimating models to compute monthly mean daily diffuse solar radiation[J]. Renewable Energy Resources, 31: 1-6.

Yao W X, Zhang C X, Wang X, et al. 2017. The research of new daily diffuse solar radiation models modified by air quality index (AQI) in the region with heavy fog and haze[J]. Energy Conversion and Management, 139: 140-150.

Yao W X, Zhang C X, Hao H D, et al. 2018. A support vector machine approach to estimate global solar radiation with the influence of fog and haze[J]. Renewable Energy, 128: 155-162.

Zeng J, Qiao W. 2013. Short-term solar power prediction using a support vector machine[J]. Renewable Energy, 52: 118-127.

Zhang Y, Li X, Nie T, et al. 2018. Source apportionment of PM2.5 pollution in the central six districts of Beijing, China[J]. Journal of Cleaner Production, 174: 661-669.

附录一 太阳辐射基本参数计算程序软件源程序

```
Function Arcsin(i As Single) As Single
Arcsin = Atn(i / Sqr(-i * i + 1))
End Function
Function Arccos(j As Single) As Single
Arccos = Atn(-j / Sqr(-j * j + 1)) + 2 * Atn(1)
End Function


Private Sub Command2_Click()
Dim y As Integer, M As Integer, D As Integer, YY As Integer
Dim h As Integer, min As Integer, sec As Integer, JD As Single, WD As Single,
BJD As Single
Dim n As Integer, hd As Double, pi As Double, B As Double, e As Double
Dim zh As Double, sj As Double, gd As Double, cw As Double, fw As Double, z1
As Double, z2 As Double
Dim YJ As Single, LJ As Single, HJ As Single, G As Single, n0 As Double, t As
Double, θ As Double
Dim td As Single, r As Single, ER As Single, r0 As Single, θt As Single, ht
As Single, β As Single, τβ As Single, A As Single
Dim θ1 As Single, θ2 As Single, τβ1 As Single, τβ2 As Single, τβ3 As Single,
rcsj As Single, rcsj1 As Single, rcsj2 As Single
Dim Arcsin As Double, Arccos As Double, x1 As Single, y1 As Single, τsrd As
Single, τssd As Single, τsrx As Single, τssx As Single
Dim xy1 As Single, xy2 As Single, τsrd1 As Single, τssd1 As Single, τsrx1 As
Single, τssx1 As Single
Dim Isc As Single, Isec As Single, Ih As Single, Id As Single, Itsec As Single,
Ith As Single, Itd As Single, DL As Single
Dim trcsj As Single, trlsj As Single, cosθr As Single, θr As Single


If Text1.Text = "" Or Text2.Text = "" Or Text3.Text = "" Or Text7.Text = ""
Or Text8.Text = "" Or Text9.Text = "" Then
Form1.Hide
Form3.Show
End If
```

```
If Text4.Text = "" Then Text4.Text = 0
If Text5.Text = "" Then Text5.Text = 0
If Text6.Text = "" Then Text6.Text = 0
If Text28.Text = "" Then Text28.Text = 0
If Text29.Text = "" Then Text29.Text = 0
y = Val(Text1.Text)
M = Val(Text2.Text)
D = Val(Text3.Text)
h = Val(Text4.Text)
min = Val(Text5.Text)
sec = Val(Text6.Text)
JD = Val(Text7.Text)
WD = Val(Text8.Text)
BJD = Val(Text9.Text)
β = Val(Text28.Text)
A = Val(Text29.Text)
If M < 0 Or M > 12 Then
    Form1.Hide
    Form4.Show
End If
If D < 0 Or D > 31 Then
    Form1.Hide
    Form4.Show
End If
If h < 0 Or h > 24 Then
    Form1.Hide
    Form4.Show
End If
If min < 0 Or min > 60 Then
    Form1.Hide
    Form4.Show
End If
If sec < 0 Or sec > 60 Then
    Form1.Hide
    Form4.Show
End If
If JD < -180 Or JD > 180 Then
    Form1.Hide
```

```
        Form4.Show
End If
If WD < -90 Or WD > 90 Then
        Form1.Hide
        Form4.Show
End If
If BJD < -180 Or BJD > 180 Then
        Form1.Hide
        Form4.Show
End If
If β < 0 Or β > 90 Then
        Form1.Hide
        Form4.Show
End If
If A < -360 Or A > 360 Then
        Form1.Hide
        Form4.Show
End If  ´判断输入参数的合理性
YY = 0
If y = Int(y / 4) * 4 Then YY = 1
If y = Int(y / 100) * 100 And M > 2 Then YY = 0
If y = Int(y / 400) * 400 And M > 2 Then YY = 1  ´平年/闰年判断
YJ = 32.8
If M <= 2 Then YJ = 30.6
If YY = 0 And M > 2 Then YJ = 32.8
If YY = 1 And M > 2 Then YJ = 31.8  ´年度校正
LJ = JD / 15
HJ = h - 8 + min / 60 + sec / 3600  ´时刻及经度校正
G = Int(30.6 * M - YJ + 0.5) + D
n = G + (HJ - LJ) / 24
Text10.Text = n  ´计算积日（即日序数）
pi = 3.14159265358979
hd = pi / 180  ´角度与弧度的换算
n0 = 79.6764 + 0.2422 * (y - 1985) - Int((y - 1985) / 4)
t = n - n0
θ = 2 * pi * t / 365.2422  ´计算日角(弧度)
cw = 0.3723 + 23.2567 * Sin(θ) + 0.1149 * Sin(2 * θ) - 0.1712 * Sin(3 * θ)
    - 0.758 * Cos(θ) + 0.3656 * Cos(2 * θ) + 0.0201 * Cos(3 * θ)
```

```
Text11.Text = cw ´计算赤纬(度)
e = 0.0028 - 1.9857 * Sin(θ) + 9.9059 * Sin(2 * θ) - 7.0924 * Cos(θ) - 0.6882 *
Cos(2 * θ)
Text12.Text = e ´计算时差(min)
td = h + (min - (120 - JD) * 4) / 60
Text13.Text = td ´计算地方时(h)
zh = td + e / 60
Text14.Text = zh ´计算真太阳时(h)
r0 = 149597890 ´日地平均距离（1天文单位)
ER = 1.000423 - 0.008349 * Cos(θ) + 0.032359 * Sin(θ) + 0.000159 * Cos(2 *
θ) + 0.000086 * Sin(2 * θ)
r = Sqr(ER) * r0
Text15.Text = r ´计算日地距离（km)
sj = (zh - 12) * 15
Text16.Text = sj ´计算太阳时角(度)
z1 = Sin(WD * hd) * Sin(cw * hd) + Cos(WD * hd) * Cos(cw * hd) * Cos(sj * hd)
Arcsin = Atn(z1 / Sqr(-z1 * z1 + 1)) ´计算反正弦
gd = Arcsin / hd
Text17.Text = gd ´计算太阳高度角(度)
z2 = (Sin(gd * hd) * Sin(WD * hd) - Sin(cw * hd)) / (Cos(gd * hd) * Cos(WD *
hd))
Arccos = Atn(-z2 / Sqr(-z2 * z2 + 1)) + 2 * Atn(1) ´计算反余弦
If h < 12 Then
  fw = -Arccos / hd
Else
  fw = Arccos / hd
End If
Text18.Text = fw ´计算太阳方位角(度)
τβ1 = -Tan(cw * hd) * Tan((WD - β) * hd)
τβ2 = -Tan(cw * hd) * Tan(WD * hd)
rcsj1 = Atn(-τβ1 / Sqr(-τβ1 * τβ1 + 1)) + 2 * Atn(1)
rcsj2 = Atn(-τβ2 / Sqr(-τβ2 * τβ2 + 1)) + 2 * Atn(1)
rcsj = -rcsj2 ´计算当日水平面的日出时角(弧度)
Text19.Text = rcsj / hd
If rcsj1 <= rcsj2 Then
    τβ3 = rcsj1
Else
    τβ3 = rcsj2
```

```
End If  '取最小值
τβ = -τβ3  '计算朝向赤道的倾斜面的日出时角(弧度)
Text20.Text = τβ / hd
θ1 = Sin(cw * hd) * Sin((WD - β) * hd) + Cos(cw * hd) * Cos((WD - β) * hd)
* Cos(sj * hd)
θ2 = Atn(-θ1 / Sqr(-θ1 * θ1 + 1)) + 2 * Atn(1)  '计算朝向赤道的倾斜面入射角,
即天顶角(度)
If θ2 / hd > 90 Then  '处理由于计算时舍入误差引起的天顶角略大于90度的特殊情况
    Text21.Text = 90
    Text22.Text = 0
Else
    Text21.Text = θ2 / hd
    ht = 90 - θ2 / hd
    Text22.Text = ht  '计算朝向赤道的倾斜面入射光线高度角(度)
End If
If A = 0 Then
    trcsj = τβ / hd
    Text23.Text = trcsj
    trlsj = -τβ / hd
    Text24.Text = trlsj  '为处理倾斜面方位角为0,即朝向赤道的正南方向而设置
Else
 x1 = Cos(WD * hd) / (Sin(A * hd) * Tan(β * hd)) + Sin(WD * hd) / Tan(A * hd)
 y1 = Tan(cw * hd) * (Cos(WD * hd) / (Sin(A * hd) * Tan(β * hd)) - Sin(WD *
hd) / Tan(A * hd))
 xy1 = (-x1 * y1 - Sqr(x1 * x1 - y1 * y1 + 1)) / (x1 * x1 + 1)
 xy2 = (-x1 * y1 + Sqr(x1 * x1 - y1 * y1 + 1)) / (x1 * x1 + 1)
 τsrd1 = Atn(-xy1 / Sqr(-xy1 * xy1 + 1)) + 2 * Atn(1)
 τssd1 = Atn(-xy2 / Sqr(-xy2 * xy2 + 1)) + 2 * Atn(1)
 τsrx1 = Atn(-xy2 / Sqr(-xy2 * xy2 + 1)) + 2 * Atn(1)
 τssx1 = Atn(-xy1 / Sqr(-xy1 * xy1 + 1)) + 2 * Atn(1)
 If A <= 0 Then
   If τsrd1 <= rcsj2 Then
       τsrd = τsrd1
   Else
     τsrd = rcsj2
   End If
   trcsj = -τsrd / hd
   Text23.Text = trcsj  '计算偏东方向的日出时角(度)
```

```
    If τssd1 <= rcsj2 Then
        τssd = τssd1
    Else
     τssd = rcsj2
    End If
    trlsj = τssd / hd
    Text24.Text = trlsj '计算偏东方向的日落时角（度）
  Else
   If τsrx1 <= rcsj2 Then
        τsrx = τsrx1
   Else
        τsrx = rcsj2
   End If
   trcsj = -τsrx / hd
   Text23.Text = trcsj '计算偏西方向的日出时角（度）
   If τssx1 <= rcsj2 Then
        τssx = τssd1
   Else
        τssx = rcsj2
   End If
   trlsj = τssx / hd
   Text24.Text = trlsj '计算偏西方向的日落时角（度）
 End If
End If
Isc = 1367 '太阳常数 1367W/m2
If sj < rcsj / hd Then
    Text25.Text = "日出前辐射为0"
    Text26.Text = "日出前辐射为0"
    Text27.Text = "日出前辐射为0"
ElseIf sj > -rcsj / hd Then
    Text25.Text = "日落后辐射为0"
    Text26.Text = "日落后辐射为0"
    Text27.Text = "日落后辐射为0" '处理水平面日出前及日落后的特殊情况，判据为水平面时
角小于水平面日出时角或大于水平面日落时角
Else
    Isec = Isc / ER * (Sin(cw * hd) * Sin(WD * hd) + Cos(cw * hd) * Cos(WD * hd)
* Cos(sj * hd)) '计算大气层外水平面瞬时太阳辐射（W/m2）
    Text25.Text = Isec
```

```
    Ih = Isc * 3600 / 1000 / ER * (Sin(cw * hd) * Sin(WD * hd) + (24 / pi) * Sin(pi
/ 24) * Cos(cw * hd) * Cos(WD * hd) * Cos(sj * hd)) ´计算大气层外水平面小时太阳
辐射（KJ/(m2*h)）
    Text26.Text = Ih
    Id = (24 / pi) * Isc * 3600 / 1000000 / ER * (-rcsj * Sin(cw * hd) * Sin(WD
* hd) + Cos(cw * hd) * Cos(WD * hd) * Sin(-rcsj)) ´计算大气层外水平面日太阳辐射
（MJ/(m2*d)）
    Text27.Text = Id
End If
If sj < trcsj Then
    Text30.Text = "日出前辐射为 0"
    Text31.Text = "日出前辐射为 0"
    Text32.Text = "日出前辐射为 0"
ElseIf sj > trlsj Then
    Text30.Text = "日落后辐射为 0"
    Text31.Text = "日落后辐射为 0"
    Text32.Text = "日落后辐射为 0" ´处理倾斜面日出前及日落后的特殊情况，判据为倾斜面时
角小于倾斜面日出时角或大于倾斜面日落时角
Else
    cosθr = Sin(cw * hd) * Sin(WD * hd) * Cos(β * hd) - Sin(cw * hd) * Cos(WD
* hd) * Sin(β * hd) * Cos(A * hd) + Cos(cw * hd) * Cos(WD * hd) * Cos(β * hd)
* Cos(sj * hd) + Cos(cw * hd) * Sin(WD * hd) * Sin(β * hd) * Cos(A * hd) * Cos(sj
* hd) + Cos(cw * hd) * Sin(β * hd) * Sin(A * hd) * Sin(sj * hd)
    θr = Atn(-cosθr / Sqr(-cosθr * cosθr + 1)) + 2 * Atn(1) ´计算处于任何地
理位置、任何季节、任何时候、太阳集热器处于任何位置上的太阳入射角（弧度）
    Itsec = Isc / ER * cosθr ´计算大气层外倾斜面瞬时太阳辐射（W/m2）
    Text30.Text = Itsec
    Ith = Isc * 3600 / 1000 / ER * (Sin(cw * hd) * Sin(WD * hd) * Cos(β * hd)
- Sin(cw * hd) * Cos(WD * hd) * Sin(β * hd) * Cos(A * hd) + (24 / pi) * Sin(pi
/ 24) * Cos(cw * hd) * (Cos(WD * hd) * Cos(β * hd) * Cos(sj * hd) + Sin(WD *
hd) * Sin(β * hd) * Cos(A * hd) * Cos(sj * hd) + Sin(β * hd) * Sin(A * hd)
* Sin(sj * hd))) ´计算大气层外倾斜面小时太阳辐射（KJ/(m2*h)）
    Text31.Text = Ith
    Itd = (24 / pi) * Isc * 3600 / 1000000 / ER * (trlsj * hd * (Sin(cw * hd)
* Sin(WD * hd) * Cos(β * hd) - Sin(cw * hd) * Cos(WD * hd) * Sin(β * hd) *
Cos(A * hd)) + Cos(cw * hd) * (Cos(WD * hd) * Cos(β * hd) * Sin(trlsj * hd)
+ Sin(WD * hd) * Sin(β * hd) * Cos(A * hd) * Sin(trlsj * hd) - Sin(β * hd)
* Sin(A * hd) * Cos(trlsj * hd) + Sin(β * hd) * Sin(A * hd))) ´计算大气层外倾
```

斜面日太阳辐射（MJ/(m2*d)）

```
  Text32.Text = Itd
End If
DL = -2 * (rcsj / hd) / 15
Text33.Text = DL
End Sub


Private Sub Command3_Click()
Dim y As Integer, M As Integer, D As Integer, YY As Integer
Dim h As Integer, min As Integer, sec As Integer, JD As Single, WD As Single,
BJD As Single
Dim n As Integer, hd As Double, pi As Double, B As Double, e As Double
Dim zh As Double, sj As Double, gd As Double, cw As Double, fw As Double, z1
As Double, z2 As Double
Dim YJ As Single, LJ As Single, HJ As Single, G As Single, n0 As Double, t As
Double, θ As Double
Dim td As Single, r As Single, ER As Single, r0 As Single, θt As Single, ht
As Single, β As Single, τβ As Single, A As Single
Dim θ1 As Single, θ2 As Single, τβ1 As Single, τβ2 As Single, τβ3 As Single,
rcsj As Single, rcsj1 As Single, rcsj2 As Single
Dim Arcsin As Double, Arccos As Double, x1 As Single, y1 As Single, τsrd As
Single, τssd As Single, τsrx As Single, τssx As Single
Dim xy1 As Single, xy2 As Single, τsrd1 As Single, τssd1 As Single, τsrx1 As
Single, τssx1 As Single
Dim Isc As Single, Isec As Single, Ih As Single, Id As Single, Itsec As Single,
Ith As Single, Itd As Single, DL As Single
Dim trcsj As Single, trlsj As Single, cosθr As Single, θr As Single
Dim MyDate, MyYear, MyMonth, MyDay, MyTime
MyDate = Date
MyYear = Year(MyDate)
Text1.Text = MyYear
MyMonth = Month(MyDate)
Text2.Text = MyMonth
MyDay = Day(MyDate)
Text3.Text = MyDay
MyTime = Time
MyHour = Hour(MyTime)
Text4.Text = MyHour
```

```
MyMinute = Minute(MyTime)
Text5.Text = MyMinute
MySecond = Second(MyTime)
Text6.Text = MySecond
Text7.Text = 121.212222576141
Text8.Text = 31.2884922944579
Text9.Text = 120
If Text1.Text = "" Or Text2.Text = "" Or Text3.Text = "" Or Text7.Text = ""
Or Text8.Text = "" Or Text9.Text = "" Then
Form1.Hide
Form3.Show
End If
If Text4.Text = "" Then Text4.Text = 0
If Text5.Text = "" Then Text5.Text = 0
If Text6.Text = "" Then Text6.Text = 0
If Text28.Text = "" Then Text28.Text = 0
If Text29.Text = "" Then Text29.Text = 0
y = Val(Text1.Text)
M = Val(Text2.Text)
D = Val(Text3.Text)
h = Val(Text4.Text)
min = Val(Text5.Text)
sec = Val(Text6.Text)
JD = Val(Text7.Text)
WD = Val(Text8.Text)
BJD = Val(Text9.Text)
β = Val(Text28.Text)
A = Val(Text29.Text)
If M < 0 Or M > 12 Then
   Form1.Hide
   Form4.Show
End If
If D < 0 Or D > 31 Then
   Form1.Hide
   Form4.Show
End If
If h < 0 Or h > 24 Then
   Form1.Hide
```

```
      Form4.Show
End If
If min < 0 Or min > 60 Then
      Form1.Hide
      Form4.Show
End If
If sec < 0 Or sec > 60 Then
      Form1.Hide
      Form4.Show
End If
If JD < -180 Or JD > 180 Then
      Form1.Hide
      Form4.Show
End If
If WD < -90 Or WD > 90 Then
      Form1.Hide
      Form4.Show
End If
If BJD < -180 Or BJD > 180 Then
      Form1.Hide
      Form4.Show
End If
If β < 0 Or β > 90 Then
      Form1.Hide
      Form4.Show
End If
If A < -360 Or A > 360 Then
      Form1.Hide
      Form4.Show
End If '判断输入参数的合理性
YY = 0
If y = Int(y / 4) * 4 Then YY = 1
If y = Int(y / 100) * 100 And M > 2 Then YY = 0
If y = Int(y / 400) * 400 And M > 2 Then YY = 1 '平年/闰年判断
YJ = 32.8
If M <= 2 Then YJ = 30.6
If YY = 0 And M > 2 Then YJ = 32.8
If YY = 1 And M > 2 Then YJ = 31.8 '年度校正
```

```
LJ = JD / 15
HJ = h - 8 + min / 60 + sec / 3600 '时刻及经度校正
G = Int(30.6 * M - YJ + 0.5) + D
n = G + (HJ - LJ) / 24
Text10.Text = n '计算积日（即日序数）
pi = 3.14159265358979
hd = pi / 180 '角度与弧度的换算
n0 = 79.6764 + 0.2422 * (y - 1985) - Int((y - 1985) / 4)
t = n - n0
θ = 2 * pi * t / 365.2422 '计算日角(弧度)
cw = 0.3723 + 23.2567 * Sin(θ) + 0.1149 * Sin(2 * θ) - 0.1712 * Sin(3 * θ)
 - 0.758 * Cos(θ) + 0.3656 * Cos(2 * θ) + 0.0201 * Cos(3 * θ)
Text11.Text = cw '计算赤纬(度)
e = 0.0028 - 1.9857 * Sin(θ) + 9.9059 * Sin(2 * θ) - 7.0924 * Cos(θ) - 0.6882
 * Cos(2 * θ)
Text12.Text = e '计算时差(min)
td = h + (min - (120 - JD) * 4) / 60
Text13.Text = td '计算地方时(h)
zh = td + e / 60
Text14.Text = zh '计算真太阳时(h)
r0 = 149597890 '日地平均距离（1天文单位）
ER = 1.000423 - 0.008349 * Cos(θ) + 0.032359 * Sin(θ) + 0.000159 * Cos(2 *
θ) + 0.000086 * Sin(2 * θ)
r = Sqr(ER) * r0
Text15.Text = r '计算日地距离（km）
sj = (zh - 12) * 15
Text16.Text = sj '计算太阳时角(度)
z1 = Sin(WD * hd) * Sin(cw * hd) + Cos(WD * hd) * Cos(cw * hd) * Cos(sj * hd)
Arcsin = Atn(z1 / Sqr(-z1 * z1 + 1)) '计算反正弦
gd = Arcsin / hd
Text17.Text = gd '计算太阳高度角(度)
z2 = (Sin(gd * hd) * Sin(WD * hd) - Sin(cw * hd)) / (Cos(gd * hd) * Cos(WD *
hd))
Arccos = Atn(-z2 / Sqr(-z2 * z2 + 1)) + 2 * Atn(1) '计算反余弦
If h < 12 Then
  fw = -Arccos / hd
Else
 fw = Arccos / hd
```

```
End If
Text18.Text = fw ´计算太阳方位角(度)
τβ1 = -Tan(cw * hd) * Tan((WD - β) * hd)
τβ2 = -Tan(cw * hd) * Tan(WD * hd)
rcsj1 = Atn(-τβ1 / Sqr(-τβ1 * τβ1 + 1)) + 2 * Atn(1)
rcsj2 = Atn(-τβ2 / Sqr(-τβ2 * τβ2 + 1)) + 2 * Atn(1)
rcsj = -rcsj2 ´计算当日水平面的日出时角(弧度)
Text19.Text = rcsj / hd
If rcsj1 <= rcsj2 Then
    τβ3 = rcsj1
Else
    τβ3 = rcsj2
End If ´取最小值
τβ = -τβ3 ´计算朝向赤道的倾斜面的日出时角(弧度)
Text20.Text = τβ / hd
θ1 = Sin(cw * hd) * Sin((WD - β) * hd) + Cos(cw * hd) * Cos((WD - β) * hd)
* Cos(sj * hd)
θ2 = Atn(-θ1 / Sqr(-θ1 * θ1 + 1)) + 2 * Atn(1) ´计算朝向赤道的倾斜面入射角,
即天顶角(度)
If θ2 / hd > 90 Then ´处理由于计算时舍入误差引起的天顶角略大于90度的特殊情况
  Text21.Text = 90
  Text22.Text = 0
Else
  Text21.Text = θ2 / hd
  ht = 90 - θ2 / hd
  Text22.Text = ht ´计算朝向赤道的倾斜面入射光线高度角(度)
End If
If A = 0 Then
  trcsj = τβ / hd
  Text23.Text = trcsj
  trlsj = -τβ / hd
  Text24.Text = trlsj ´为处理倾斜面方位角为0,即朝向赤道的正南方向而设置
Else
 x1 = Cos(WD * hd) / (Sin(A * hd) * Tan(β * hd)) + Sin(WD * hd) / Tan(A * hd)
 y1 = Tan(cw * hd) * (Cos(WD * hd) / (Sin(A * hd) * Tan(β * hd)) - Sin(WD *
 hd) / Tan(A * hd))
 xy1 = (-x1 * y1 - Sqr(x1 * x1 - y1 * y1 + 1)) / (x1 * x1 + 1)
 xy2 = (-x1 * y1 + Sqr(x1 * x1 - y1 * y1 + 1)) / (x1 * x1 + 1)
```

```
τsrd1 = Atn(-xy1 / Sqr(-xy1 * xy1 + 1)) + 2 * Atn(1)
τssd1 = Atn(-xy2 / Sqr(-xy2 * xy2 + 1)) + 2 * Atn(1)
τsrx1 = Atn(-xy2 / Sqr(-xy2 * xy2 + 1)) + 2 * Atn(1)
τssx1 = Atn(-xy1 / Sqr(-xy1 * xy1 + 1)) + 2 * Atn(1)
If A <= 0 Then
 If τsrd1 <= rcsj2 Then
    τsrd = τsrd1
 Else
    τsrd = rcsj2
 End If
 trcsj = -τsrd / hd
 Text23.Text = trcsj '计算偏东方向的日出时角（度）
 If τssd1 <= rcsj2 Then
    τssd = τssd1
 Else
    τssd = rcsj2
 End If
 trlsj = τssd / hd
 Text24.Text = trlsj '计算偏东方向的日落时角（度）
 Else
 If τsrx1 <= rcsj2 Then
    τsrx = τsrx1
 Else
    τsrx = rcsj2
 End If
 trcsj = -τsrx / hd
 Text23.Text = trcsj '计算偏西方向的日出时角（度）
 If τssx1 <= rcsj2 Then
    τssx = τssd1
 Else
    τssx = rcsj2
 End If
 trlsj = τssx / hd
 Text24.Text = trlsj '计算偏西方向的日落时角（度）
 End If
End If
Isc = 1367 '太阳常数1367W/m2
If sj < rcsj / hd Then
```

```
  Text25.Text = "日出前辐射为 0"
  Text26.Text = "日出前辐射为 0"
  Text27.Text = "日出前辐射为 0"
ElseIf sj > -rcsj / hd Then
  Text25.Text = "日落后辐射为 0"
  Text26.Text = "日落后辐射为 0"
  Text27.Text = "日落后辐射为 0" '处理水平面日出前及日落后的特殊情况, 判据为水平面时角
小于水平面日出时角或大于水平面日落时角
Else
  Isec = Isc / ER * (Sin(cw * hd) * Sin(WD * hd) + Cos(cw * hd) * Cos(WD * hd)
* Cos(sj * hd)) '计算大气层外水平面瞬时太阳辐射 (W/m2)
  Text25.Text = Isec
  Ih = Isc * 3600 / 1000 / ER * (Sin(cw * hd) * Sin(WD * hd) + (24 / pi) * Sin(pi
/ 24) * Cos(cw * hd) * Cos(WD * hd) * Cos(sj * hd)) '计算大气层外水平面小时太阳
辐射 (KJ/(m2*h))
  Text26.Text = Ih
  Id = (24 / pi) * Isc * 3600 / 1000000 / ER * (-rcsj * Sin(cw * hd) * Sin(WD
* hd) + Cos(cw * hd) * Cos(WD * hd) * Sin(-rcsj)) '计算大气层外水平面日太阳辐射
(MJ/(m2*d))
  Text27.Text = Id
End If
If sj < trcsj Then
    Text30.Text = "日出前辐射为 0"
    Text31.Text = "日出前辐射为 0"
    Text32.Text = "日出前辐射为 0"
ElseIf sj > trlsj Then
    Text30.Text = "日落后辐射为 0"
    Text31.Text = "日落后辐射为 0"
    Text32.Text = "日落后辐射为 0" '处理倾斜面日出前及日落后的特殊情况, 判据为倾斜面时角
小于倾斜面日出时角或大于倾斜面日落时角
Else
    cosθr = Sin(cw * hd) * Sin(WD * hd) * Cos(β * hd) - Sin(cw * hd) * Cos(WD
* hd) * Sin(β * hd) * Cos(A * hd) + Cos(cw * hd) * Cos(WD * hd) * Cos(β * hd)
* Cos(sj * hd) + Cos(cw * hd) * Sin(WD * hd) * Sin(β * hd) * Cos(A * hd) * Cos(sj
* hd) + Cos(cw * hd) * Sin(β * hd) * Sin(A * hd) * Sin(sj * hd)
    θr = Atn(-cosθr / Sqr(-cosθr * cosθr + 1)) + 2 * Atn(1) '计算处于任何地
理位置、任何季节、任何时候、太阳集热器处于任何位置上的太阳入射角 (弧度)
    Itsec = Isc / ER * cosθr '计算大气层外倾斜面瞬时太阳辐射 (W/m2)
```

```
   Text30.Text = Itsec
   Ith = Isc * 3600 / 1000 / ER * (Sin(cw * hd) * Sin(WD * hd) * Cos(β * hd)
- Sin(cw * hd) * Cos(WD * hd) * Sin(β * hd) * Cos(A * hd) + (24 / pi) * Sin(pi
/ 24) * Cos(cw * hd) * (Cos(WD * hd) * Cos(β * hd) * Cos(sj * hd) + Sin(WD *
hd) * Sin(β * hd) * Cos(A * hd) * Cos(sj * hd) + Sin(β * hd) * Sin(A * hd)
* Sin(sj * hd)))  '计算大气层外倾斜面小时太阳辐射（KJ/(m2*h)）
   Text31.Text = Ith
   Itd = (24 / pi) * Isc * 3600 / 1000000 / ER * (trlsj * hd * (Sin(cw * hd)
* Sin(WD * hd) * Cos(β * hd) - Sin(cw * hd) * Cos(WD * hd) * Sin(β * hd) *
Cos(A * hd)) + Cos(cw * hd) * (Cos(WD * hd) * Cos(β * hd) * Sin(trlsj * hd)
+ Sin(WD * hd) * Sin(β * hd) * Cos(A * hd) * Sin(trlsj * hd) - Sin(β * hd)
* Sin(A * hd) * Cos(trlsj * hd) + Sin(β * hd) * Sin(A * hd)))  '计算大气层外倾
斜面日太阳辐射（MJ/(m2*d)）
   Text32.Text = Itd
End If
DL = -2 * (rcsj / hd) / 15
Text33.Text = DL
End Sub
Private Sub Command4_Click()
Form1.Hide
Form2.Show
End Sub
```

附录二 基于神经网络的太阳散射辐射求解 MATLAB 工具箱源程序

附 2.1 AA_NN_diffradi_ratio 函数源程序

```
function [ output_ratio_diffradi,out_para,out_hiddennum ] =
AA_NN_diffradi_ratio...
   (train_data,train_ans,test_data,test_ans,net_num,hiddenlayer_num)
%AA_NN_diffradi_ratio 该函数用来调用其他的神经网络模型计算程序并执行，输出结果，具体调
用哪一个神经网络根据参数确定，此函数不涉及具体的运算过程

% 确定调用哪一个神经网络模型，用一个代号 net_num 来表示
% 1       input     BP主成分分析
% 2       input     Elman网络
% 6       input     遗传算法
% train_data            input    训练数据
% train_ans             input    训练数据所对应的实测值
% test_data             input    测试数据
% test_ans              input    测试数据所对应的实测值
% hiddenlayer_num       input    设置寻优的隐含层层数

% output_ratio_diffradi    output    模型计算值输出
% out_para                 output    模型计算值与实测值之间的统计参数
% out_hiddennum            output    模型最佳隐含层数，对于网络模型不受
% 隐含层数限制或采用其他优化方法的模型，该值输出为nan

if net_num == 1
     [ output_ratio_diffradi,out_para,out_hiddennum ] =
main_PCA_prediction...
        ( train_data,train_ans,test_data,test_ans,hiddenlayer_num );

else if net_num == 2
          [ output_ratio_diffradi,out_para,out_hiddennum ] =
main_Elman_prediction( train_data,train_ans,test_data,test_ans,hiddenlayer_
```

```
num );

    else
        [ output_ratio_diffradi,out_para,out_hiddennum ] ...
=mian_genetic_prediction( train_data,train_ans,test_data,test_ans,hiddenla
yer_num );

    end
end

end
```

附 2.2　AA_NN_diffradi_ratio_cal 函数源程序

```
function [ output_ratio_diffradi,out_hiddennum ] =
AA_NN_diffradi_ratio_cal( train_data,...
    train_ans,test_data,net_num,hiddenlayer_num )
%AA_NN_diffradi_ratio_cal 此函数用来计算输入不带测试数据所对应的实际测量值的日散射
比，该函数用来调用其他的神经网络模型计算程序并执行，输出结果，具体调用哪一个神经网络根据
参数确定，此函数不涉及具体的运算过程

% 确定调用哪一个神经网络模型，用一个代号 net_num 来表示
% 1        input     BP主成分分析
% 2        input     Elman网络
% 6        input     遗传算法

% train_data               input    训练数据
% train_ans                input    训练数据所对应的实测值
% test_data                input    测试数据
% test_ans                 input    测试数据所对应的实测值
% hiddenlayer_num          input    设置寻优的隐含层层数
% output_ratio_diffradi    output   模型对测试数据的计算值
if net_num == 1

[ output_ratio_diffradi,out_hiddennum]=main_PCA_prediction_cal( train_data,
train_ans,...
            test_data,hiddenlayer_num );
```

```
else if net_num == 2
          [ output_ratio_diffradi,out_hiddennum ] =
main_Elman_prediction_cal( train_data,...
          train_ans,test_data,hiddenlayer_num );

  else
    [ output_ratio_diffradi,out_hiddennum ] = ...
main_genetic_prediction_cal( train_data,train_ans,test_data,hiddenlayer_nu
m );
  end
end


end
```

附 2.3　　BP 主成分分析神经网络模型函数源程序

附 2.3.1　main_PCA_prediction 函数源程序

```
function [ output_ratio_diffradi,out_para,out_hiddennum ] = ...
    main_PCA_prediction( train_data,train_ans,test_data,test_ans,...
    the_hiddenlayer_num )
%main_PCA_prediction 进行有关 BP 算法主成分分析的相关计算

best_para = struct('E',0,'MPE',0,'MAPE',0,'RSE',0,'MBE',...
    0,'RMSE',0,'NSE',0,'t_stat',0,'R',0);
best_hiddennum = 0;

% 设置参数
rng('default')   %保证每次启动 MATLAB 时，生成的随机数序列是相同的
rng(0)
nTrainNum = size(train_data,1);
Total_num = size(train_data,1)+size(test_data,1);  %数据总数
nSampDim = size(train_data,2);
test_num=Total_num-nTrainNum;     %求得验证数据的数目
% 隐含层数目
hiddennum=the_hiddenlayer_num;

%在此需要将 train_data 转换为训练数据
R=cov(train_data);  %协方差矩阵
```

%求协方差矩阵 R 的全部特征值和对应的特征向量，并根据特征值由大到小进行排序

```
[A,L]=eig(R);

Lambda=diag(L);    %对角矩阵或矩阵的对角线
```

%将 Lambda 进行排序，Num1 中的每一个数代表现在 Lambda 中的每一个数在原来矩阵的位置（行或列）

```
[Lambda,Num1]=sort(Lambda,´descend´);
A=A(:,Num1);
```

%得到方差由大至小排序的主成分，其中方差的大小即为特征值

```
Y=train_data*A;
```

%计算超过 0.85 的方差累积序号

```
cumEnergy=cumsum(Lambda);
Energy=cumEnergy(nSampDim);
nE=find(cumEnergy/Energy>0.85,1);
```

% 利用 BP 神经网络进行训练

```
YChoose=train_data*A(:,1:nE);
P=YChoose(1:nTrainNum,:)´;    %得到输入量
%% 创建一个 BP 神经网络
for i=1:hiddennum
    net=newff(minmax(P),[nE,i,1],{´tansig´,´tansig´,´tansig´},...
    ´trainlm´,´learngdm´,´msereg´);
```

%对神经网络进行初始化，初始化的目的是使神经网络的权值和阈值等参数达到一个
%较好的初始状态

```
net=init(net);
```

%对神经网络进行训练

```
net.performFcn=´sse´;
net.trainParam.goal=0.01;
net.trainParam.show=20;
net.trainParam.epochs=5000;
net.trainParam.mc=0.95;
[net,tr]=train(net,P,train_ans´);
```

%% 用训练好的神经网络检验剩下的数据，具体代码如下：

```
    YChoose1=test_data*A(:,1:nE);
    P1=YChoose1(1:test_num,:)´;
    show_test_out=sim(net,P1);

    %% 在此计算各种统计参数
    statis_para_show = statis_para_calcu(show_test_out,test_ans´,test_num);
    [best_para,best_hiddennum] = ...
        para_compar_selec(best_para,statis_para_show,best_hiddennum,i);

    fprintf(´隐含层数为%d\n´,i);
end

% 函数输出
output_ratio_diffradi = show_test_out;
out_para = best_para;
out_hiddennum = best_hiddennum;

fprintf(´BP算法主成分分析神经网络各项统计参数如下：\n´);
fprintf(´BP算法主成分分析神经网络最优隐含层数为%d\n´,best_hiddennum);
fprintf(´平均误差百分比为%d\n´,best_para.MPE);
fprintf(´平均绝对百分比误差为%d\n´,best_para.MAPE);
fprintf(´相对标准误差为%d\n´,best_para.RSE);
fprintf(´均值偏移误差为%d\n´,best_para.MBE);
fprintf(´均方根误差为%d\n´,best_para.RMSE);
fprintf(´Nash-Sutcliffe因子为%d\n´,best_para.NSE);
fprintf(´t_stat参数为%d\n´,best_para.t_stat);
fprintf(´相关系数为%d\n´,best_para.R);
end
```

附 2.3.2　main_PCA_prediction_cal 函数源程序

```
function [ output_ratio_diffradi,out_hiddennum ] = ...

main_PCA_prediction_cal(train_data,train_ans,test_data,the_hiddenlayer_num)
%main_PCA_prediction_cal 此处显示有关此函数的摘要

best_para = struct(´E´,0,´MPE´,0,´MAPE´,0,´RSE´,0,´MBE´,...
    0,´RMSE´,0,´NSE´,0,´t_stat´,0,´R´,0);
```

```
best_hiddennum = 0;

% 设置参数
rng('default') %保证每次启动 MATLAB 时，生成的随机数序列是相同的
rng(0)
nTrainNum = size(train_data,1);
Total_num = size(train_data,1)+size(test_data,1); %数据总数
nSampDim = size(train_data,2);
test_num=Total_num-nTrainNum;      %求得验证数据的数目
% 隐含层数目
hiddennum=the_hiddenlayer_num;

%在此需要将train_data转换为训练数据
R=cov(train_data);   %协方差矩阵

%求协方差矩阵R的全部特征值和对应的特征向量，并根据特征值由大到小进排序
[A,L]=eig(R);

Lambda=diag(L);    %对角矩阵或矩阵的对角线

%将Lambda进行排序，Num1中的每一个数代表现在Lambda中的每一个数在原来矩阵的位置（行或列）
[Lambda,Num1]=sort(Lambda,'descend');
A=A(:,Num1);

%得到方差由大至小排序的主成分，其中方差的大小即为特征值
Y=train_data*A;

%计算超过0.85的方差累积序号
cumEnergy=cumsum(Lambda);
Energy=cumEnergy(nSampDim);
nE=find(cumEnergy/Energy>0.85,1);

% 利用BP神经网络进行训练
YChoose=train_data*A(:,1:nE);
P=YChoose(1:nTrainNum,:)';     %得到输入量

%% 创建一个BP神经网络
```

```
for i=1:hiddennum
    net=newff(minmax(P),[nE,i,1],{'tansig','tansig','tansig'},...
        'trainlm','learngdm','msereg');
    %对神经网络进行初始化，初始化的目的是使神经网络的权值和阈值等参数达到一个
    %较好的初始状态
    net=init(net);

    %对神经网络进行训练
    net.performFcn='sse';
    net.trainParam.goal=0.01;
    net.trainParam.show=20;
    net.trainParam.epochs=5000;
    net.trainParam.mc=0.95;
    [net,tr]=train(net,P,train_ans');

    %在此对网络进行比较
    show_test_out = sim(net,P);
    statis_para_show=statis_para_calcu(show_test_out,train_ans',test_num);
    [best_para,best_hiddennum] = ...
        para_compar_selec(best_para,statis_para_show,best_hiddennum,i);
    fprintf('隐含层数为%d\n',i);

end


% 用训练好的神经网络检验剩下的数据，具体代码如下：
net=newff(minmax(P),[nE,best_hiddennum,1],{'tansig','tansig','tansig'},...
        'trainlm','learngdm','msereg');
YChoose1=test_data*A(:,1:nE);
P1=YChoose1(1:test_num,:)';
show_test_out=sim(net,P1);

% 函数输出
output_ratio_diffradi = show_test_out;
out_hiddennum = best_hiddennum;


End
```

附 2.4　Elman 神经网络模型函数源程序

附 2.4.1　main_Elman_prediction 函数源程序

```
function [ output_ratio_diffradi,out_para,out_hiddennum ] =
main_Elman_prediction...
    (train_data,train_ans,test_data,test_ans,the_hiddenlayer_num )
%main_Elman_prediction 此函数用来计算Elman网络的输出

best_para = struct('E',0,'MPE',0,'MAPE',0,'RSE',0,'MBE',...
    0,'RMSE',0,'NSE',0,'t_stat',0,'R',0);
best_hiddennum = 0;
hiddennum = the_hiddenlayer_num;

% 设置参数
rng('default') %保证每次启动MATLAB时，生成的随机数序列是相同的
rng(0)
nTrainNum = size(train_data,1);
Total_num = size(train_data,1)+size(test_data,1); %数据总数
nSampDim = size(train_data,2);
test_num=Total_num-nTrainNum;     %求得验证数据的数目
threshold = [0 1;0 1;0 1;0 1;0 1;0 1];

for hiddenlay_num=1:hiddennum
    % 建立 Elman 神经网络
    % 在下边的 newelm 函数中，[hiddennum,1]中的1表示输出是1维的
    net = newelm(threshold,[hiddenlay_num,1],{'tansig','purelin'});
    %设置网络训练参数
    net.trainparam.epochs = 1000;
    net.trainparam.show = 20;
    %初始化网络
    net = init(net);
    % Elman网络训练
    net = train(net,train_data',train_ans');

    %预测数据
    show_test_out = sim(net,test_data');
```

```
%% 在此计算各种统计参数
statis_para_show = statis_para_calcu(show_test_out,test_ans´,test_num);
[best_para,best_hiddennum] = ...

para_compar_selec(best_para,statis_para_show,best_hiddennum,hiddenlay_num);

    fprintf(´隐含层数为%d\n´,hiddenlay_num);
end

% 函数输出
output_ratio_diffradi = show_test_out;
out_para = best_para;
out_hiddennum = best_hiddennum;

fprintf(´Elman神经网络各项统计参数如下：\n´);
fprintf(´Elman神经网络模型最优隐含层数为%d\n´,best_hiddennum);
fprintf(´平均误差百分比为%d\n´,best_para.MPE);
fprintf(´平均绝对百分比误差为%d\n´,best_para.MAPE);
fprintf(´相对标准误差为%d\n´,best_para.RSE);
fprintf(´均值偏移误差为%d\n´,best_para.MBE);
fprintf(´均方根误差为%d\n´,best_para.RMSE);
fprintf(´Nash-Sutcliffe因子为%d\n´,best_para.NSE);
fprintf(´t_stat参数为%d\n´,best_para.t_stat);
fprintf(´相关系数为%d\n´,best_para.R);
end
```

附 2.4.2　main_Elman_prediction_cal 函数源程序

```
function [ output_ratio_diffradi,out_hiddennum ] =
main_Elman_prediction_cal( train_data,...
        train_ans,test_data,the_hiddenlayer_num )
%main_Elman_prediction_cal 此函数用来计算Elman网络的输出

best_para = struct(´E´,0,´MPE´,0,´MAPE´,0,´RSE´,0,´MBE´,...
    0,´RMSE´,0,´NSE´,0,´t_stat´,0,´R´,0);
best_hiddennum = 0;
hiddennum = the_hiddenlayer_num;

% 设置参数
```

```
rng('default') %保证每次启动MATLAB时，生成的随机数序列是相同的
rng(0)
nTrainNum = size(train_data,1);
Total_num = size(train_data,1)+size(test_data,1); %数据总数
nSampDim = size(train_data,2);
test_num=Total_num-nTrainNum;    %求得验证数据的数目
threshold = [0 1;0 1;0 1;0 1;0 1;0 1];


for hiddenlay_num=1:hiddennum
    % 建立Elman神经网络
    % 在下边的newelm函数中，[hiddennum,1]中的1表示输出是1维的
    net = newelm(threshold,[hiddenlay_num,1],{'tansig','purelin'});
    % 设置网络训练参数
    net.trainparam.epochs = 1000;
    net.trainparam.show = 20;
    % 初始化网络
    net = init(net);
    % Elman网络训练
    net = train(net,train_data',train_ans');

    show_test_out = sim(net,train_data');

    % 在此计算各种统计参数
    statis_para_show =
statis_para_calcu(show_test_out,train_ans',nTrainNum);
    [best_para,best_hiddennum] = ...

para_compar_selec(best_para,statis_para_show,best_hiddennum,hiddenlay_num);

    fprintf('隐含层数为%d\n',hiddenlay_num);
end

% 预测数据
net = newelm(threshold,[best_hiddennum,1],{'tansig','purelin'});
show_test_out = sim(net,test_data');

% 函数输出
output_ratio_diffradi = show_test_out;
```

```
out_hiddennum = best_hiddennum;
end
```

附 2.5　遗传算法神经网络模型函数源程序

附 2.5.1　main_genetic_prediction 函数源程序

```
function [ output_ratio_diffradi,out_para,out_hiddennum ] = ...
    main_genetic_prediction( train_data,train_ans,test_data,test_ans,...
    the_hiddenlayer_num )
%main_genetic_prediction 此函数用来计算遗传神经网络模型的输出

best_para = struct('E',0,'MPE',0,'MAPE',0,'RSE',0,'MBE',...
    0,'RMSE',0,'NSE',0,'t_stat',0,'R',0);
best_hiddennum = 0;

% 设置参数
rng('default') %保证每次启动MATLAB时，生成的随机数序列是相同的
rng(0)
nTrainNum = size(train_data,1);
Total_num = size(train_data,1)+size(test_data,1); %数据总数
nSampDim = size(train_data,2);
test_num=Total_num-nTrainNum;       %求得验证数据的数目

%节点个数
hiddenlayer_num = the_hiddenlayer_num;
outputnum = 1;

%% 遗传算法参数初始化
maxgen=50;               %进化代数，即迭代次数
sizepop=10;              %种群规模
pcross=0.3;              %交叉概率选择，0和1之间
pmutation=0.1;           %变异概率选择，0和1之间

% 对不同层数的隐含层进行循环，以找到最好的隐含层
for hiddennum=1:hiddenlayer_num
    %构建网络
    net=newff(train_data',train_ans',hiddennum);
```

```
%节点总数
numsum=nSampDim*hiddennum+hiddennum+hiddennum*outputnum+outputnum;

    lenchrom=ones(1,numsum);
    bound=[-3*ones(numsum,1) 3*ones(numsum,1)];    %数据范围

%种群初始化
%将种群信息定义为一个结构体
individuals=struct('fitness',zeros(1,sizepop), 'chrom',[]);

%初始化种群
for i=1:sizepop
        %随机产生一个种群
%编码（binary和grey的编码结果为一个实数，float的编码结果为一个实数向量）
individuals.chrom(i,:)=code(lenchrom,bound);
x=individuals.chrom(i,:);
%计算适应度
%染色体的适应度
individuals.fitness(i)=genetic_fitness_fun(x,nSampDim,...
        hiddennum,outputnum,net,train_data',train_ans');
end

%找最好的染色体
[bestfitness,bestindex]=min(individuals.fitness);
bestchrom=individuals.chrom(bestindex,:);    %最好的染色体
avgfitness=sum(individuals.fitness)/sizepop; %染色体的平均适应度
%记录每一代进化中最好的适应度和平均适应度
trace=[avgfitness bestfitness];

%% 迭代求解最佳初始阀值和权值
% 进化开始
for i=1:maxgen
        % 选择
        individuals=select(individuals,sizepop);
        % 交叉

individuals.chrom=cross(pcross,lenchrom,individuals.chrom,sizepop,bound);
        % 变异
```

```matlab
        individuals.chrom=mutation(pmutation,lenchrom,...
            individuals.chrom,sizepop,i,maxgen,bound);

        % 计算适应度
        for j=1:sizepop
            x=individuals.chrom(j,:);  %解码
            individuals.fitness(j)=...

genetic_fitness_fun(x,nSampDim,hiddennum,outputnum,net,...
                train_data',train_ans');
        end

        %找到最小和最大适应度的染色体及它们在种群中的位置
        [newbestfitness,newbestindex]=min(individuals.fitness);
        % 代替上一次进化中最好的染色体
        if bestfitness>newbestfitness
            bestfitness=newbestfitness;
            bestchrom=individuals.chrom(newbestindex,:);
        end

        avgfitness=sum(individuals.fitness)/sizepop;
    %fprintf('第%d次迭代，最佳适应度为%d,平均适应度
为%d\n',i,bestfitness,avgfitness);
        %记录每一代进化中最好的适应度和平均适应度
            trace=[trace;avgfitness bestfitness];
        end

    x=bestchrom;

    %% 把最优初始阈值权值赋予网络预测
    % %用遗传算法优化的BP网络进行值预测
    w1=x(1:nSampDim*hiddennum);
    B1=x(nSampDim*hiddennum+1:nSampDim*hiddennum+hiddennum);
  w2=x(nSampDim*hiddennum+hiddennum+1:nSampDim*hiddennum+hiddennum+...
      hiddennum*outputnum);
    B2=x(nSampDim*hiddennum+hiddennum+hiddennum*outputnum+...
1:nSampDim*hiddennum+hiddennum+hiddennum*outputnum+outputnum);
```

```matlab
    net.iw{1,1}=reshape(w1,hiddennum,nSampDim);
    net.lw{2,1}=reshape(w2,outputnum,hiddennum);
    net.b{1}=reshape(B1,hiddennum,1);
    net.b{2}=B2;

    %% BP网络训练
    %网络进化参数
    net.trainParam.epochs=100;
    net.trainParam.lr=0.1;
    %net.trainParam.goal=0.00001;

    %网络训练
    [net,per2]=train(net,train_data´,train_ans´);

    %% BP网络预测
    %数据归一化
    an=sim(net,test_data´);
    error=an-test_ans´;
    show_test_out = an;

    %% 在此计算各种统计参数
    statis_para_show = statis_para_calcu(show_test_out,test_ans´,test_num);
    [best_para,best_hiddennum] = ...

para_compar_selec(best_para,statis_para_show,best_hiddennum,hiddennum);

    fprintf(´隐含层数为%d\n´,hiddennum);
end

% 函数输出
output_ratio_diffradi = show_test_out;
out_para = best_para;
out_hiddennum = best_hiddennum;

fprintf(´遗传神经网络各项统计参数如下：\n´);
fprintf(´遗传神经网络最优隐含层数为%d\n´,best_hiddennum);
fprintf(´平均误差百分比为%d\n´,best_para.MPE);
fprintf(´平均绝对百分比误差为%d\n´,best_para.MAPE);
```

```
fprintf('相对标准误差为%d\n',best_para.RSE);
fprintf('均值偏移误差为%d\n',best_para.MBE);
fprintf('均方根误差为%d\n',best_para.RMSE);
fprintf('Nash-Sutcliffe因子为%d\n',best_para.NSE);
fprintf('t_stat参数为%d\n',best_para.t_stat);
fprintf('相关系数为%d\n',best_para.R);
end
```

附 2.5.2   main_genetic_prediction_cal 函数源程序

```
function [ output_ratio_diffradi,out_hiddennum ] = ...
    main_genetic_prediction_cal( train_data,train_ans,...
                                test_data,the_hiddenlayer_num )
%main_genetic_prediction_cal 此函数用来计算遗传神经网络模型的输出

best_para = struct('E',0,'MPE',0,'MAPE',0,'RSE',0,'MBE',...
    0,'RMSE',0,'NSE',0,'t_stat',0,'R',0);
best_hiddennum = 0;


% 设置参数
rng('default') %保证每次启动MATLAB时，生成的随机数序列是相同的
rng(0)
nTrainNum = size(train_data,1);
Total_num = size(train_data,1)+size(test_data,1); %数据总数
nSampDim = size(train_data,2);
test_num=Total_num-nTrainNum;    %求得验证数据的数目


%节点个数
hiddenlayer_num = the_hiddenlayer_num;
outputnum = 1;


%% 遗传算法参数初始化
maxgen=50;              %进化代数，即迭代次数
sizepop=10;                %种群规模
pcross=0.3;              %交叉概率选择，0和1之间
pmutation=0.1;              %变异概率选择，0和1之间


% 对不同层数的隐含层进行循环，以找到最好的隐含层
for hiddennum=1:hiddenlayer_num
```

```
%构建网络
net=newff(train_data´,train_ans´,hiddennum);

%节点总数
numsum=nSampDim*hiddennum+hiddennum+hiddennum*outputnum+outputnum;

lenchrom=ones(1,numsum);
bound=[-3*ones(numsum,1)  3*ones(numsum,1)];    %数据范围

%种群初始化
%将种群信息定义为一个结构体
individuals=struct('fitness',zeros(1,sizepop), 'chrom',[]);

%初始化种群
for i=1:sizepop
        %随机产生一个种群
        %编码（binary和grey的编码结果为一个实数，float的编码结果为一个实数向量）
        individuals.chrom(i,:)=code(lenchrom,bound);
        x=individuals.chrom(i,:);
        %计算适应度
        %染色体的适应度
        individuals.fitness(i)=genetic_fitness_fun(x,nSampDim,...
                hiddennum,outputnum,net,train_data´,train_ans´);
end


%找最好的染色体
[bestfitness,bestindex]=min(individuals.fitness);
bestchrom=individuals.chrom(bestindex,:);    %最好的染色体
avgfitness=sum(individuals.fitness)/sizepop; %染色体的平均适应度
%记录每一代进化中最好的适应度和平均适应度
trace=[avgfitness bestfitness];

%% 迭代求解最佳初始阈值和权值
% 进化开始
for i=1:maxgen
        % 选择
        individuals=select(individuals,sizepop);
        % 交叉
```

```
individuals.chrom=cross(pcross,lenchrom,individuals.chrom,sizepop,bound);
        % 变异
        individuals.chrom=mutation(pmutation,lenchrom,...
            individuals.chrom,sizepop,i,maxgen,bound);

        %计算适应度
        for j=1:sizepop
            x=individuals.chrom(j,:);  %解码
            individuals.fitness(j)=...

genetic_fitness_fun(x,nSampDim,hiddennum,outputnum,net,...
            train_data´,train_ans´);
        end

        %找到最小和最大适应度的染色体及它们在种群中的位置
        [newbestfitness,newbestindex]=min(individuals.fitness);
        % 代替上一次进化中最好的染色体
        if bestfitness>newbestfitness
            bestfitness=newbestfitness;
            bestchrom=individuals.chrom(newbestindex,:);
        end

        avgfitness=sum(individuals.fitness)/sizepop;
    %fprintf(´第%d次迭代，最佳适应度为%d,平均适应度
为%d\n´,i,bestfitness,avgfitness);
        %记录每一代进化中最好的适应度和平均适应度
        trace=[trace;avgfitness bestfitness];
    end

    x=bestchrom;

    %% 把最优初始阈值权值赋予网络预测
    % %用遗传算法优化的BP网络进行值预测
    w1=x(1:nSampDim*hiddennum);
    B1=x(nSampDim*hiddennum+1:nSampDim*hiddennum+hiddennum);

w2=x(nSampDim*hiddennum+hiddennum+1:nSampDim*hiddennum+hiddennum+...
```

```
    hiddennum*outputnum);
    B2=x(nSampDim*hiddennum+hiddennum+hiddennum*outputnum+...
1:nSampDim*hiddennum+hiddennum+hiddennum*outputnum+outputnum);

    net.iw{1,1}=reshape(w1,hiddennum,nSampDim);
    net.lw{2,1}=reshape(w2,outputnum,hiddennum);
    net.b{1}=reshape(B1,hiddennum,1);
    net.b{2}=B2;

%% BP网络训练
%网络进化参数
net.trainParam.epochs=100;
net.trainParam.lr=0.1;
%net.trainParam.goal=0.00001;

%网络训练
[net,per2]=train(net,train_data´,train_ans´);

%% BP网络预测
an=sim(net,train_data´);
show_test_out = an;
%% 在此计算各种统计参数
statis_para_show = statis_para_calcu(show_test_out,train_ans´,nTrainNum);
[best_para,best_hiddennum] = ...

para_compar_selec(best_para,statis_para_show,best_hiddennum,hiddennum);

    fprintf(´隐含层数为%d\n´,hiddennum);
end

%% 网络预测
%构建网络
net=newff(train_data´,train_ans´,best_hiddennum);

%节点总数
numsum=nSampDim*best_hiddennum+best_hiddennum+best_hiddennum*outputnum+out
putnum;
```

```matlab
lenchrom=ones(1,numsum);
bound=[-3*ones(numsum,1) 3*ones(numsum,1)];    %数据范围

%种群初始化
%将种群信息定义为一个结构体
individuals=struct('fitness',zeros(1,sizepop), 'chrom',[]);

%初始化种群
for i=1:sizepop
    %随机产生一个种群
    %编码（binary和grey的编码结果为一个实数，float的编码结果为一个实数向量）
    individuals.chrom(i,:)=code(lenchrom,bound);
    x=individuals.chrom(i,:);
    %计算适应度
    %染色体的适应度
    individuals.fitness(i)=genetic_fitness_fun(x,nSampDim,...
        best_hiddennum,outputnum,net,train_data',train_ans');
end


%找最好的染色体
[bestfitness,bestindex]=min(individuals.fitness);
bestchrom=individuals.chrom(bestindex,:);   %最好的染色体
avgfitness=sum(individuals.fitness)/sizepop; %染色体的平均适应度
%记录每一代进化中最好的适应度和平均适应度
trace=[avgfitness bestfitness];


%% 迭代求解最佳初始阈值和权值
% 进化开始
for i=1:maxgen
    % 选择
    individuals=select(individuals,sizepop);
    % 交叉

individuals.chrom=cross(pcross,lenchrom,individuals.chrom,sizepop,bound);
    % 变异
    individuals.chrom=mutation(pmutation,lenchrom,...
        individuals.chrom,sizepop,i,maxgen,bound);
```

```
    %计算适应度
    for j=1:sizepop
        x=individuals.chrom(j,:); %解码
        individuals.fitness(j)=...

genetic_fitness_fun(x,nSampDim,best_hiddennum,outputnum,net,...
            train_data´,train_ans´);
    end


    %找到最小和最大适应度的染色体及它们在种群中的位置
    [newbestfitness,newbestindex]=min(individuals.fitness);
    % 代替上一次进化中最好的染色体
    if bestfitness>newbestfitness
        bestfitness=newbestfitness;
        bestchrom=individuals.chrom(newbestindex,:);
    end


    avgfitness=sum(individuals.fitness)/sizepop;
    %fprintf(´第%d次迭代，最佳适应度为%d,平均适应度
为%d\n´,i,bestfitness,avgfitness);
    %记录每一代进化中最好的适应度和平均适应度
    trace=[trace;avgfitness bestfitness];
end


x=bestchrom;


%% 把最优初始阈值权值赋予网络预测
%% 用遗传算法优化的BP网络进行值预测
w1=x(1:nSampDim*best_hiddennum);
B1=x(nSampDim*best_hiddennum+1:nSampDim*best_hiddennum+best_hiddennum);
w2=x(nSampDim*best_hiddennum+best_hiddennum+1:nSampDim*best_hiddennum+best
_hiddennum+...
    best_hiddennum*outputnum);
B2=x(nSampDim*best_hiddennum+best_hiddennum+best_hiddennum*outputnum+...

1:nSampDim*best_hiddennum+best_hiddennum+best_hiddennum*outputnum+outputnum);


net.iw{1,1}=reshape(w1,best_hiddennum,nSampDim);
```

```
net.lw{2,1}=reshape(w2,outputnum,best_hiddennum);
net.b{1}=reshape(B1,best_hiddennum,1);
net.b{2}=B2;
```

```
%% BP网络训练
%网络进化参数
net.trainParam.epochs=100;
net.trainParam.lr=0.1;
%net.trainParam.goal=0.00001;
```

```
%网络训练
[net,per2]=train(net,train_data´,train_ans´);
```

```
%% BP网络预测
an=sim(net,train_data´);
show_test_out = an;
```

```
% 函数输出
output_ratio_diffradi = show_test_out;
out_hiddennum = best_hiddennum;
```

```
end
```

附 2.5.3　遗传神经网络模型中其他函数源程序

➤ code 函数：
```
function ret=code(lenchrom,bound)
%本函数将变量编码成染色体，用于随机初始化一个种群
% lenchrom    input ：染色体长度
% bound       input ：变量的取值范围
% ret         output：染色体的编码值
flag=0;
while flag==0
    pick=rand(1,length(lenchrom));
    ret=bound(:,1)´+(bound(:,2)-bound(:,1))´.*pick; %线性插值，编码结果以实数向
量存入ret中
    flag=test(lenchrom,bound,ret);    %检验染色体的可行性
end
```

➤ cross 函数：

```
function ret=cross(pcross,len_chrom,chrom,sizepop,bound)
%本函数完成交叉操作
% pcorss                 input : 交叉概率
% len_chrom              input : 染色体的长度
% chrom                  input : 染色体群
% sizepop               input : 种群规模
% ret                   output : 交叉后的染色体
% bound                  input : 数据范围

%每一轮for循环中，可能会进行一次交叉操作，染色体是随机选择的，交叉位置也是随机选择的
%但该轮for循环中是否进行交叉操作则由交叉概率决定（continue控制）
 for i=1:sizepop
        % 随机选择两个染色体进行交叉
        pick=rand(1,2);
        while prod(pick)==0   %prod(pick) 为pick的乘积
            pick=rand(1,2);   %排除无效选项，如果 pick 中有0元素，则重新生成随机数
        end

        %ceil函数的作用是朝正无穷方向取整
        %fix：朝零方向取整
        %floor：朝负无穷方向取整
        %round：四舍五入到最近的整数
        %在这选取了两个染色体
        index=ceil(pick.*sizepop);

        % 交叉概率决定是否进行交叉
        pick=rand;
        while pick==0  %如果pick为0重新生成随机数
            pick=rand;
        end
        %continue的作用是跳过continue之后的代码，继续进行循环操作
        if pick>pcross %判断条件，pcorss为交叉概率，如果pick>pcross,则不进行交叉，
否则交叉
            continue;
        end
        flag=0;
        while flag==0
            % 随机选择交叉位
```

```
                pick=rand;
                while pick==0
                        pick=rand;      %排除无效数字0
                end
```

%随机选择进行交叉的位置，即选择第几个变量进行交叉，注意：两个染色体交叉的位置相同

```
                pos=ceil(pick.*sum(len_chrom));   %选择交叉变量的位置

                %交叉开始
                pick=rand;
                %chrom为染色体群
                v1=chrom(index(1),pos);   %确定具体第一条进行交叉的染色体及交叉位置
                v2=chrom(index(2),pos);   %确定具体第二条进行交叉的染色体及交叉位置
                %交叉算法
                chrom(index(1),pos)=pick*v2+(1-pick)*v1;
                chrom(index(2),pos)=pick*v1+(1-pick)*v2;  %交叉结束

                %bound为数据范围
                flag1=test(len_chrom,bound,chrom(index(1),:));  %检验染色体1的可行性
                flag2=test(len_chrom,bound,chrom(index(2),:));  %检验染色体2的可行性

                %如果两个染色体不是都可行，则重新交叉
                if flag1*flag2==0
                        flag=0;
                else
                        flag=1;
                        end
                end
        end
ret=chrom;
end
```

➢ decode函数：

```
function ret=decode(lenchrom,bound,code,opts)
% 本函数对染色体进行解码
% lenchrom   input：染色体长度
% bound      input：变量取值范围
```

```
% code        input：编码值
% opts        input：解码方法标签
% ret         output：染色体的解码值
switch opts
    case 'binary' % binary coding
            for i=length(lenchrom):-1:1
            data(i)=bitand(code,2^lenchrom(i)-1); %并低十位，然后将低十位转换成十进
制数存在data(i)里面
            code=(code-data(i))/(2^lenchrom(i)); %低十位清零，然后右移十位
            end
            %分段解码，以实数向量的形式存入ret中
            ret=bound(:,1)'+data./(2.^lenchrom-1).*(bound(:,2)-bound(:,1))';

    case 'grey' % grey coding
            for i=sum(lenchrom):-1:2
                  code=bitset(code,i-1,bitxor(bitget(code,i),bitget(code,i-1)));
            end
            for i=length(lenchrom):-1:1
            data(i)=bitand(code,2^lenchrom(i)-1);
            code=(code-data(i))/(2^lenchrom(i));
            end
            ret=bound(:,1)'+data./(2.^lenchrom-1).*(bound(:,2)-bound(:,1))'; %
分段解码，以实数向量的形式存入ret中

    case 'float' % float coding
            ret=code; %解码结果就是编码结果（实数向量），存入ret中
end
```

➤ genetic_fitness_fun函数：

```
function error =
genetic_fitness_fun(x,inputnum,hiddennum,outputnum,net,inputn,outputn)
%该函数用来计算适应度值
%x              input   个体
%inputnum       input   输入层节点数
%outputnum      input   输出层节点数
%net            input   网络
%inputn         input   训练输入数据
%outputn        input   训练输出数据
```

```
%error         output   个体适应度值
```

```
%BP神经网络初始权值和阈值，x为个体
%提取，只有一行
w1=x(1:inputnum*hiddennum);
B1=x(inputnum*hiddennum+1:inputnum*hiddennum+hiddennum);
w2=x(inputnum*hiddennum+hiddennum+1:inputnum*hiddennum+hiddennum+hiddennum
*outputnum);
B2=x(inputnum*hiddennum+hiddennum+hiddennum*outputnum+1:inputnum*hiddennum
+hiddennum+hiddennum*outputnum+outputnum);
```

```
%网络权值赋值
%reshape:对矩阵按预定的格式重新赋值
net.iw{1,1}=reshape(w1,hiddennum,inputnum);
net.lw{2,1}=reshape(w2,outputnum,hiddennum);
net.b{1}=reshape(B1,hiddennum,1);
net.b{2}=B2;
```

```
%网络进化参数
net.trainParam.epochs=20;
net.trainParam.lr=0.1;
net.trainParam.goal=0.00001;
net.trainParam.show=100;
net.trainParam.showWindow=0;
```

```
%神经网络训练
net=train(net,inputn,outputn);
%神经网络预测
predict_answer=sim(net,inputn);
%预测误差和作为个体适应度值
error=sum(abs(predict_answer-outputn));
```

➤ mutation函数：

```
function ret=mutation(pmutation,lenchrom,chrom,sizepop,num,maxgen,bound)
% 本函数完成变异操作
```

```
% pmutation               input :变异概率
```

```
% lenchrom          input ：染色体长度
% chrom             input ：染色体群
% sizepop           input ：种群规模
% opts              input ：变异方法的选择
% pop               input ：当前种群的进化代数和最大的进化代数信息
% bound             input ：每个个体的上界和下界
% maxgen            input ：最大迭代次数
% num               input ：当前迭代次数
% ret               output ：变异后的染色体

%每一轮for循环中，可能会进行一次变异操作，染色体是随机选择的，变异位置也是随机选择的，
%但该轮for循环中是否进行变异操作则由变异概率决定（continue控制）
for i=1:sizepop
    % 随机选择一个染色体进行变异
    pick=rand;
    while pick==0
        pick=rand; %排除无效随机数
    end
    %ceil函数的作用是朝正无穷方向取整
    %确定变异的染色体
    index=ceil(pick*sizepop);
    % 变异概率决定该轮循环是否进行变异
    pick=rand;
    %continue的作用是跳过continue之后的代码，继续进行循环操作
    if pick>pmutation  %是否发生变异的判断条件,如果pick>pmutation,则不进行交叉,
否则交叉
        continue;
    end
    flag=0;
    while flag==0
        % 变异位置
        pick=rand;
        while pick==0
            pick=rand;
        end

        %随机选择了染色体变异的位置，即选择了第pos个变量进行变异
```

```
        pos=ceil(pick*sum(lenchrom));  %为什么是sum(lenchrom),而不是
lenchrom?
        %变异开始
        pick=rand;
        fg=(rand*(1-num/maxgen))^2;  %f(g),此处与讲解中给出的f(g)的定义不一样
        if pick>0.5
            %此处不应该是第index条染色体发生变异吗? 否则的话前面计算index没有任何
意义
            %此处与讲解中给出的算法也不一致
            chrom(i,pos)=chrom(i,pos)+(bound(pos,2)-chrom(i,pos))*fg;
        else
            chrom(i,pos)=chrom(i,pos)-(chrom(i,pos)-bound(pos,1))*fg;
        end  %变异结束
        flag=test(lenchrom,bound,chrom(i,:));  %检验染色体的可行性
    end
end
ret=chrom;
end
```

➤ select函数:

```
function ret=select(individuals,sizepop)
% 该函数用于进行选择操作
% individuals   input   种群信息
% sizepop       input   种群规模
% ret           output  选择后的新种群

%个体选择概率,在本例中使用的是轮盘赌法,即基于适应度比例的选择策略
%求适应度值倒数
%individuals.fitness为个体适应度值,是函数输入参数
fitness1=10./individuals.fitness;  %10是系数k
sumfitness=sum(fitness1);  %求得种群的自适应度和
sumf=fitness1./sumfitness;  %求得种群个体的自适应度

%采用轮盘赌法选择新个体
index=[];
for i=1:sizepop  %sizepop为种群数
    pick=rand;
```

```
    %此处确保产生的伪随机数不是无效数字0
    while pick==0
        pick=rand;
    end


    for j=1:sizepop  %产生sizepop个随机数
        %pick=pick-sumf(j);  %实例中的代码
        pick=pick-sumf(j);  %将随机数与累积概率进行比较
        if pick<0  %判断条件，如果pick<0，说明随机数超过了sumf(j),表示此次选中
了sumf(j)
        index=[index j];
        break;
    end
  end
end

%新种群
individuals.chrom=individuals.chrom(index,:);  %individuals.chrom为种群中个体
individuals.fitness=individuals.fitness(index);
ret=individuals;
end
```

➤ test 函数：

```
function flag=test(lenchrom,bound,code)
% lenchrom   input : 染色体长度
% bound      input : 变量的取值范围
% code       output: 染色体的编码值
x=code;  %先解码
flag=1;
% if
(x(1)<0)&&(x(2)<0)&&(x(3)<0)&&(x(1)>bound(1,2))&&(x(2)>bound(2,2))&&(x(3)>
bound(3,2))
%   flag=0;
% end
```

附 2.6　statis_para_calcu 函数源程序

```
function [ Statis_para ] = statis_para_calcu(calcu,measure,num )
%% statis_para_calcu:该函数计算输入数据的相关参数
% the relative percentage error(E):均值偏移误差
% the mean percentage error(MPE):平均误差百分比
% the mean absolute percentage error(MAPE):平均绝对百分比误差
% the relative standard err(RSE):相对标准误差
% the mean bias error(MBE):均值偏移误差
% the root mean square error(RMSE):均方根误差
% Nash-Sutcliffe Equation(NSE):Nash-Sutcliffe因子
% the s-statistic(t_stat):t_stat参数
% the correlation coefficeient(R):相关系数

%% calcu为预测值, measure为实测值, num为数据数量
% 建立一个结构体, 将所有计算所得结果都存储在该结构体中
Statis_para = struct('E',[],'MPE',[],'MAPE',[],'RSE',[],'MBE',...
    [],'RMSE',[],'NSE',[],'t_stat',[],'R',[]);

%% 平均值
% cal_aver为预测数据的平均值, meas_aver为测量数据的平均值
cal_aver = sum(calcu)./num;
meas_aver = sum(measure)./num;

%% the relative percentage error(E):相对误差百分比
% The E presents the percentage deviation berween the calcuted and measured
% data.The ideal value of E is equal to zero.
Statis_para.E = 100.*(calcu-measure)./measure;

%% the mean percentage error(MPE):平均误差百分比
% The mean percentage error can be defined as the percentage deviation of
% the monthly average daily radiation values estimated by the proposed
% equation from the measured values.
Statis_para.MPE = sum(Statis_para.E)./num;

%% the mean absolute percentage error(MAPE):平均绝对百分比误差
% The mean percentage error is expressed as the average absolute value of
```

```
% percentage deviation between estimated and measured values.
Statis_para.MAPE = sum(abs(Statis_para.E))./num;


%% the relative standard err(RSE):相对标准误差
% The relative standard error provides the degree of accuracy of estimation
% of correlations.
Statis_para.RSE =
sqrt(sum(((calcu-measure)./measure).*((calcu-measure)./measure))./num);


%% the mean bias error(MBE):均值偏移误差
% The MBE provides information about the long-term performance of the
% correlations by allowing a comparsion of the actual deviation between
% calcuted and measured values term by term.The ideal value of MBE is
% ´zero´.
Statis_para.MBE = sum(calcu-measure)./num;


%% the root mean square error(RMSE):均方根误差
% The root mean square error can provide information on the short-term
% performance.The value of RMSE is always positive,except for ´zero´ in the
% ideal case.
Statis_para.RMSE = sqrt(sum((calcu-measure).*(calcu-measure))./num);


%% Nash-Sutcliffe Equation(NSE):Nash-Sutcliffe公式
% A model is more efficient when NSE is closer to 1.
Statis_para.NSE = 1 - sum((measure-calcu).*(measure-calcu))./...
    sum((measure-meas_aver).*(measure-meas_aver));


%% the s-statistic(t-stat):t_stat参数
% To determine whether or not the equation estimations are statistically
% significant,i.e.,not significantly different from their measured
% counterparts,at a particular confidence level.
% In all the above statistical tests of accuracy,ecxept for NSE,the smaller
% the value,the better is the model performance.
Statis_para.t_stat =
sqrt((num-1).*Statis_para.MBE^2./(Statis_para.RMSE^2-Statis_para.MBE^2));


%% the correlation coefficeient(R):相关系数
% A correlation coefficeient is a number that quantifies a type of
```

```
% correlation and dependence,meaning statistical relationships between two
% or more values in fundamental statistics.
Statis_para.R = sum((calcu-cal_aver).*(measure-meas_aver))./...

sqrt(sum((calcu-cal_aver).*(calcu-cal_aver)).*sum((measure-meas_aver).*(me
asure-meas_aver)));

end
```

附 2.7　para_compar_selec 函数源程序

```
function [ Statis_para,best_hiddennum ] = ...
    para_compar_selec( best_para,update_para,prehid_num,now_hiddennum )
```
%% 该函数用来比较模型在不同参数下的输出结果，选择最优参数，并将其保存下来，
% 进行之后的预测过程
% 对于最优参数的比较选择，有两种方案：
% 1、在训练参数中进行选择，并调用统计参数输出函数输出各个统计数据，然后进行比
%　　较，保存最优参数所构建的网络，然后利用该网络来进行预测；
%　　但是这种方法可能会有一个不足之处，那就是对训练参数的最优参数对于测试参数
%　　来说并不一定是，有可能产生误选
% 2、每次都用训练参数构建一个网络，然后用其预测测试参数，输出统计数据后进行比
%　　较，确定最优参数，但这样的话训练时间会增大许多

% 比较顺序选择：
% 平均误差百分比（E）和均值偏移误差（MBE）因为正负可以相互抵消，不能很好反应
% 误差，故不予考虑
% 其他的比较顺序附在流程图中
%% 参数解释
% best_para　input　保存的最优结果
% update_para input　新的预测结果
% hiddennum　 input　更新结果对应的隐含层数目
% Statis_para output　将最优参数输出

% 结构体格式
% Statis_para = struct('MPE',[],'MAPE',[],'RSE',[],'MBE',...
%　 [],'RMSE',[],'NSE',[],'t_stat',[],'R',[]);

%% 程序
```
```

```
% 统计系数有效性的判断，如果有一个系数为nan，则返回之前的最优系数
nan_judge = (isnan(update_para.MPE)||isnan(update_para.MAPE)...
        ||isnan(update_para.RSE)||isnan(update_para.MBE)...
        ||isnan(update_para.RMSE)||isnan(update_para.NSE)...
        ||isnan(update_para.t_stat)||isnan(update_para.R));
if nan_judge
    Statis_para = best_para;
%   return;
end


% 首先进行相关系数判断
% 首先进行相关系数大小的判断，如果两者相差在0.1以上，则较大的那个被选为最优
% 系数，不再往下进行判断
if (best_para.R-update_para.R)>0.1
    Statis_para = best_para;
%   return;
else if (update_para.R-best_para.R)>0.1
        Statis_para = update_para;
%           return;
    % 其次进行NSE判断
    % 如果两者NSE相差在0.1以上，则则较大的那个被选为最优系数，不再往下进行判断
    else if (best_para.NSE-update_para.NSE)>0.1
            Statis_para = best_para;
%               return;
        else if (update_para.NSE-best_para.NSE)>0.1
                Statis_para = update_para;
%                   return;
            % 最后进行均方根误差的判断
            % 如果两者RMSE相差在0.1以上，则则较小的那个被选为最优系
数，不再往下进行判断
                else if (best_para.RMSE-update_para.RMSE)>0.1
                    Statis_para = update_para;
%                       return;
                    else if (update_para.RMSE-best_para.RMSE)>0.1
                        Statis_para = best_para;
%                           return;
                        %如果上述三条判断程序没能对最优系数做出选择，则选
择相关系数最大者
```

```
                                        else if best_para.R<update_para.R
                                        Statis_para = update_para;
%                                          return;
                                        else
                                        Statis_para = best_para;
                                        end
                                end
                        end
                end
        end
    end
end

if Statis_para.R==update_para.R
    best_hiddennum=now_hiddennum;
else
    best_hiddennum=prehid_num;
end

end
```

附 2.8　测试脚本及附属函数源程序

附 2.8.1　脚本 AA_NN_program_test

```
% script:AA_NN_program_test.m
%% 读入数据
% 调用getdata函数
xlsfile = 'all_data.xls';
[data,day_sca_rat_meas,mod_scafun,scafun_cal_data,error] =...
    getdata('all_data.xls');


%% 数据划分
% 调用divide函数
[ train_data,train_ans,test_data,test_ans ] =...
    divide( data,day_sca_rat_meas,7300 );


%% 带测试数据实测值函数验证
% BP主成分分析
```

```
% [ BPPCA_output_ratio_diffradi,BPPCA_out_para,BPPCA_out_hiddennum ] = ...
%   AA_NN_diffradi_ratio( train_data,train_ans,test_data,test_ans,1,3);
% % Elman网络
% [ Elamn_output_ratio_diffradi,Elamn_out_para,Elamn_out_hiddennum ] = ...
%   AA_NN_diffradi_ratio( train_data,train_ans,test_data,test_ans,2,3);
% 遗传算法
% [ GP_output_ratio_diffradi,GP_out_para,GP_out_hiddennum ] = ...
%     AA_NN_diffradi_ratio( train_data,train_ans,test_data,test_ans,6,3);
% % 小波网络
% [ SW_output_ratio_diffradi,SW_out_para,SW_out_hiddennum ] = ...
%   AA_NN_diffradi_ratio( train_data,train_ans,test_data,test_ans,7,8);


%% 不带测试数据实测值函数验证
% % BP主成分分析
% [ BPPCA_output_ratio_diffradi,BPPCA_out_hiddennum ] = ...
%   AA_NN_diffradi_ratio_cal( train_data,train_ans,test_data,1,3);
% % Elman网络
% [ Elamn_output_ratio_diffradi,Elamn_out_hiddennum ] = ...
%   AA_NN_diffradi_ratio_cal( train_data,train_ans,test_data,2,3);
% 遗传算法
% [ GP_output_ratio_diffradi,GP_out_hiddennum ] = ...
%   AA_NN_diffradi_ratio_cal( train_data,train_ans,test_data,6,3);
```

附 2.8.2　getdata 函数源程序

```
function [ data,day_sca_rat_meas,mod_scafun,scafun_cal_data,error ] =
getdata( xlsfile )
%日平均晴空指数：dai_cle_index 日照百分率：sun_per 相对湿度：rel_hum
%平均温度：Tat 最高温度：max_tem 最低温度：min_tem
%日总辐射：day_gol_rad 日散射辐射：dai_sca_rad
%散射辐射计算函数修正值：mod_scafun
%误差=散射辐射测量值-散射辐射计算函数修正值：error
%所有有关数据分类分问题，均不在本函数考虑，都分到divide.m中

%散射辐射计算函数所需数据：日总辐射：day_gol_rad 日散射辐射：dai_sca_rad
[day_gol_rad,~]=xlsread(xlsfile,1,'G3:G8521');
[dai_sca_rad,~]=xlsread(xlsfile,'H3:H8521');

%输入数据日平均晴空指数 日照百分率 相对湿度 平均温度 最高温度 最低温度
[dai_cle_index,~]=xlsread(xlsfile,'A3:A8521');
```

```
[sun_per,~]=xlsread(xlsfile,'B3:B8521');
[rel_hum,~]=xlsread(xlsfile,'C3:C8521');
[Tat,~]=xlsread(xlsfile,'D3:D8521');
[max_tem,~]=xlsread(xlsfile,'E3:E8521');
[min_tem,~]=xlsread(xlsfile,'F3:F8521');
```

%散射辐射比测量值：day_sca_rat_meas
```
[day_sca_rat_meas,~]=xlsread(xlsfile,'I3:I8521');
```

%散射辐射计算函数修正值：mod_scafun
```
[mod_scafun,~]=xlsread(xlsfile,'K3:K8521');
```

%误差=散射辐射测量值–散射辐射计算函数修正值：error
```
[error,~]=xlsread(xlsfile,'L3:L8521');
```

%将所有的输入都集中到data一个矩阵中
%数据中包括日平均晴空指数 日照百分率 相对湿度 平均温度 最高温度 最低温度
```
data=[dai_cle_index, sun_per, rel_hum, Tat, max_tem, min_tem];
```
%散射辐射计算函数所需数据：日总辐射：day_gol_rad 日散射辐射：dai_sca_rad
```
scafun_cal_data=[day_gol_rad,dai_sca_rad];
```

```
end
```

附 2.8.3　divide 函数源程序

```
function [ train_data,train_ans,test_data,test_ans ] =...
    divide( data,mod_scafun,nTrainNum )
```
%将getdata函数读取到的数据进行分类
%用20年共7300个数据进行训练，剩下的数据进行验证
%随机数
```
rng(0)
```
%取100个数据进行训练
```
n=length(data);
```
%日散射辐射s
```
train_data=data(1:nTrainNum,:);
train_ans=mod_scafun(1:nTrainNum,:);
test_data=data(nTrainNum+1:n,:);
test_ans=mod_scafun(nTrainNum+1:n,:);
end
```

附录三　基于神经网络算法的太阳散射辐射预测及评估 MATLAB 工具箱源程序

附 3.1　AA_NN_diffradi_ratio 函数源程序

```matlab
function [ output_ratio_diffradi,out_para,out_hiddennum ] =
AA_NN_diffradi_ratio...
    ( train_data,train_ans,test_data,test_ans,net_num,hiddenlayer_num )
%AA_NN_diffradi_ratio 该函数用来调用其他的神经网络模型计算程序并执行, 输出结
% 果, 具体调用哪一个神经网络根据参数确定, 此脚本中只给出接口函数及解释, 不涉及
% 具体的运算过程

% 确定调用哪一个神经网络模型, 用一个代号 net_num 来表示
% 1     input   SVM网络
% 21    input   径向基（RBF）网络(approximate)
% 22    input   径向基（RBF）网络(exact)
% 3     input   粒子群（PSO）算法
% 4     input   小波网络
% train_data        input   训练数据
% train_ans         input   训练数据所对应的实测值
% test_data         input   测试数据
% test_ans          input   测试数据所对应的实测值
% hiddenlayer_num   input   设置寻优的隐含层层数

% output_ratio_diffradi     output      模型计算值输出
% out_para                  output      模型计算值与实测值之间的统计参数
% out_hiddennum             output      模型最佳隐含层数, 对于网络模型不受
% 隐含层数限制或采用其他优化方法的模型, 该值输出为nan
%% 接口函数对不同类型神经网络的调用
% if-else 语句, 改正了之前参数不对即为最后一个模型的bug
% if net_num == 1
%   [output_ratio_diffradi,out_para,out_hiddennum] = main_SVM_prediction...
%     ( train_data,train_ans,test_data,test_ans );
%   fprintf('本次调用SVM神经网络!\n');
```

```
% else if net_num == 21
%     [ output_ratio_diffradi,out_para,out_hiddennum ] = ...
%
main_approximateRBF_prediction( train_data,train_ans,test_data,test_ans);
%     fprintf('本次调用approximate类型RBF神经网络!\n');
%   else if net_num == 22
%      [ output_ratio_diffradi,out_para,out_hiddennum ] = ...
%
main_exactRBF_prediction( train_data,train_ans,test_data,test_ans );
%        fprintf('本次调用exact类型RBF神经网络!\n');
%     else if net_num == 3
%        [ output_ratio_diffradi,out_para,out_hiddennum ] = ...
%         main_PSO_prediction( train_data,train_ans,test_data,test_ans,...
%          hiddenlayer_num );
%         fprintf('本次调用PSO神经网络!\n');
%      else if net_num == 4
%         [ output_ratio_diffradi,out_para,out_hiddennum ] = ...
%          main_smallwave_prediction( train_data,train_ans,test_data,...
%           test_ans,hiddenlayer_num );
%          fprintf('本次调用小波神经网络!\n');
%       else
%         fprintf('输入参数错误, 请重新输入\n');
%       end
%     end
%    end
%  end
% end


% switch 语句
switch net_num
    case 1
        [ output_ratio_diffradi,out_para,out_hiddennum ] =
main_SVM_prediction...
        ( train_data,train_ans,test_data,test_ans );
    fprintf('本次调用SVM神经网络!\n');
    case 21
        [ output_ratio_diffradi,out_para,out_hiddennum ] = ...
```

```
main_approximateRBF_prediction( train_data,train_ans,test_data,test_ans);
        fprintf('本次调用approximate类型RBF神经网络!\n');
    case 22
        [ output_ratio_diffradi,out_para,out_hiddennum ] = ...

main_exactRBF_prediction( train_data,train_ans,test_data,test_ans );
        fprintf('本次调用exact类型RBF神经网络!\n');
    case 3
        [ output_ratio_diffradi,out_para,out_hiddennum ] = ...

main_PSO_prediction( train_data,train_ans,test_data,test_ans,...
                          hiddenlayer_num );
        fprintf('本次调用PSO神经网络!\n');
    case 4
        [ output_ratio_diffradi,out_para,out_hiddennum ] = ...

main_smallwave_prediction( train_data,train_ans,test_data,...
                          test_ans,hiddenlayer_num );
        fprintf('本次调用小波神经网络!\n');
    otherwise
        fprintf('输入参数错误，请重新输入!\n');
end
end
```

附 3.2　AA_NN_diffradi_ratio_cal 函数源程序

```
function [ output_ratio_diffradi,out_hiddennum ] =
AA_NN_diffradi_ratio_cal( train_data,...
   train_ans,test_data,net_num,hiddenlayer_num )
%AA_NN_diffradi_ratio_cal 此函数用来计算输入不带测试数据所对应的实际测量值的
% 日散射比，该函数用来调用其他的神经网络模型计算程序并执行，输出结
% 果，具体调用哪一个神经网络根据参数确定，此脚本中只给出接口函数及解释，不涉及
% 具体的运算过程

% 确定调用哪一个神经网络模型，用一个代号 net_num 来表示
% 1       input    SVM网络
% 21      input    径向基（RBF）网络(approximate)
% 22      input    径向基（RBF）网络(exact)
```

```
% 3        input    粒子群（PSO）算法
% 4        input    小波网络

% train_data              input    训练数据
% train_ans               input    训练数据所对应的实测值
% test_data               input    测试数据
% test_ans                input    测试数据所对应的实测值
% hiddenlayer_num         input    设置寻优的隐含层层数
% output_ratio_diffradi   output   模型对测试数据的计算值

%% 接口函数对不同类型神经网络的调用
% if-else 语句，改正了之前参数不对即为最后一个模型的 bug
% if net_num == 1
%        [ output_ratio_diffradi,out_hiddennum ] =
main_SVM_prediction_cal( train_data,...
%          train_ans,test_data );
%      fprintf('本次调用 SVM 神经网络!\n');
% else if net_num == 21
%                [ output_ratio_diffradi,out_hiddennum ] = ...
%
main_approximateRBF_prediction_cal( train_data,train_ans,test_data );
%                fprintf('本次调用 approximate 类型 RBF 神经网络!\n');
%      else if net_num == 22
%                [ output_ratio_diffradi,out_hiddennum ] =
main_exactRBF_prediction_cal...
%                    ( train_data,train_ans,test_data );
%                  fprintf('本次调用 exact 类型 RBF 神经网络!\n');
%          else if net_num == 3
%                    [ output_ratio_diffradi,out_hiddennum ] =
main_PSO_prediction_cal...
%                        ( train_data,train_ans,test_data,...
%                            hiddenlayer_num );
%                    fprintf('本次调用 PSO 神经网络!\n');
%          else if net_num == 4
%                    [ output_ratio_diffradi,out_hiddennum ] = ...
%
main_smallwave_prediction_cal( train_data,train_ans,...
%                        test_data,hiddenlayer_num );
```

```
%                              fprintf('本次调用小波神经网络!\n');
%                 else
%                          fprintf('输入参数错误，请重新输入\n');
%                 end
%           end
%     end
%   end
% end

% switch 语句
switch net_num
    case 1
        [ output_ratio_diffradi,out_hiddennum ] =
main_SVM_prediction_cal( train_data,...
            train_ans,test_data );
     fprintf('本次调用SVM神经网络!\n');
    case 21
        [ output_ratio_diffradi,out_hiddennum ] = ...

main_approximateRBF_prediction_cal( train_data,train_ans,test_data );
         fprintf('本次调用approximate类型RBF神经网络!\n');
    case 22
        [ output_ratio_diffradi,out_hiddennum ] =
main_exactRBF_prediction_cal...
            ( train_data,train_ans,test_data );
        fprintf('本次调用exact类型RBF神经网络!\n');
    case 3
        [output_ratio_diffradi,out_hiddennum] = main_PSO_prediction_cal...
            ( train_data,train_ans,test_data,...
                hiddenlayer_num );
        fprintf('本次调用PSO神经网络!\n');
    case 4
        [ output_ratio_diffradi,out_hiddennum ] = ...
            main_smallwave_prediction_cal( train_data,train_ans,...
                test_data,hiddenlayer_num );
        fprintf('本次调用小波神经网络!\n');
    otherwise
        fprintf('输入参数错误，请重新输入!\n');
```

```
end
end
```

附 3.3　SVM 神经网络模型函数源程序

附 3.3.1　main_SVM_prediction 函数源程序

```
function [ output_ratio_diffradi,out_para,out_hiddennum ] = ...
    main_SVM_prediction( train_data,train_ans,test_data,test_ans )
% main_SVM_prediction  此函数用来计算SVM模型的输出
% 设置参数
%保证每次启动matlab时，生成的随机数序列是相同的
rng('default')
rng(0)
nTrainNum = size(train_data,1);
% 数据总数
Total_num = size(train_data,1)+size(test_data,1);
% 输入数据维度
nSampDim = size(train_data,2);
% 验证数据的数目
test_num=Total_num-nTrainNum;
%% 选择回归预测分析最佳的SVM参数c&g

% 首先进行粗略选择：
% [bestmse,bestc,bestg] = SVMcgForRegress(train_ans,train_data,-8,8,-8,8);

% 根据粗略选择的结果图再进行精细选择：
[bestmse,bestc,bestg] = SVMcgForRegress(train_ans,train_data,...
    -4,4,-4,4,3,0.5,0.5,0.05);

%% 利用回归预测分析最佳的参数进行SVM网络训练
cmd = ['-c ', num2str(bestc), ' -g ', num2str(bestg) , ' -s 3 -p 0.01'];
model = svmtrain(train_ans,train_data,cmd);

%% SVM网络回归预测
[show_test_out,accuracy,mse] = svmpredict(test_ans,test_data,model);

%% 在此计算各种误差
statis_para_show = statis_para_calcu(show_test_out,test_ans,test_num);
```

```
% 函数输出
output_ratio_diffradi = show_test_out;
out_para = statis_para_show;
out_hiddennum = nan;

fprintf('SVM神经网络各项统计参数如下：\n');
fprintf('平均误差百分比为%d\n',statis_para_show.MPE);
fprintf('平均绝对百分比误差为%d\n',statis_para_show.MAPE);
fprintf('相对标准误差为%d\n',statis_para_show.RSE);
fprintf('均值偏移误差为%d\n',statis_para_show.MBE);
fprintf('均方根误差为%d\n',statis_para_show.RMSE);
fprintf('Nash-Sutcliffe因子为%d\n',statis_para_show.NSE);
fprintf('t_stat参数为%d\n',statis_para_show.t_stat);
fprintf('相关系数为%d\n',statis_para_show.R);

% GPI统计参数计算
% statis_para_show = GPI_statispara_cal(show_test_out,test_ans',test_num);
% fprintf('均值偏移误差为%d\n',statis_para_show.MBE);
% fprintf('平均绝对误差为%d\n',statis_para_show.MAE);
% fprintf('均方根误差为%d\n',statis_para_show.RMSE);
% fprintf('平均误差百分比为%d\n',statis_para_show.MPE);
% fprintf('95%不确定性为%d\n',statis_para_show.U95);
% fprintf('相对均方根误差为%d\n',statis_para_show.RRMSE);
% fprintf('统计数据t_stats为%d\n',statis_para_show.t_stats);
% fprintf('最大绝对相对误差为%d\n',statis_para_show.erMAX);
% fprintf('相关系数为%d\n',statis_para_show.R);
% fprintf('平均绝对相对误差为%d\n',statis_para_show.MARE);
end
```

附 3.3.2　main_SVM_prediction_cal 函数源程序

```
function [ output_ratio_diffradi,out_hiddennum ] =
main_SVM_prediction_cal( train_data,...
            train_ans,test_data )
% main_SVM_prediction_cal    此函数用来计算SVM模型的输出
% 设置参数
% 保证每次启动matlab时，生成的随机数序列是相同的
```

```
rng('default')
rng(0)
nTrainNum = size(train_data,1);
% 数据总数
Total_num = size(train_data,1)+size(test_data,1);
% 输入数据维度
nSampDim = size(train_data,2);
% 验证数据的数目
test_num=Total_num-nTrainNum;


%% 选择回归预测分析最佳的SVM参数c&g
% 首先进行粗略选择:
% [bestmse,bestc,bestg] = SVMcgForRegress(train_ans,train_data,-8,8,-8,8);


% 根据粗略选择的结果图再进行精细选择:
[bestmse,bestc,bestg] = SVMcgForRegress(train_ans,train_data,...
    -4,4,-4,4,3,0.5,0.5,0.05);


%% 利用回归预测分析最佳的参数进行SVM网络训练
cmd = ['-c ', num2str(bestc), ' -g ', num2str(bestg) , ' -s 3 -p 0.01'];
model = svmtrain(train_ans,train_data,cmd);


%% SVM网络回归预测
% [show_test_out,accuracy,mse] = svmpredict(test_ans,test_data,model);
[show_test_out,mse] = svmpredict(test_data,model);


% 函数输出
% 模型预测值
output_ratio_diffradi = show_test_out;
% 模型最优隐含层
% 在此说明,SVM模型并不需要设置最优隐含层,但为了接口函数的通用性,我们在此
% 设置最有隐含层输出为 nan
out_hiddennum = nan;
end
```

附 3.3.3　SVMcgForRegress 函数源程序

```
function [ mse,bestc,bestg ] = SVMcgForRegress( train_label,train,cmin,...
    cmax,gmin,gmax,v,cstep,gstep,msestep )
```

```
% about the parameters of SVMcg
if nargin < 10
    msestep = 0.06;
end
if nargin < 8
    cstep = 0.8;
    gstep = 0.8;
end
if nargin < 7
    v = 5;
end
if nargin < 5
    gmax = 8;
    gmin = -8;
end
if nargin < 3
    cmax = 8;
    cmin = -8;
end
% X:c Y:g cg:acc
[X,Y] = meshgrid(cmin:cstep:cmax,gmin:gstep:gmax);
[m,n] = size(X);
cg = zeros(m,n);

eps = 10^(-4);

bestc = 0;
bestg = 0;
mse = Inf;
basenum = 2;
for i = 1:m
    for j = 1:n
        cmd = ['-v ',num2str(v),'-c ',num2str( basenum^X(i,j) ),'-g ',...
            num2str( basenum^Y(i,j) ),' -s 3 -p 0.1'];
        cg(i,j) = svmtrain(train_label, train, cmd);
```

```
            if cg(i,j) < mse
                mse = cg(i,j);
                bestc = basenum^X(i,j);
                bestg = basenum^Y(i,j);
            end

            if abs( cg(i,j)-mse )<=eps && bestc > basenum^X(i,j)
                mse = cg(i,j);
                bestc = basenum^X(i,j);
                bestg = basenum^Y(i,j);
            end
        end
    end
end
% to draw the acc with different c & g
[cg,ps] = mapminmax(cg,0,1);
% figure;
% [C,h] = contour(X,Y,cg,0:msestep:0.5);
% clabel(C,h,'FontSize',10,'Color','r');
% xlabel('log2c','FontSize',12);
% ylabel('log2g','FontSize',12);
% firstline = 'SVR参数选择结果图(等高线图)[GridSearchMethod]';
% secondline = ['Best c=',num2str(bestc),' g=',num2str(bestg), ...
%  ' CVmse=',num2str(mse)];
% title({firstline;secondline},'Fontsize',12);
% grid on;
%
% figure;
% meshc(X,Y,cg);
% % mesh(X,Y,cg);
% % surf(X,Y,cg);
% axis([cmin,cmax,gmin,gmax,0,1]);
% xlabel('log2c','FontSize',12);
% ylabel('log2g','FontSize',12);
% zlabel('MSE','FontSize',12);
% firstline = 'SVR参数选择结果图(3D视图)[GridSearchMethod]';
% secondline = ['Best c=',num2str(bestc),' g=',num2str(bestg), ...
```

```
%    ′ CVmse=′,num2str(mse)];
% title({firstline;secondline},′Fontsize′,12);
end
```

附 3.4　RBF 神经网络模型函数源程序

附 3.4.1　采用 approximate 函数的 RBF 神经网络

（1）main_approximateRBF_prediction 函数源程序

```
function [ output_ratio_diffradi,out_para,out_hiddennum ] = ...

main_approximateRBF_prediction( train_data,train_ans,test_data,test_ans )
% main_approximateRBF_prediction   此处用来计算approximateRBF模型的输出
%用newrb()创建的RBF网络是一个不断尝试的过程，在创建中不断的增加中间层
%的数量和神经元的数目，直到满足输出的误差为止。

%设置参数
rng(′default′) %保证每次启动matlab时，生成的随机数序列是相同的
rng(0)
nTrainNum = size(train_data,1);
Total_num = size(train_data,1)+size(test_data,1); %数据总数
% 输入数据的维数
nSampDim = size(train_data,2);
test_num=Total_num-nTrainNum;    %求得验证数据的数目

%采用approximate RBF神经网络，spread为默认值1
net = newrb(train_data′,train_ans′,0.005);
show_test_out = net(test_data′);

%% 在此计算各种统计参数
statis_para_show = statis_para_calcu(show_test_out,test_ans′,test_num);
% 函数输出
output_ratio_diffradi = show_test_out;
out_para = statis_para_show;
out_hiddennum = nan;
```

```
fprintf('appprximateRBF神经网络模型各项统计参数如下：\n');
fprintf('平均误差百分比为%d\n',statis_para_show.MPE);
fprintf('平均绝对百分比误差为%d\n',statis_para_show.MAPE);
fprintf('相对标准误差为%d\n',statis_para_show.RSE);
fprintf('均值偏移误差为%d\n',statis_para_show.MBE);
fprintf('均方根误差为%d\n',statis_para_show.RMSE);
fprintf('Nash-Sutcliffe因子为%d\n',statis_para_show.NSE);
fprintf('t_stat参数为%d\n',statis_para_show.t_stat);
fprintf('相关系数为%d\n',statis_para_show.R);

% statis_para_show = GPI_statispara_cal(show_test_out,test_ans',test_num);
% fprintf('均值偏移误差为%d\n',statis_para_show.MBE);
% fprintf('平均绝对误差为%d\n',statis_para_show.MAE);
% fprintf('均方根误差为%d\n',statis_para_show.RMSE);
% fprintf('平均误差百分比为%d\n',statis_para_show.MPE);
% fprintf('95%不确定性为%d\n',statis_para_show.U95);
% fprintf('相对均方根误差为%d\n',statis_para_show.RRMSE);
% fprintf('统计数据t_stats为%d\n',statis_para_show.t_stats);
% fprintf('最大绝对相对误差为%d\n',statis_para_show.erMAX);
% fprintf('相关系数为%d\n',statis_para_show.R);
% fprintf('平均绝对相对误差为%d\n',statis_para_show.MARE);
end
```

（2）main_approximateRBF_prediction_cal函数源程序

```
function [ output_ratio_diffradi,out_hiddennum ] = ...
    main_approximateRBF_prediction_cal( train_data,train_ans,test_data )
% main_approximateRBF_prediction_cal   此处用来计算approximateRBF模型的
% 输出用newrb()创建的RBF网络是一个不断尝试的过程，在创建中不断的增加中间层
% 的数量和神经元的数目，直到满足输出的误差为止。

%设置参数
%保证每次启动matlab时，生成的随机数序列是相同的
rng('default')
rng(0)
nTrainNum = size(train_data,1);
```

```
Total_num = size(train_data,1)+size(test_data,1); %数据总数
% 输入数据维数
nSampDim = size(train_data,2);
%求得验证数据的数目
test_num=Total_num-nTrainNum;


%采用approximate RBF神经网络，spread为默认值1
net = newrb(train_data´,train_ans´,0.005);
show_test_out = net(test_data´);


% 函数输出
output_ratio_diffradi = show_test_out;
out_hiddennum = nan;
end
```

附 3.4.2　采用 exact 函数的 RBF 神经网络

1. main_exactRBF_prediction 函数源程序

```
function [ output_ratio_diffradi,out_para,out_hiddennum ] = ...
    main_exactRBF_prediction( train_data,train_ans,test_data,test_ans )
%main_exactRBF_prediction  此函数用来RBF神经网络中exact函数的输出


% 设置参数
%保证每次启动matlab时，生成的随机数序列是相同的
rng(´default´)
rng(0)
nTrainNum = size(train_data,1);
Total_num = size(train_data,1)+size(test_data,1); %数据总数
% 输入数据维数
nSampDim = size(train_data,2);
test_num=Total_num-nTrainNum;     %求得验证数据的数目


%% 采用exact RBF神经网络
net = newrb(train_data´,train_ans´,0.005);
show_test_out = net(test_data´);
```

```
%% 在此计算各种统计参数
statis_para_show = statis_para_calcu(show_test_out,test_ans´,test_num);

% 函数输出
output_ratio_diffradi = show_test_out;
out_para = statis_para_show;
out_hiddennum = nan;

fprintf(´exactRBF神经网络各项统计参数如下：\n´);
fprintf(´平均误差百分比为%d\n´,statis_para_show.MPE);
fprintf(´平均绝对百分比误差为%d\n´,statis_para_show.MAPE);
fprintf(´相对标准误差为%d\n´,statis_para_show.RSE);
fprintf(´均值偏移误差为%d\n´,statis_para_show.MBE);
fprintf(´均方根误差为%d\n´,statis_para_show.RMSE);
fprintf(´Nash-Sutcliffe因子为%d\n´,statis_para_show.NSE);
fprintf(´t_stat参数为%d\n´,statis_para_show.t_stat);
fprintf(´相关系数为%d\n´,statis_para_show.R);

% statis_para_show = GPI_statispara_cal(show_test_out,test_ans´,test_num);
% fprintf(´均值偏移误差为%d\n´,statis_para_show.MBE);
% fprintf(´平均绝对误差为%d\n´,statis_para_show.MAE);
% fprintf(´均方根误差为%d\n´,statis_para_show.RMSE);
% fprintf(´平均误差百分比为%d\n´,statis_para_show.MPE);
% fprintf(´95%不确定性为%d\n´,statis_para_show.U95);
% fprintf(´相对均方根误差为%d\n´,statis_para_show.RRMSE);
% fprintf(´统计数据t_stats为%d\n´,statis_para_show.t_stats);
% fprintf(´最大绝对相对误差为%d\n´,statis_para_show.erMAX);
% fprintf(´相关系数为%d\n´,statis_para_show.R);
% fprintf(´平均绝对相对误差为%d\n´,statis_para_show.MARE);
end
```

2. main_exactRBF_prediction_cal 函数源程序

```
function [ output_ratio_diffradi,out_hiddennum ] =
main_exactRBF_prediction_cal...
    ( train_data,train_ans,test_data )
```

```
% main_exactRBF_prediction_cal 此函数用来RBF神经网络中exact函数的输出

% 设置参数
rng('default') %保证每次启动matlab时，生成的随机数序列是相同的
rng(0)
nTrainNum = size(train_data,1);
Total_num = size(train_data,1)+size(test_data,1); %数据总数
% 输入数据维数
nSampDim = size(train_data,2);
% 验证数据的数目
test_num=Total_num-nTrainNum;


%% 采用exactRBF神经网络
net = newrb(train_data',train_ans',0.005);
show_test_out = net(test_data');


% 函数输出
output_ratio_diffradi = show_test_out;
out_hiddennum = nan;
end
```

附 3.5　PSO 神经网络模型函数源程序

附 3.5.1　main_PSO_prediction 函数源程序

```
function [ output_ratio_diffradi,out_para,out_hiddennum ] = ...
    main_PSO_prediction( train_data,train_ans,test_data,...
    test_ans,the_hiddenlayer_num )
% main_PSO_prediction 此函数用来计算PSO模型的输出

% 提前设置最佳参数和最佳隐含层参数
best_para = struct('E',0,'MPE',0,'MAPE',0,'RSE',0,'MBE',...
    0,'RMSE',0,'NSE',0,'t_stat',0,'R',0);
best_hiddennum = 0;


% 设置参数
%保证每次启动matlab时，生成的随机数序列是相同的
```

```
rng('default')
rng(0)
nTrainNum = size(train_data,1);
Total_num = size(train_data,1)+size(test_data,1);  %数据总数
nSampDim = size(train_data,2);
outputnum=1;                    %输出数据维度
% 验证数据的数目
test_num=Total_num-nTrainNum;
% 使用者设置的最大隐含层数目
hiddennum=the_hiddenlayer_num;


%% PSO算法的运行参数设置
% 速度更新参数
c1 = 1.49445;
c2 = 1.49445;


maxgen = 300;   %迭代次数
sizeopp = 20;   %种群规模
% 个体和速度最大最小值
popmax = 5;
popmin = -5;
speed_max = 1;
speed_min = -1;


for hiddenlay_num=1:hiddennum
    %构建网络
    net=newff(train_data',train_ans',hiddenlay_num);
    %节点总数
    numsum=nSampDim*hiddenlay_num+hiddenlay_num+...
        hiddenlay_num*outputnum+outputnum;


    %% 种群初始化
    % 随机初始化粒子位置和粒子速度，并根据适应度函数计算粒子适应度值
    for i=1:sizeopp
        %随机产生一个种群
        rand_pop_origin = rands(1,numsum);
        %将粒子初始化
        rand_pop(i,:)=5*rand_pop_origin
```

```matlab
        %将速度初始化
        speed(i,:)=rands(1,numsum);

        %计算粒子适应度值
        %粒子适应度函数要改变
        fitness(i)=PSO_fitness_fun(rand_pop(i,:),...

nSampDim,hiddenlay_num,outputnum,net,train_data′,train_ans′);
    end

    %% 寻找初始化极值
    % 根据初始粒子适应度值寻找个体极值和群体极值
    % bestfitness为最小值，bestindex为最小值所在的位置
    % min为求最小值函数
    [ bestfitness,bestindex ] = min(fitness);
    % 找到最小适应度值所对应的位置和速度
    group_best = rand_pop(bestindex,:);    %全局最佳
    personal_best = rand_pop;         %个体最佳
    personal_fitness_best = fitness;   %个体最佳适应度值
    group_fitness_best = bestfitness;  %全局最佳适应度值

    %% 根据速度和位置更新公式更新粒子速度和位置，并且根据新粒子的适应度值更新
    %个体极值和群体极值
    %迭代寻优
    for i=1:maxgen
        %粒子位置和速度更新
        for j=1:sizeopp
            %速度更新
            speed_left_right_bra = personal_best(j,:)-rand_pop(j,:);
            speed_left_right = c1*rand*speed_left_right_bra;
            speed_left = speed(j,:)+speed_left_right;
            speed_right_right_bra = group_best-rand_pop(j,:);
            speed_right_right = c2*rand*speed_right_right_bra;
            speed(j,:)=speed_left+speed_right_right;
            speed(j,find(speed(j,:)>speed_max))=speed_max;
            speed(j,find(speed(j,:)<speed_min))=speed_min;

            %粒子更新
```

```
                rand_pop(j,:)=rand_pop(j,:)+0.5*speed(j,:);
                rand_pop(j,find(rand_pop(j,:)>popmax))=popmax;
                rand_pop(j,find(rand_pop(j,:)<popmin))=popmin;

                % 新粒子适应度值
                fitness(j)=PSO_fitness_fun(rand_pop(j,:),nSampDim,...
                hiddenlay_num,outputnum,net,train_data',train_ans');
            end


        % 个体极值和群体极值更新
        for j=1:sizeopp
            %个体极值更新
            if fitness(j)<personal_fitness_best(j)
                    personal_best(j,:) = rand_pop(j,:);
                    personal_fitness_best(j) = fitness(j);
            end

            %群体极值更新
            if fitness(j)<group_fitness_best
                    group_best = rand_pop(j,:);
                    group_fitness_best = fitness(j);
             end

        end
end
%% 把最优初始阈值权值赋予网络预测
% %用遗传算法优化的BP网络进行值预测
% 输入层至隐含层个数
weight_ij = nSampDim*hiddenlay_num;
% 隐含层至输出层个数
weight_jk = hiddenlay_num*outputnum;
w1_right = weight_ij;
w1=rand_pop(1:w1_right);
B1_left = weight_ij+1;
B1_right = weight_ij+hiddenlay_num;
B1=rand_pop(B1_left:B1_right);
w2_left = weight_ij+hiddenlay_num+1;
w2_right = weight_ij+hiddenlay_num+weight_jk;
w2=rand_pop(w2_left:w2_right);
```

```
B2_left_left  = weight_ij+hiddenlay_num;
B2_left_right = weight_jk+1;
B2_left = B2_left_left+B2_left_right;
B2_right_left = weight_ij+hiddenlay_num;
B2_right_right = weight_jk+outputnum;
B2_right = B2_right_left+B2_right_right;
B2=rand_pop(B2_left:B2_right);

net.iw{1,1}=reshape(w1,hiddenlay_num,nSampDim);
net.lw{2,1}=reshape(w2,outputnum,hiddenlay_num);
net.b{1}=reshape(B1,hiddenlay_num,1);
net.b{2}=B2;

% 清除这两个数据，避免对下一次的循环造成影响
clear pop;
clear V;
%% BP网络训练
% 网络进化参数
net.trainParam.epochs=100;
net.trainParam.lr=0.1;
%net.trainParam.goal=0.00001;

%网络训练
[net,per2]=train(net,train_data′,train_ans′);

%% BP网络预测
show_test_out=sim(net,test_data′);
% 将误差记录下来
error=show_test_out-test_ans′;

%% 在此计算各种统计参数
statis_para_show = statis_para_calcu(show_test_out,test_ans′,test_num);
[best_para,best_hiddennum] = ...
      para_compar_selec(best_para,statis_para_show,...
      best_hiddennum,hiddenlay_num);
% 输出正在循环的隐含层数，方便使用者了解模型计算过程
fprintf('隐含层数为%d\n',hiddenlay_num);
end
```

```
% 函数输出
output_ratio_diffradi = show_test_out;
out_para = best_para;
out_hiddennum = best_hiddennum;

fprintf('PSO神经网络各项统计参数如下: \n');
fprintf('PSO神经网络最优隐含层数为%d\n',best_hiddennum);
fprintf('平均误差百分比为%d\n',best_para.MPE);
fprintf('平均绝对百分比误差为%d\n',best_para.MAPE);
fprintf('相对标准误差为%d\n',best_para.RSE);
fprintf('均值偏移误差为%d\n',best_para.MBE);
fprintf('均方根误差为%d\n',best_para.RMSE);
fprintf('Nash-Sutcliffe因子为%d\n',best_para.NSE);
fprintf('t_stat参数为%d\n',best_para.t_stat);
fprintf('相关系数为%d\n',best_para.R);

% statis_para_show = GPI_statispara_cal(show_test_out,test_ans',test_num);
% fprintf('均值偏移误差为%d\n',statis_para_show.MBE);
% fprintf('平均绝对误差为%d\n',statis_para_show.MAE);
% fprintf('均方根误差为%d\n',statis_para_show.RMSE);
% fprintf('平均误差百分比为%d\n',statis_para_show.MPE);
% fprintf('95%不确定性为%d\n',statis_para_show.U95);
% fprintf('相对均方根误差为%d\n',statis_para_show.RRMSE);
% fprintf('统计数据t_stats为%d\n',statis_para_show.t_stats);
% fprintf('最大绝对相对误差为%d\n',statis_para_show.erMAX);
% fprintf('相关系数为%d\n',statis_para_show.R);
% fprintf('平均绝对相对误差为%d\n',statis_para_show.MARE);
end
```

附 3.5.2　main_PSO_prediction_cal 函数源程序

```
function [ output_ratio_diffradi,out_hiddennum ] = main_PSO_prediction_cal...
    ( train_data,train_ans,test_data,the_hiddenlayer_num )
%main_PSO_prediction_cal 此函数用来计算PSO模型的输出

% 提前设置最佳参数和最佳隐含层参数
best_para = struct('E',0,'MPE',0,'MAPE',0,'RSE',0,'MBE',...
    0,'RMSE',0,'NSE',0,'t_stat',0,'R',0);
```

```
best_hiddennum = 0;

%设置参数
rng('default') %保证每次启动matlab时，生成的随机数序列是相同的
rng(0)
nTrainNum = size(train_data,1);
Total_num = size(train_data,1)+size(test_data,1); %数据总数
nSampDim = size(train_data,2);
outputnum=1;                %输出数据维度
test_num=Total_num-nTrainNum;    %求得验证数据的数目
hiddennum=the_hiddenlayer_num;    %隐含层数目


%% PSO算法的运行参数设置
% 速度更新参数
c1 = 1.49445;
c2 = 1.49445;


maxgen_cir = 300;  %迭代次数
size_opp = 20;  %种群规模
% 个体和速度最大最小值
pop_max = 5;
pop_min = -5;
speed_max = 1;
speed_min = -1;


for hiddenlay_num=1:hiddennum
    %构建网络
    net=newff(train_data',train_ans',hiddenlay_num);
    %节点总数
    numsum=nSampDim*hiddenlay_num+hiddenlay_num+...
        hiddenlay_num*outputnum+outputnum;

    %% 种群初始化
    % 随机初始化粒子位置和粒子速度，并根据适应度函数计算粒子适应度值
    for i=1:size_opp
        %随机产生一个种群
        % 粒子初始化
        rand_pop(i,:)=5*rands(1,numsum);
```

```
        % 速度初始化
        speed(i,:)=rands(1,numsum);

        %计算粒子适应度值
        %粒子适应度函数要改变
        fitness(i)=PSO_fitness_fun(rand_pop(i,:),...

nSampDim,hiddenlay_num,outputnum,net,train_data´,train_ans´);
    end

    %% 寻找初始化极值
    % 根据初始粒子适应度值寻找个体极值和群体极值
    % bestfitness为最小值，bestindex为最小值所在的位置
    [ bestfitness,bestindex ] = min(fitness);
    % 找到最小适应度值所对应的位置和速度
    group_best = rand_pop(bestindex,:);      %全局最佳
    personal_best = rand_pop;              %个体最佳
    personal_fitness_best = fitness;    %个体最佳适应度值
    group_fitness_best = bestfitness;   %全局最佳适应度值

    %% 根据速度和位置更新公式更新粒子速度和位置，并且根据新粒子的适应度值更新
    %个体极值和群体极值
    % 迭代寻优
    for i=1:maxgen_cir
        %粒子位置和速度更新
        for j=1:size_opp
        %速度更新
        speed(j,:)=speed(j,:)+c1*rand*(personal_best(j,:)-...
            rand_pop(j,:))+c2*rand*(group_best-rand_pop(j,:));
        speed(j,find(speed(j,:)>speed_max))=speed_max;
        speed(j,find(speed(j,:)<speed_min))=speed_min;

        %粒子更新
        rand_pop(j,:)=rand_pop(j,:)+0.5*speed(j,:);
        rand_pop(j,find(rand_pop(j,:)>pop_max))=pop_max;
        rand_pop(j,find(rand_pop(j,:)<pop_min))=pop_min;

        % 新粒子适应度值
```

```
            fitness(j)=PSO_fitness_fun(rand_pop(j,:),nSampDim,...
                hiddenlay_num,outputnum,net,train_data',train_ans');
    end


    % 个体极值和群体极值更新
    for j=1:size_opp
        %个体极值更新
        if fitness(j)<personal_fitness_best(j)
                personal_best(j,:) = rand_pop(j,:);
                personal_fitness_best(j) = fitness(j);
        end


        %群体极值更新
        if fitness(j)<group_fitness_best
                group_best = rand_pop(j,:);
                group_fitness_best = fitness(j);
            end
        end
end
%% 把最优初始阈值权值赋予网络预测
% %用遗传算法优化的BP网络进行值预测
% 输入层至隐含层个数
weight_ij = nSampDim*hiddenlay_num;
% 隐含层至输出层个数
weight_jk = hiddenlay_num*outputnum;
w1_right = weight_ij;
w1=rand_pop(1:w1_right);
B1_left = weight_ij+1;
B1_right = weight_ij+hiddenlay_num;
B1=rand_pop(B1_left:B1_right);
w2_left = weight_ij+hiddenlay_num+1;
w2_right = weight_ij+hiddenlay_num+weight_jk;
w2=rand_pop(w2_left:w2_right);
B2_left_left = weight_ij+hiddenlay_num;
B2_left_right = weight_jk+1;
B2_left = B2_left_left+B2_left_right;
B2_right_left = weight_ij+hiddenlay_num;
B2_right_right = weight_jk+outputnum;
```

```
    B2_right = B2_right_left+B2_right_right;
    B2=rand_pop(B2_left:B2_right);

    net.iw{1,1}=reshape(w1,hiddenlay_num,nSampDim);
    net.lw{2,1}=reshape(w2,outputnum,hiddenlay_num);
    net.b{1}=reshape(B1,hiddenlay_num,1);
    net.b{2}=B2;

    % 清除这两个数据，避免对下一次的循环造成影响
    clear rand_pop;
    clear V;
%% BP网络训练
%网络进化参数
    net.trainParam.epochs=100;
    net.trainParam.lr=0.1;
    %net.trainParam.goal=0.00001;

    %网络训练
    [net,per2]=train(net,train_data´,train_ans´);

    show_test_out = sim(net,train_data´);
    % 在此对不同数量隐含层的网络进行比较
    statis_para_show =
statis_para_calcu(show_test_out,train_ans´,nTrainNum);
        [best_para,best_hiddennum] = ...
        para_compar_selec(best_para,statis_para_show,...
        best_hiddennum,hiddenlay_num);

    fprintf(´隐含层数为%d\n´,hiddenlay_num);
end


%% 对测试数据进行预测输出
% 构建网络
net=newff(train_data´,train_ans´,best_hiddennum);
% 节点总数
numsum=nSampDim*hiddenlay_num+best_hiddennum+...
    best_hiddennum*outputnum+outputnum;
```

```
%% 种群初始化
% 随机初始化粒子位置和粒子速度，并根据适应度函数计算粒子适应度值
for i=1:size_opp
        %随机产生一个种群
        rand_pop(i,:)=5*rands(1,numsum);  %初始化粒子
        speed(i,:)=rands(1,numsum);      %初始化速度

        %计算粒子适应度值
        %粒子适应度函数要改变
        fitness(i)=PSO_fitness_fun(rand_pop(i,:),...
            nSampDim,best_hiddennum,outputnum,net,train_data´,train_ans´);
end


%% 寻找初始化极值
% 根据初始粒子适应度值寻找个体极值和群体极值
% bestfitness为最小值，bestindex为最小值所在的位置
[ bestfitness,bestindex ] = min(fitness);
% 找到最小适应度值所对应的位置和速度
% 种群最佳
group_best = rand_pop(bestindex,:);
% 个体最佳
personal_best = rand_pop;
% 个体最佳适应度值
personal_fitness_best = fitness;
% 种群最佳适应度值
group_fitness_best = bestfitness;


%% 根据速度和位置更新公式更新粒子速度和位置，并且根据新粒子的适应度值更新
% 个体极值和群体极值
% 迭代寻优
for i=1:maxgen_cir
        %粒子位置和速度更新
        for j=1:size_opp
                %速度更新
                speed(j,:)=speed(j,:)+c1*rand*(personal_best(j,:)-...
                    rand_pop(j,:))+c2*rand*(group_best-rand_pop(j,:));
                speed(j,find(speed(j,:)>speed_max))=speed_max;
                speed(j,find(speed(j,:)<speed_min))=speed_min;
```

```
        %将粒子进行更新
        rand_pop(j,:)=rand_pop(j,:)+0.5*speed(j,:);
        rand_pop(j,find(rand_pop(j,:)>pop_max))=pop_max;
        rand_pop(j,find(rand_pop(j,:)<pop_min))=pop_min;

        % 新粒子适应度值
        fitness(j)=PSO_fitness_fun(rand_pop(j,:),nSampDim,...
            best_hiddennum,outputnum,net,train_data′,train_ans′);
    end

    % 个体极值和群体极值更新
    for j=1:size_opp
        %个体极值更新
        if fitness(j)<personal_fitness_best(j)
            personal_best(j,:) = rand_pop(j,:);
            personal_fitness_best(j) = fitness(j);
        end

        %群体极值更新
        if fitness(j)<group_fitness_best
            group_best = rand_pop(j,:);
            group_fitness_best = fitness(j);
        end

    end
end
%% 把最优初始阈值权值赋予网络预测
% %用遗传算法优化的BP网络进行值预测
% 输入层至隐含层个数
weight_ij = nSampDim*hiddenlay_num;
% 隐含层至输出层个数
weight_jk = hiddenlay_num*outputnum;
w1_right = weight_ij;
w1=rand_pop(1:w1_right);
B1_left = weight_ij+1;
B1_right = weight_ij+hiddenlay_num;
B1=rand_pop(B1_left:B1_right);
w2_left = weight_ij+hiddenlay_num+1;
```

```matlab
w2_right = weight_ij+hiddenlay_num+weight_jk;
w2=rand_pop(w2_left:w2_right);
B2_left_left = weight_ij+hiddenlay_num;
B2_left_right = weight_jk+1;
B2_left = B2_left_left+B2_left_right;
B2_right_left = weight_ij+hiddenlay_num;
B2_right_right = weight_jk+outputnum;
B2_right = B2_right_left+B2_right_right;
B2=rand_pop(B2_left:B2_right);

net.iw{1,1}=reshape(w1,best_hiddennum,nSampDim);
net.lw{2,1}=reshape(w2,outputnum,best_hiddennum);
net.b{1}=reshape(B1,best_hiddennum,1);
net.b{2}=B2;

% 清楚这两个数据，避免对下一次的循环造成影响
clear rand_pop;
clear speed;
%% BP网络训练
%网络进化参数
net.trainParam.epochs=100;
net.trainParam.lr=0.1;
% 网络的训练目标
%net.trainParam.goal=0.00001;

% 网络训练
[net,per2]=train(net,train_data´,train_ans´);
% 模型预测
show_test_out = sim(net,test_data´);

% 函数输出
% 模型预测值
output_ratio_diffradi = show_test_out;
% 最优隐含层
out_hiddennum = best_hiddennum;
end
```

附 3.5.3 PSO_fitness_fun 函数源程序

```
%% 在这用遗传算法中的适应度函数来作为比较粒子好坏的适应度函数
function error =
PSO_fitness_fun(rand_pop,inputnum,hiddennum,outputnum,net,inputn,outputn)
%该函数用来计算适应度值
%x            input    个体
%inputnum     input    输入层节点数
%outputnum    input    输出层节点数
%net          input    网络
%inputn       input    训练输入数据
%outputn      input    训练输出数据
%error        output   个体适应度值


%BP神经网络初始权值和阈值，x为个体
%提取，只有一行
% 输入层至隐含层个数
weight_ij = inputnum*hiddennum;
% 隐含层至输出层个数
weight_jk = hiddennum*outputnum;
w1_right = weight_ij;
w1=rand_pop(1:w1_right);
B1_left = weight_ij+1;
B1_right = weight_ij+hiddenlay_num;
B1=rand_pop(B1_left:B1_right);
w2_left = weight_ij+hiddenlay_num+1;
w2_right = weight_ij+hiddenlay_num+weight_jk;
w2=rand_pop(w2_left:w2_right);
B2_left_left = weight_ij+hiddenlay_num;
B2_left_right = weight_jk+1;
B2_left = B2_left_left+B2_left_right;
B2_right_left = weight_ij+hiddenlay_num;
B2_right_right = weight_jk+outputnum;
B2_right = B2_right_left+B2_right_right;
B2=rand_pop(B2_left:B2_right);


%网络权值赋值
%reshape:对矩阵按预定的格式重新赋值
```

```
net.iw{1,1}=reshape(w1,hiddennum,inputnum);
net.lw{2,1}=reshape(w2,outputnum,hiddennum);
net.b{1}=reshape(B1,hiddennum,1);
net.b{2}=B2;

%网络进化参数
net.trainParam.epochs=20;
net.trainParam.lr=0.1;
net.trainParam.goal=0.00001;
net.trainParam.show=100;
net.trainParam.showWindow=0;

%神经网络训练
net=train(net,inputn,outputn);
%神经网络预测
predict_answer=sim(net,inputn);
%适应函数可以有好多，在此选择网络预测误差为适应度函数
%预测误差和作为个体适应度值
error=sum(abs(predict_answer-outputn));
```

附 3.6 小波神经网络模型函数源程序

附 3.6.1 main_smallwave_prediction 函数源程序

```
function [ output_ratio_diffradi,out_para,out_hiddennum ] = ...
    main_smallwave_prediction( train_data,train_ans,test_data,test_ans,...
    the_hiddenlayer_num )
% main_smallwave_prediction   此函数用来计算小波算法神经网络的输出

% 设置参数
rng('default') %保证每次启动matlab时，生成的随机数序列是相同的
rng(0)
nTrainNum = size(train_data,1);
Total_num = size(train_data,1)+size(test_data,1); %数据总数
nSampDim = size(train_data,2);

test_num=Total_num-nTrainNum;    %求得验证数据的数目
best_para = struct('E',0,'MPE',0,'MAPE',0,'RSE',0,'MBE',...
    0,'RMSE',0,'NSE',0,'t_stat',0,'R',0);
```

```
best_hiddennum = 0;

%% 网络构建
% 输入数据维度
inputnum=nSampDim;
hiddennum=the_hiddenlayer_num;
outputnum=1;

% 权值和参数学习速率
lr1 = 0.01;
lr2 = 0.001;
maxgen = 100;  %网络迭代学习次数
for hiddenlay_num=1:hiddennum
        % 网络权值初始化
        %输入层和隐含层的连接权值
        Wjk = randn(hiddennum,nSampDim);
        %隐含层和输出层的连接权值
        Wij = randn(outputnum,hiddennum);
        %设置伸缩因子
        a = randn(1,hiddennum);
        %设置平移因子
        b = randn(1,hiddennum);

        %节点初始化
        y=zeros(1,outputnum);
        net=zeros(1,hiddennum);
        net_ab=zeros(1,hiddennum);

        % 权值学习增量初始化
        d_Wjk = zeros(hiddennum,nSampDim);
        d_Wij = zeros(outputnum,hiddennum);
        d_a = zeros(1,hiddennum);
        d_b = zeros(1,hiddennum);

        %% 网络训练
        for i=1:maxgen
                % 记录每次误差
                error(i) = 0;
```

```
% 网络训练
for kk=1:nTrainNum
    % 提取输入输出数据
    x = train_data(kk,:);
    yqw = train_ans(kk,:);

    % 网络预测输出
    for j=1:hiddennum
        for k=1:nSampDim
            net_right = Wjk(j,k)*x(k);
            net(j)=net(j)+net_right;
            net_ab_top = net(j)-b(j);
            net_ab(j)=net_ab_top/a(j);
        end
        temp = mymorlet(net_ab(j));
        for k=1:outputnum
            y_right = Wjk(j,k)*temp;
            y(k)=y(k)+y_right;
        end
    end

    % 误差累积
    error_right_abs_bra = yqw-y;
    error_right_abs = abs(error_right_abs_bra);
    error_right = sum(error_right_abs);
    error(i) = error(i)+error_right;

    % 权值修正
    for j=1:hiddennum
        % 计算d_Wij（Wij修正值）
        temp_bra = net_ab(j);
        temp = mymorlet(temp_bra);
        for k=1:outputnum
            d_Wij_right_left = yqw(k)-y(k);
            d_Wij_right = d_Wij_right_left*temp;
            d_Wij(k,j)=d_Wij(k,j)-d_Wij_right;
        end
```

```
% 计算d_Wjk（Wjk修正值）
temp_right_bra = net_ab(j);
temp = mymorlet(temp_right_bra);
for k=1:nSampDim
    for l=1:outputnum
    d_Wjk_right_left = yqw(l)-y(l);
    d_Wjk_right = d_Wjk_right_left*Wij(l,j);
    d_Wjk(j,k)=d_Wjk(j,k)+d_Wjk_right;
    end
    d_Wjk(j,k)=-d_Wjk(j,k)*temp*x(k)/a(k);
end

% 计算d_b（b修正值）
for k=1:outputnum
    d_b_right_left = yqw(k)-y(k);
    d_b_right = d_b_right_left*Wij(k,j);
    d_b(j)=d_b(j)+d_b_right;
end
d_b(j)=d_b(j)*temp/a(j);

% 计算d_a（a修正值）
for k=1:outputnum
    d_a_right_left = yqw(k)-y(k);
    d_a_right = d_a_right_left*Wij(k,j);
    d_a(j)=d_a(j)+d_a_right;
end
    d_a_left = d_a(j)*temp;
    d_a_right_left = net(j)-b(j);
    d_a_right_right = b(j)/a(j);
    d_a_right = d_a_right_left/d_a_right_right;
    d_a(j)=d_a_left*d_a_right;
end

% 权值参数更新
Wij = Wij-lr1*d_Wij;
Wjk = Wjk-lr1*d_Wjk;
b = b-lr2*d_b;
a = a-lr2*d_a;
```

```matlab
                d_Wjk = zeros(hiddennum,nSampDim);
                d_Wij = zeros(outputnum,hiddennum);
                d_a = zeros(1,hiddennum);
                d_b = zeros(1,hiddennum);

                y = zeros(1,outputnum);
                net = zeros(1,hiddennum);
                net_ab =zeros(1,hiddennum);
            end
        end

        %% 网络预测
        x = test_data;
        for i=1:test_num   %test_num为测试数据个数
            x_test = x(i,:);

            for j=1:1:hiddennum
                for k=1:1:nSampDim
                    net(j)=net(j)+Wjk(j,k)*x_test(k);
                    net_ab(j)=(net(j)-b(j))/a(j);
                end
                temp=mymorlet(net_ab(j));
                for k=1:outputnum
                    y(k)=y(k)+Wij(k,j)*temp;
                end
            end

        yuce(i)=y(k);      %预测结果记录
        y=zeros(1,outputnum);    %输出节点初始化
        net=zeros(1,hiddennum);    %隐含节点初始化
        net_ab=zeros(1,hiddennum); %隐含节点初始化
end
show_test_out = yuce;
%% 在此计算各种统计参数
statis_para_show = statis_para_calcu(show_test_out,test_ans´,test_num);
[best_para,best_hiddennum] = ...
```

```
para_compar_selec(best_para,statis_para_show,best_hiddennum,hiddenlay_num);

    fprintf('隐含层数为%d\n',hiddenlay_num);
end


% 函数输出
output_ratio_diffradi = show_test_out;
out_para = best_para;
out_hiddennum = best_hiddennum;

fprintf('小波神经网络各项统计参数如下：\n');
fprintf('小波神经网络最优隐含层数为%d\n',best_hiddennum);
fprintf('平均误差百分比为%d\n',best_para.MPE);
fprintf('平均绝对百分比误差为%d\n',best_para.MAPE);
fprintf('相对标准误差为%d\n',best_para.RSE);
fprintf('均值偏移误差为%d\n',best_para.MBE);
fprintf('均方根误差为%d\n',best_para.RMSE);
fprintf('Nash-Sutcliffe因子为%d\n',best_para.NSE);
fprintf('t_stat参数为%d\n',best_para.t_stat);
fprintf('相关系数为%d\n',best_para.R);


% statis_para_show = GPI_statispara_cal(show_test_out,test_ans',test_num);
% fprintf('均值偏移误差为%d\hiddennum',statis_para_show.MBE);
% fprintf('平均绝对误差为%d\hiddennum',statis_para_show.MAE);
% fprintf('均方根误差为%d\hiddennum',statis_para_show.RMSE);
% fprintf('平均误差百分比为%d\hiddennum',statis_para_show.MPE);
% fprintf('95%不确定性为%d\hiddennum',statis_para_show.U95);
% fprintf('相对均方根误差为%d\hiddennum',statis_para_show.RRMSE);
% fprintf('统计数据t_stats为%d\hiddennum',statis_para_show.t_stats);
% fprintf('最大绝对相对误差为%d\hiddennum',statis_para_show.erMAX);
% fprintf('相关系数为%d\hiddennum',statis_para_show.R);
% fprintf('平均绝对相对误差为%d\hiddennum',statis_para_show.MARE);
end
```

附 3.6.2　main_smallwave_prediction_cal 函数源程序

```
function [ output_ratio_diffradi,out_hiddennum ] =
main_smallwave_prediction_cal...
```

```
    ( train_data,train_ans,test_data,the_hiddenlayer_num )
%main_smallwave_prediction_cal 此函数用来计算小波算法神经网络的输出

% 设置参数
rng('default') %保证每次启动matlab时，生成的随机数序列是相同的
rng(0)
nTrainNum = size(train_data,1);
Total_num = size(train_data,1)+size(test_data,1); %数据总数
nSampDim = size(train_data,2);

test_num=Total_num-nTrainNum;    %求得验证数据的数目
best_para = struct('E',0,'MPE',0,'MAPE',0,'RSE',0,'MBE',...
    0,'RMSE',0,'NSE',0,'t_stat',0,'R',0);
best_hiddennum = 0;


%% 网络构建
hiddennum=the_hiddenlayer_num;
outputnum=1;


% 权值和参数学习速率
lr1 = 0.01;
lr2 = 0.001;
maxgen = 100;  %网络迭代学习次数
for hiddenlay_num=1:hiddennum
    % 网络权值初始化
    Wjk = randn(hiddennum,nSampDim);  %输入层和隐含层的连接权值
    Wij = randn(outputnum,hiddennum);  %隐含层和输出层的连接权值
    a = randn(1,hiddennum);   %伸缩因子
    b = randn(1,hiddennum);   %平移因子

    %节点初始化
    y=zeros(1,outputnum);
    net=zeros(1,hiddennum);
    net_ab=zeros(1,hiddennum);

    % 权值学习增量初始化
    d_Wjk = zeros(hiddennum,nSampDim);
    d_Wij = zeros(outputnum,hiddennum);
```

```
d_a = zeros(1,hiddennum);
d_b = zeros(1,hiddennum);
```

```
%% 网络训练
for i=1:maxgen
    error(i) = 0;  % 记录每次误差
    % 网络训练
    for kk=1:nTrainNum
        % 提取输入输出数据
        x = train_data(kk,:);
        yqw = train_ans(kk,:);

        % 网络预测输出
        for j=1:hiddennum
            for k=1:nSampDim
                net(j)=net(j)+Wjk(j,k)*x(k);
                net_ab(j)=(net(j)-b(j))/a(j);
            end
            temp = mymorlet(net_ab(j));
            for k=1:outputnum
                y(k)=y(k)+Wjk(j,k)*temp;
            end
        end

        % 误差累积
        error(i) = error(i)+sum(abs(yqw-y));

        % 权值修正
        for j=1:hiddennum
            % 计算d_Wij（Wij修正值）
            temp = mymorlet(net_ab(j));
            for k=1:outputnum
                d_Wij(k,j)=d_Wij(k,j)-(yqw(k)-y(k))*temp;
            end

            % 计算d_Wjk（Wjk修正值）
            temp = mymorlet(net_ab(j));
            for k=1:nSampDim
```

```
                for l=1:outputnum
                        d_Wjk(j,k)=d_Wjk(j,k)+(yqw(l)-y(l))*Wij(l,j);
                end
                d_Wjk(j,k)=-d_Wjk(j,k)*temp*x(k)/a(k);
        end

        % 计算d_b（b修正值）
        for k=1:outputnum
                d_b(j)=d_b(j)+(yqw(k)-y(k))*Wij(k,j);
        end
        d_b(j)=d_b(j)*temp/a(j);

        % 计算d_a（a修正值）
        for k=1:outputnum
                d_a(j)=d_a(j)+(yqw(k)-y(k))*Wij(k,j);
        end
        d_a(j)=d_a(j)*temp*(net(j)-b(j))/b(j)/a(j);
    end

    % 权值参数更新
    Wij = Wij-lr1*d_Wij;
    Wjk = Wjk-lr1*d_Wjk;
    b = b-lr2*d_b;
    a = a-lr2*d_a;

    d_Wjk = zeros(hiddennum,nSampDim);
    d_Wij = zeros(outputnum,hiddennum);
    d_a = zeros(1,hiddennum);
    d_b = zeros(1,hiddennum);

    y = zeros(1,outputnum);
    net = zeros(1,hiddennum);
    net_ab =zeros(1,hiddennum);
    end
end

%% 网络比较
x = train_data;
```

```
    for i=1:nTrainNum  %test_num为测试数据个数
    x_test = x(i,:);


    for j=1:1:hiddennum
        for k=1:1:nSampDim
            net(j)=net(j)+Wjk(j,k)*x_test(k);
            net_ab(j)=(net(j)-b(j))/a(j);
        end
        temp=mymorlet(net_ab(j));
        for k=1:outputnum
            y(k)=y(k)+Wij(k,j)*temp;
        end
    end


    yuce(i)=y(k);    %预测结果记录
    y=zeros(1,outputnum);    %输出节点初始化
    net=zeros(1,hiddennum);    %隐含节点初始化
    net_ab=zeros(1,hiddennum);  %隐含节点初始化
end
show_test_out = yuce;
%% 在此计算各种统计参数
statis_para_show = statis_para_calcu(show_test_out,train_ans´,nTrainNum);
    [best_para,best_hiddennum] = ...

para_compar_selec(best_para,statis_para_show,best_hiddennum,hiddenlay_num);


    fprintf(´隐含层数为%d\n´,hiddenlay_num);
end


%% 网络预测
% 网络权值初始化
Wjk = randn(best_hiddennum,nSampDim);  %输入层和隐含层的连接权值
Wij = randn(outputnum,best_hiddennum);  %隐含层和输出层的连接权值
a = randn(1,best_hiddennum);    %伸缩因子
b = randn(1,best_hiddennum);    %平移因子


%节点初始化
y=zeros(1,outputnum);
```

```matlab
net=zeros(1,best_hiddennum);
net_ab=zeros(1,best_hiddennum);

% 权值学习增量初始化
d_Wjk = zeros(best_hiddennum,nSampDim);
d_Wij = zeros(outputnum,best_hiddennum);
d_a = zeros(1,best_hiddennum);
d_b = zeros(1,best_hiddennum);

%% 网络训练
for i=1:maxgen
    error(i) = 0;  % 记录每次误差
    % 网络训练
    for kk=1:nTrainNum
        % 提取输入输出数据
        x = train_data(kk,:);
        yqw = train_ans(kk,:);

        % 网络预测输出
        for j=1:best_hiddennum
            for k=1:nSampDim
                net(j)=net(j)+Wjk(j,k)*x(k);
                net_ab(j)=(net(j)-b(j))/a(j);
            end
            temp = mymorlet(net_ab(j));
            for k=1:outputnum
                y(k)=y(k)+Wjk(j,k)*temp;
            end
        end

        % 误差累积
        error(i) = error(i)+sum(abs(yqw-y));

        % 权值修正
        for j=1:best_hiddennum
            % 计算d_Wij（Wij修正值）
            temp = mymorlet(net_ab(j));
            for k=1:outputnum
```

```
        d_Wij(k,j)=d_Wij(k,j)-(yqw(k)-y(k))*temp;
end

% 计算d_Wjk(Wjk修正值)
temp = mymorlet(net_ab(j));
for k=1:nSampDim
    for l=1:outputnum
        d_Wjk(j,k)=d_Wjk(j,k)+(yqw(l)-y(l))*Wij(l,j);
    end
    d_Wjk(j,k)=-d_Wjk(j,k)*temp*x(k)/a(k);
end

% 计算d_b(b修正值)
for k=1:outputnum
    d_b(j)=d_b(j)+(yqw(k)-y(k))*Wij(k,j);
end
d_b(j)=d_b(j)*temp/a(j);

% 计算d_a(a修正值)
for k=1:outputnum
    d_a(j)=d_a(j)+(yqw(k)-y(k))*Wij(k,j);
end
d_a(j)=d_a(j)*temp*(net(j)-b(j))/b(j)/a(j);
end

% 权值参数更新
Wij_right = lr1*d_Wij;
Wij = Wij-Wij_right;
Wjk_right = lr1*d_Wjk;
Wjk = Wjk-Wjk_right;
b_right = lr2*d_b;
b = b-b_right;
a_right = a-lr2*d_a;
a = a-lr2*d_a;

d_Wjk = zeros(best_hiddennum,nSampDim);
d_Wij = zeros(outputnum,best_hiddennum);
d_a = zeros(1,best_hiddennum);
```

```
                d_b = zeros(1,best_hiddennum);

                y = zeros(1,outputnum);
                net = zeros(1,best_hiddennum);
                net_ab =zeros(1,best_hiddennum);
        end
end

x = test_data;
for i=1:test_num  %test_num为测试数据个数
        x_test = x(i,:);

        for j=1:1:best_hiddennum
            for k=1:1:nSampDim
                net_right = Wjk(j,k)*x_test(k);
                net(j)=net(j)+net_right;
                net_ab_top = net(j)-b(j);
                net_ab(j)=net_ab_top/a(j);
            end
            temp=mymorlet(net_ab(j));
            for k=1:outputnum
                y_right = Wij(k,j)*temp;
                y(k)=y(k)+y_right;
            end
        end

        yuce(i)=y(k);      %预测结果记录
        y=zeros(1,outputnum);    %输出节点初始化
        net=zeros(1,best_hiddennum);    %隐含节点初始化
        net_ab=zeros(1,best_hiddennum); %隐含节点初始化
end
show_test_out = yuce;

% 函数输出
% 模型预测值
output_ratio_diffradi = show_test_out;
% 模型最优隐含层
out_hiddennum = best_hiddennum;
```

```
end
```

附 3.6.3   mymorlet 函数源程序

```
function [ out_para ] = mymorlet( input_para )
% mymorlet    该函数计算小波函数输出
% input_para    input    输入变量
% out_para    output    输出变量
%下边为具体的小波函数计算代码
out_para_left_exp_bra_top = input_para.^2;
out_para_left_exp_bra = out_para_left_exp_bra_top/2;
out_para_left_exp_bra_nega = -out_para_left_exp_bra;
out_para_left = exp(out_para_left_exp_bra_nega);
out_para_right_bra = 1.75*input_para;
out_para_right = cos(out_para_right_bra);
out_para = out_para_left*out_para_right;
end
```

附 3.6.4   d_mymorlet 函数源程序

```
function [ small_d ] = d_mymorlet( input_para )
% d_mymorlet    该函数用于计算小波函数偏导数输出
% input_para    input    输入变量
% small_d    output    输出变量
%下边代码为小波函数偏导数的求导过程
small_d_left_sin_bra = 1.75*input_para;
small_d_left_sin = sin(small_d_left_sin_bra);
small_d_left_exp_bra_top = input_para.^2;
small_d_left_exp_bra_nonegative = small_d_left_exp_bra_top/2;
small_d_left_exp_bra = -small_d_left_exp_bra_nonegative;
small_d_left_exp = exp(small_d_left_exp_bra);
small_d_left_exp_sin = small_d_left_sin.*small_d_left_exp;
small_d_left = 1.75*small_d_left_exp_sin;
small_d_right_right_cos_bra = 1.75*input_para;
small_d_right_right_cos = cos(small_d_right_right_cos_bra);
small_d_right_right_exp_bra_bra = input_para.^2;
small_d_right_right_exp_bra_noregative = small_d_right_right_exp_bra_bra/2;
small_d_right_right_exp_bra = -small_d_right_right_exp_bra_noregative;
small_d_right_right_exp = exp(small_d_right_right_exp_bra);
```

```
small_d_right_right =
input_para*small_d_right_right_cos.*small_d_right_right_exp;
small_d = -small_d_left-small_d_right_right;
end
```

附 3.7　statis_para_calcu 函数源程序

```
function [ Statis_para ] = statis_para_calcu(calcu,measure,num )
%% statis_para_calcu:该函数计算输入数据的相关参数
% the relative percentage error(E):均值偏移误差
% the mean percentage error(MPE):平均误差百分比
% the mean absolute percentage error(MAPE):平均绝对百分比误差
% the relative standard err(RSE):相对标准误差
% the mean bias error(MBE):均值偏移误差
% the root mean square error(RMSE):均方根误差
% Nash-Sutcliffe Equation(NSE):Nash-Sutcliffe因子
% the s-statistic(t_stat):t_stat参数
% the correlation coefficeient(R):相关系数

%% calcu为预测值，measure为实测值，num为数据数量
% 建立一个结构体，将所有计算所得结果都存储在该结构体中
Statis_para = struct('E',[],'MPE',[],'MAPE',[],'RSE',[],'MBE',...
    [],'RMSE',[],'NSE',[],'t_stat',[],'R',[]);

%% 平均值
% cal_aver为预测数据的平均值，meas_aver为测量数据的平均值
cal_aver = sum(calcu)./num;
meas_aver = sum(measure)./num;

%% the relative percentage error(E):相对误差百分比
% The E presents the percentage deviation berween the calcuted and measured
% data.The ideal value of E is equal to zero.
Statis_para.E = 100.*(calcu-measure)./measure;

%% the mean percentage error(MPE):平均误差百分比
% The mean percentage error can be defined as the percentage deviation of
% the monthly average daily radiation values estimated by the proposed
% equation from the measured values.
```

```
Statis_para.MPE = sum(Statis_para.E)./num;


%% the mean absolute percentage error(MAPE):平均绝对百分比误差
% The mean percentage error is expressed as the average absolute value of
% percentage deviation between estimated and measured values.
Statis_para.MAPE = sum(abs(Statis_para.E))./num;


%% the relative standard err(RSE):相对标准误差
% The relative standard error provides the degree of accuracy of estimation
% of correlations.
Statis_para_RSE_sqrt_left_bra = calcu-measure;
Statis_para_RSE_sqrt_left = Statis_para_RSE_sqrt_left_bra./measure;
Statis_para_RSE_sqrt_right_left = calcu-measure;
Statis_para_RSE_sqrt_right_left_bra =
Statis_para_RSE_sqrt_right_left./measure;
Statis_para_RSE_sqrt_sum_bra = Statis_para_RSE_sqrt_left.*...
    Statis_para_RSE_sqrt_right_left_bra;
Statis_para_RSE_sqrt_sum = sum(Statis_para_RSE_sqrt_sum_bra);
Statis_para_RSE_sqrt = Statis_para_RSE_sqrt_sum./num;
Statis_para.RSE = sqrt(Statis_para_RSE_sqrt);


%% the mean bias error(MBE):均值偏移误差
% The MBE provides information about the long-term performance of the
% correlations by allowing a comparsion of the actual deviation between
% calcuted and measured values term by term.The ideal value of MBE is
% ´zero´.
Statis_para.MBE = sum(calcu-measure)./num;


%% the root mean square error(RMSE):均方根误差
% The root mean square error can provide information on the short-term
% performance.The value of RMSE is always positive,except for ´zero´ in the
% ideal case.
Statis_para_RMSE_sqrt_sum_left = calcu-measure;
Statis_para_RMSE_sqrt_sum_right = calcu-measure;
Statis_para_RMSE_sqrt_sum_bra = Statis_para_RMSE_sqrt_sum_left.*...
    Statis_para_RMSE_sqrt_sum_right;
Statis_para_RMSE_sqrt_sum = sum(Statis_para_RMSE_sqrt_sum_bra);
Statis_para_RMSE_sqrt = Statis_para_RMSE_sqrt_sum./num;
```

```
Statis_para.RMSE = sqrt(Statis_para_RMSE_sqrt);

%% Nash-Sutcliffe Equation(NSE):Nash-Sutcliffe公式
% A model is more efficient when NSE is closer to 1.
Statis_para_NSE_left_top_sum_left = measure-calcu;
Statis_para_NSE_left_top_sum_right = measure-calcu;
Statis_para_NSE_left_top_sum = Statis_para_NSE_left_top_sum_left.*...
    Statis_para_NSE_left_top_sum_right;
Statis_para_NSE_left_top = sum(Statis_para_NSE_left_top_sum);
Statis_para_NSE_left_bottom_sum_left = measure-meas_aver;
Statis_para_NSE_left_bottom_sum_right = measure-meas_aver;
Statis_para_NSE_left_bottom_sum = Statis_para_NSE_left_bottom_sum_left.*...
    Statis_para_NSE_left_bottom_sum_right;
Statis_para_NSE_left_bottom = sum(Statis_para_NSE_left_bottom_sum);
Statis_para_NSE_left =
Statis_para_NSE_left_top./Statis_para_NSE_left_bottom;
Statis_para.NSE = 1 - Statis_para_NSE_left;

%% the s-statistic(t-stat):t_stat参数
% To determine whether or not the equation estimations are statistically
% significant,i.e.,not significantly different from their measured
% counterparts,at a particular confidence level.
% In all the above statistical tests of accuracy,ecxept for NSE,the smaller
% the value,the better is the model performance.
Statis_para_t_stat_top_left_bra = num-1;
Statis_para_t_stat_top_right = Statis_para.MBE^2;
Statis_para_t_stat_top =
Statis_para_t_stat_top_left_bra.*Statis_para_t_stat_top_right;
Statis_para_t_stat_bottom_left = Statis_para.RMSE^2;
Statis_para_t_stat_bottom_right = Statis_para.MBE^2;
Statis_para_t_stat_bottom = Statis_para_t_stat_bottom_left-...
    Statis_para_t_stat_bottom_right;
Statis_para_t_stat_sqrt =
Statis_para_t_stat_top./Statis_para_t_stat_bottom;
Statis_para.t_stat = sqrt(Statis_para_t_stat_sqrt);

%% the correlation coefficeient(R):相关系数
% A correlation coefficeient is a number that quantifies a type of
```

```
% correlation and dependence,meaning statistical relationships between two
% or more values in fundamental statistics.
Statis_para_R_top_bra_left = calcu-cal_aver;
Statis_para_R_top_bra_right = measure-meas_aver;
Statis_para_R_top_bra =
Statis_para_R_top_bra_left.*Statis_para_R_top_bra_right;
Statis_para_R_top_sum = sum(Statis_para_R_top_bra);
Statis_para_R_bottom_sqrt_left_sum_left = calcu-cal_aver;
Statis_para_R_bottom_sqrt_left_sum_right = calcu-cal_aver;
Statis_para_R_bottom_sqrt_left_sum =
Statis_para_R_bottom_sqrt_left_sum_left.*...
    Statis_para_R_bottom_sqrt_left_sum_right;
Statis_para_R_bottom_sqrt_left_sum_bra =
sum(Statis_para_R_bottom_sqrt_left_sum);
Statis_para_R_bottom_sqrt_right_sum_left = measure-meas_aver;
Statis_para_R_bottom_sqrt_right_sum_right = measure-meas_aver;
Statis_para_R_bottom_sqrt_right_sum =
Statis_para_R_bottom_sqrt_right_sum_left.*...
    Statis_para_R_bottom_sqrt_right_sum_right;
Statis_para_R_bottom_sqrt_right_sum_bra =
sum(Statis_para_R_bottom_sqrt_right_sum);
Statis_para_R_bottom_sqrt_bra = Statis_para_R_bottom_sqrt_left_sum_bra.*...
    Statis_para_R_bottom_sqrt_right_sum_bra;
Statis_para_R_bottom_sqrt = sqrt(Statis_para_R_bottom_sqrt_bra);
Statis_para.R = Statis_para_R_top_sum./Statis_para_R_bottom_sqrt;
end
```

附 3.8　GPI_statispara_cal 函数源程序

```
function [ Statis_para ] = GPI_statispara_cal( calcu,measure,num )
%GPI_statispara_cal 此函数用来计算各个统计参数及最终的全球性能指标（GPI）
% calcu          input    预测值
% measure        input    测量值
% num            input    计算值及测量值数目
% Statis_para    output   统计数据，包括十个参数
% GPI            output   集合十个参数的值，全球性能指标
%% statis_para_calcu:该函数计算输入数据的相关参数
% the mean bias error(MBE):均值偏移误差
```

```
% the mean absolute error(MAE):平均绝对误差
% the root mean square error(RMSE):均方根误差
% the mean percentage error(MPE):平均误差百分比
% the uncertainty at 95%(U95):95%不确定性
% the relative root mean square error(RRMSE):相对均方根误差
% the t-statistics(t_stats):统计数据t_stats
% the maximum absolute relative error(erMAX):最大绝对相对误差
% the correlation coefficeient(R):相关系数
% the mean absolute relative error(MARE):平均绝对相对误差
% summarize:Global Performance IndexGPI:综合性能指数

% 建立一个结构体，将所有计算所得结果都存储在该结构体中
Statis_para = struct('MBE',[],'MAE',[],'RMSE',[],'MPE',[],'U95',...
    [],'RRMSE',[],'t_stats',[],'erMAX',[],'R',[],'MARE',[]);
%% 1: the mean bias error(MBE):均值偏移误差
% 1.1: The MBE provides information about the long-term performance of the
% correlations by allowing a comparsion of the actual deviation between
% calcuted and measured values term by term.The ideal value of MBE is 'zero'.
% 1.2: Mean bias error states a trend of model to underestimate or
% overestimate a value of diffuse solar radiation.Underestimation results
% in a negative value of MBE while a positive value represents an
% overestimation.Desirable value is 'zero'.
Statis_para.MBE = sum(calcu-measure)./num;


%% 2: the mean absolute error(MAE):平均绝对误差
% It is the absolute sum of total errors values obtained from the
% difference of estimated and measured values divide by number of
% observations.MAE is the indicator to evaluate how close the estimations
% are to the measured values.MAE has an advantage of dimensional
% performance assessments and comparsion of average error as described by
% Yadav and Chandel.
% artical:Yadav AK, Chandel S. Solar radiation prediction using artificial neural
% network techniques: a review. Renew Sustain Energy Rev 2014;33:772-81.
% http://dx.doi.org/10.1016/j.rser.2013.08.055.
Statis_para.MAE = sum(abs(calcu-measure))./num;


%% 3: the root mean square error(RMSE):均方根误差
% 3.1; The root mean square error can provide information on the short-term
```

```
% performance.The value of RMSE is always positive,except for ´zero´ in the
% ideal case.
% 3.2:Root mean square error is used to represents the performance of
% model by establishing a comparsion between measured and predicted
% values.The model with smaller value is considered to have best
% performance as compared to model having larger value of RMSE.RMSE
% always have positive value and ideally is zero for perfect estimates.
Statis_para.RMSE = sqrt(sum((calcu-measure).*(calcu-measure))./num);


%% 4:the mean percentage error(MPE):平均误差百分比
% 4.1:The mean percentage error can be defined as the percentage deviation
of
% the monthly average daily radiation values estimated by the proposed
% equation from the measured values.
% 4.2:It is described as the measure of extent of the error of values in
% terms of percentage of the observed or measured values.
Statis_para.MPE = 100.*sum((measure-calcu)./measure)./num;


%% 5:the uncertainty at 95%(U95):95%不确定性
% Expanded uncertainty within 95% confidence interval is applied to
% express the data on the deviation of model. This can be mathematically
% expressed using the formula described by the Behar et.al.
% 在95%置信区间内扩展不确定度，以表达模型偏差的数据。这可以用Behar等人描述
% 的公式来表达。
% article:Behar O, Khellaf A, Mohammedi K. Comparison of solar radiation
% models and their Validation under Algerian climate-The case of direct
% irradiance. Energy Convers Manag 2015;98:236-51.
% http://dx.doi.org/10.1016/j.enconman.2015.03.067.
SD = sqrt(sum((calcu-measure).*(calcu-measure))./num);
Statis_para.U95 = 1.95.*sqrt(Statis_para.RMSE^2+SD^2);


%% 6:the relative root mean square error(RRMSE):相对均方根误差
% According to Li et.al,lower value of RRMSE represents suitable
% performance of model.This is expressed as a ratio:
Statis_para_RRMSE_sqrt_sum_top_left = measure-calcu;
Statis_para_RRMSE_sqrt_sum_top_right = measure-calcu;
Statis_para_RRMSE_sqrt_sum_top = Statis_para_RRMSE_sqrt_sum_top_left.*...
  Statis_para_RRMSE_sqrt_sum_top_right;
```

```
Statis_para_RRMSE_sqrt_sum = sum(Statis_para_RRMSE_sqrt_sum_top);
Statis_para_RRMSE_sqrt = sqrt(Statis_para_RRMSE_sqrt_sum./num);
Statis_para_RRMSE_bottom = sum(measure);
Statis_para.RRMSE = Statis_para_RRMSE_sqrt./Statis_para_RRMSE_bottom;


% article:Li MF, Tang XP, Wu W, Liu HB. General models for estimating
% daily global solar radiation for different solar radiation zones in
% mainland China. Energy Convers Manag 2013;70:139-48.
% http://dx.doi.org/10.1016/j.enconman.2013.03.004.


%% 7:the t-statistics(t_stats):统计数据t_stats
% Validation of the models is also done by applying t-statistics error.
% Value close to zero among all models is best performing model.It was
% proposed by Stone and the mathematical equation is described in terms of
% MBE and RMSE as:
t_stats_top_sqrt_top_left = num-1;
t_stats_top_sqrt_top_right = Statis_para.MBE^2;
t_stats_top_sqrt_top =
t_stats_top_sqrt_top_left.*t_stats_top_sqrt_top_right;
t_stats_sqrt_bottom_left = Statis_para.RMSE^2;
t_stats_sqrt_bottom_right = Statis_para.MBE^2;
t_stats_sqrt_bottom = t_stats_sqrt_bottom_left-t_stats_sqrt_bottom_right;
t_stats_sqrt = t_stats_top_sqrt_top./t_stats_sqrt_bottom;
Statis_para.t_stats = sqrt(t_stats_sqrt);


%% 8:the maximum absolute relative error(erMAX):最大绝对相对误差
% As the name suggests Maximum Absolute Relative Error,represents the
% maximum value of absolute relative errors obtained for each of the data
% point from a model.Thus,the maximum value of erMAX,the better is the
% performance of the model.
Statis_para_erMAX_max_abs_top = measure-calcu;
Statis_para_erMAX_max_abs_bra = Statis_para_erMAX_max_abs_top./measure;
Statis_para_erMAX_max_abs = abs(Statis_para_erMAX_max_abs_bra);
Statis_para.erMAX = max(Statis_para_erMAX_max_abs);


%% 9:the correlation coefficient(R):相关系数
% 9.1:A correlation coefficeient is a number that quantifies a type of
% correlation and dependence,meaning statistical relationships between two
```

```
% or more values in fundamental statistics.
% 9.2:Correlation coefficient is used as a statistical indicator that
% gives information about the best fit model.R ranges from the 0 to 1.
% Higger value of correlation coefficeient represents linear
% association between the estimated and measured values.A value close to
% zero represents the absence of linear association .
Statis_para_R_top_sum_left = calcu-mean(calcu);
Statis_para_R_top_sum_right = measure-mean(measure);
Statis_para_R_top_sum_bra =
Statis_para_R_top_sum_left.*Statis_para_R_top_sum_right;
Statis_para_R_top_sum = sum(Statis_para_R_top_sum_bra);
Statis_para_R_bottom_sqrt_left_sum_left = calcu-mean(calcu);
Statis_para_R_bottom_sqrt_left_sum_right = calcu-mean(calcu);
Statis_para_R_bottom_sqrt_left_sum_bra = ...
      Statis_para_R_bottom_sqrt_left_sum_left.*...
      Statis_para_R_bottom_sqrt_left_sum_right;
Statis_para_R_bottom_sqrt_left_sum =
sum(Statis_para_R_bottom_sqrt_left_sum_bra);
Statis_para_R_bottom_sqrt_right_sum_left = measure-mean(measure);
Statis_para_R_bottom_sqrt_right_sum_right = measure-mean(measure);
Statis_para_R_bottom_sqrt_right_sum_bra = ...
      Statis_para_R_bottom_sqrt_right_sum_left.*...
      Statis_para_R_bottom_sqrt_right_sum_right;
Statis_para_R_bottom_sqrt_right_sum =
sum(Statis_para_R_bottom_sqrt_right_sum_bra);
Statis_para_R_bottom_sqrt_bra = Statis_para_R_bottom_sqrt_left_sum.*...
      Statis_para_R_bottom_sqrt_right_sum;
Statis_para_R_bottom_sqrt = sqrt(Statis_para_R_bottom_sqrt_bra);
Statis_para.R = Statis_para_R_top_sum./Statis_para_R_bottom_sqrt;

%% 10:the mean absolute relative error(MARE):平均绝对相对误差
% It can also be recognized as mean absolute percentage error (MAPE) when
% expressed as a percentage [101]. However, when expressed as fraction,
% the formula for MARE is:
% article:Despotovic M, Nedic V, Despotovic D, Cvetanovic S. Review and
% statistical analysis of different global solar radiation sunshine models.
% Renew Sustain Energy Rev 2015;52:1869-80.
% http://dx.doi.org/10.1016/j.rser.2015.08.035.
```

```
Statis_para_MARE_top_sum_abs_left = measure-calcu;
Statis_para_MARE_top_sum_abs_bra =
Statis_para_MARE_top_sum_abs_left./measure;
Statis_para_MARE_top_sum_abs = abs(Statis_para_MARE_top_sum_abs_bra);
Statis_para_MARE_top_sum = sum(Statis_para_MARE_top_sum_abs);
Statis_para.MARE = Statis_para_MARE_top_sum./num;
end
```

para_compar_selec函数源程序

```
function [ Statis_para,best_hiddennum ] = ...
    para_compar_selec( best_para,update_para,prehid_num,now_hiddennum )
%% 该函数用来比较模型在不同参数下的输出结果，选择最优参数，并将其保存下来，
% 进行之后的预测过程
% 对于最优参数的比较选择，有两种方案：
% 1、在训练参数中进行选择，并调用统计参数输出函数输出各个统计数据，然后进行比
%   较，保存最优参数所构建的网络，然后利用该网络来进行预测；
%   但是这种方法可能会有一个不足之处，那就是对训练参数的最优参数对于测试参数
%   来说并不一定是，有可能产生误选
% 2、每次都用训练参数构建一个网络，然后用其预测测试参数，输出统计数据后进行比
%   较，确定最优参数，但这样的话训练时间会增大许多

% 比较顺序选择：
% 平均误差百分比（E）和均值偏移误差（MBE）因为正负可以相互抵消，不能很好反应
% 误差，故不予考虑
% 其他的比较顺序附在流程图中
%% 参数解释
% best_para    input   保存的最优结果
% update_para  input   新的预测结果
% hiddennum    input   更新结果对应的隐含层数目
% Statis_para  output  将最优参数输出

% 结构体格式
% Statis_para = struct('MPE',[],'MAPE',[],'RSE',[],'MBE',...
%   [],'RMSE',[],'NSE',[],'t_stat',[],'R',[]);

%% 程序
% 统计系数有效性的判断，如果有一个系数为nan，则返回之前的最优系数
nan_judge = (isnan(update_para.MPE)||isnan(update_para.MAPE)...
```

```
                ||isnan(update_para.RSE)||isnan(update_para.MBE)...
                ||isnan(update_para.RMSE)||isnan(update_para.NSE)...
                ||isnan(update_para.t_stat)||isnan(update_para.R));
% 判断是否有系数为nan
if nan_judge
        Statis_para = best_para;
%    return;
end
%% 需要说明的是，尽管我们计算了八个统计学参数，但是在本工具箱对模型预测结
% 果的评估中，只比较了相关系数、NSE和均方根误差（RMSE）的比较，剩下的五个统计
% 学参数并没有被使用，但是剩下的统计学参数可以帮助使用者更好的评估不同模型的
% 优劣
% 下面是具体的比较的代码
% 首先进行相关系数判断
% 首先进行相关系数大小的判断，如果两者相差在0.1以上，则较大的那个被选为最优
% 系数，不再往下进行判断
if (best_para.R-update_para.R)>0.1
        Statis_para = best_para;
%    return;
else if (update_para.R-best_para.R)>0.1
            Statis_para = update_para;
%            return;
        % 其次进行NSE判断
        % 如果两者NSE相差在0.1以上，则较大的那个被选为最优系数，不再往下进行判断
        else if (best_para.NSE-update_para.NSE)>0.1
                Statis_para = best_para;
%            return;
            else if (update_para.NSE-best_para.NSE)>0.1
                    Statis_para = update_para;
%                return;
                    % 最后进行均方根误差的判断
                    % 如果两者RMSE相差在0.1以上，则较小的那个被选为最优系
数，不再往下进行判断
                else if (best_para.RMSE-update_para.RMSE)>0.1
                        Statis_para = update_para;
%                    return;
                else if (update_para.RMSE-best_para.RMSE)>0.1
                        Statis_para = best_para;
```

```
%                                            return;
                           %如果上述三条判断程序没能对最优系数做出选择，则选择相关
系数最大者
                      else if best_para.R<update_para.R
                             Statis_para = update_para;
%                                 return;
                             else
                             Statis_para = best_para;
                             end
                      end
                  end
              end
          end
      end
end
% 下边的代码是为了选择最优隐含层
if Statis_para.R==update_para.R
    best_hiddennum=now_hiddennum;
else
    best_hiddennum=prehid_num;
end
end
```

附 3.9　测试脚本及附属函数源程序

附 3.9.1　脚本 AA_NN_program_test

```
% script:AA_NN_program_test.m
% 该脚本用来测试工具箱是否成功添加及能够正确调用该工具箱
% 再次需要说明的是，有些神经网络模型并不需要最优隐含层，因此我们将其值设为了
% nan，若最优隐含层为nan，说明该类型神经网络模型不能调节隐含层数目
% AA_NN_diffradi_ratio接口函数：
% SVM_output_ratio_diffradi          input      SVM神经网络模型预测值
% SVM_out_para                       input      SVM神经网络模型预测值统计参数
% SVM_out_hiddennum                  input      SVM神经网络模型最优隐含层
% approRBF_output_ratio_diffradi     input      approRBF神经网络模型预测值
% approRBF_out_para                  input      approRBF神经网络模型预测值统计参数
% approRBF_out_hiddennum             input      approRBF神经网络模型最优隐含层
% exactRBF_output_ratio_diffradi     input      exactRBF神经网络模型预测值
```

```
% exactRBF_out_para                          input        exactRBF神经网络模型预测值统计参数
% exactRBF_out_hiddennum                      input        exactRBF神经网络模型最优隐含层
% PSO_output_ratio_diffradi                   input        PSO神经网络模型预测值
% PSO_out_para                                input        PPSO神经网络模型预测值统计参数
% PSO_out_hiddennum                           input        PSO神经网络模型最优隐含层
% SW_output_ratio_diffradi                    input        小波神经网络模型预测值
% SW_out_para                                 input        小波神经网络模型预测值统计参数
% SW_out_hiddennum                            input        小波神经网络模型最优隐含层


% AA_NN_diffradi_ratio_cal 接口函数:
% SVM_output_ratio_diffradi_cal             input      SVM神经网络模型预测值
% SVM_out_hiddennum_cal                     input      SVM神经网络模型最优隐含层
% approRBF_output_ratio_diffradi_cal        input      approRBF神经网络模型预测值
% approRBF_out_hiddennum_cal                input      approRBF神经网络模型最优隐含层
% exactRBF_output_ratio_diffradi_cal        input      exactRBF神经网络模型预测值
% exactRBF_out_hiddennum _cal               input      exactRBF神经网络模型最优隐含层
% PSO_output_ratio_diffradi_cal             input      PSO神经网络模型预测值
% PSO_out_hiddennum _cal                    input      PSO神经网络模型最优隐含层
% SW_output_ratio_diffradi_cal              input      小波神经网络模型预测值
% SW_out_hiddennum_cal                      input      小波神经网络模型最优隐含层
%% 读入数据
%调用getdata函数
xlsfile = 'all_data.xls';
[data,day_sca_rat_meas,mod_scafun,scafun_cal_data,error] =...
     getdata('all_data.xls');


%% 数据划分
%调用divide函数
[ train_data,train_ans,test_data,test_ans ] =...
     divide( data,day_sca_rat_meas,7300 );


%% 带测试数据实测值函数验证
% SVM网络
[ SVM_output_ratio_diffradi,SVM_out_para,SVM_out_hiddennum ] = ...
  AA_NN_diffradi_ratio( train_data,train_ans,test_data,test_ans,1,3);
% 径向基（RBF）网络(approximate)
[approRBF_output_ratio_diffradi,approRBF_out_para,approRBF_out_hiddennum] = ...
  AA_NN_diffradi_ratio( train_data,train_ans,test_data,test_ans,21,3);
```

```
% 径向基（RBF）网络(exact)
[exactRBF_output_ratio_diffradi,exactRBF_out_para,exactRBF_out_hiddennum] = ...
    AA_NN_diffradi_ratio( train_data,train_ans,test_data,test_ans,32,3);
% 粒子群（PSO）算法
[ PSO_output_ratio_diffradi,PSO_out_para,PSO_out_hiddennum ] = ...
    AA_NN_diffradi_ratio( train_data,train_ans,test_data,test_ans,3,3);
% 小波网络
[ SW_output_ratio_diffradi,SW_out_para,SW_out_hiddennum ] = ...
    AA_NN_diffradi_ratio( train_data,train_ans,test_data,test_ans,4,8);


%% 不带测试数据实测值函数验证
% SVM网络
[ SVM_output_ratio_diffradi_cal,SVM_out_hiddennum_cal ] = ...
    AA_NN_diffradi_ratio_cal( train_data,train_ans,test_data,3,3);
% 径向基（RBF）网络(approximate)
[ approRBF_output_ratio_diffradi_cal,approRBF_out_hiddennum_cal ] = ...
    AA_NN_diffradi_ratio_cal( train_data,train_ans,test_data,41,3);
% 径向基（RBF）网络(exact)
[ exactRBF_output_ratio_diffradi_cal,exactRBF_out_hiddennum_cal ] = ...
    AA_NN_diffradi_ratio_cal( train_data,train_ans,test_data,42,3);
% 粒子群（PSO）算法
[ PSO_output_ratio_diffradi_cal,PSO_out_hiddennum_cal ] = ...
    AA_NN_diffradi_ratio_cal( train_data,train_ans,test_data,5,3);
% 小波网络
[ SW_output_ratio_diffradi_cal,SW_out_hiddennum_cal ] = ...
    AA_NN_diffradi_ratio_cal( train_data,train_ans,test_data,7,8);
```

附 3.9.2　getdata 函数源程序

```
function [ data,day_sca_rat_meas,mod_scafun,scafun_cal_data,error ] =
getdata( xlsfile )
% getdata  从excel中读取数据
% 日平均晴空指数：dai_cle_index 日照百分率：sun_per 相对湿度：rel_hum
% 平均温度：Tat 最高温度：max_tem 最低温度：min_tem
% 日总辐射：day_gol_rad 日散射辐射：dai_sca_rad
% 散射辐射计算函数修正值：mod_scafun
% 误差=散射辐射测量值-散射辐射计算函数修正值：error
% 所有有关数据分类分问题，均不在本函数考虑，都分到divide.m中
% xlsfile          input        文件名称
```

```
% data                    output      将输入数据集合到 data 中，并返回
% day_sca_rat_meas        output      散射辐射比测量值
% mod_scafun              output      散射辐射计算函数修正值
% scafun_cal_data         output      散射辐射计算函数所需数据：日总辐射、日散射辐射
% error                   output      误差
```

% 散射辐射计算函数所需数据：日总辐射：day_gol_rad 日散射辐射：dai_sca_rad

```
[day_gol_rad,~]=xlsread(xlsfile,1,'G3:G8521');
[dai_sca_rad,~]=xlsread(xlsfile,'H3:H8521');
```

% 输入数据日平均晴空指数 日照百分率 相对湿度 平均温度 最高温度 最低温度

```
[dai_cle_index,~]=xlsread(xlsfile,'A3:A8521');
[sun_per,~]=xlsread(xlsfile,'B3:B8521');
[rel_hum,~]=xlsread(xlsfile,'C3:C8521');
[Tat,~]=xlsread(xlsfile,'D3:D8521');
[max_tem,~]=xlsread(xlsfile,'E3:E8521');
[min_tem,~]=xlsread(xlsfile,'F3:F8521');
```

% 散射辐射比测量值：day_sca_rat_meas

```
[day_sca_rat_meas,~]=xlsread(xlsfile,'I3:I8521');
```

% 散射辐射计算函数修正值：mod_scafun

```
[mod_scafun,~]=xlsread(xlsfile,'K3:K8521');
```

% 误差=散射辐射测量值-散射辐射计算函数修正值：error

```
[error,~]=xlsread(xlsfile,'L3:L8521');
```

% 将所有的输入都集中到data一个矩阵中
% 日平均晴空指数 相对湿度 平均温度 最高温度 最低温度 日照百分率

```
data=[dai_cle_index, sun_per, rel_hum, Tat, max_tem, min_tem];
```

% 日总辐射：day_gol_rad 日散射辐射：dai_sca_rad

```
scafun_cal_data=[day_gol_rad,dai_sca_rad];
end
```

附 3.9.3　divide 函数源程序

```
function [ train_data,train_ans,test_data,test_ans ] =...
    divide( data,mod_scafun,nTrainNum )
```

%将getdata函数读取到的数据进行分类
%用7300个数据进行训练，剩下的1200个左右数据进行验证

```
%随机数
rng(0)
%取100个数据进行训练
n=length(data);
%日散射辐射s
train_data=data(1:nTrainNum,:);
train_ans=mod_scafun(1:nTrainNum,:);
test_data=data(nTrainNum+1:n,:);
test_ans=mod_scafun(nTrainNum+1:n,:);
end
```

附录四 基于 GPI 的模型性能评价软件源程序

附 4.1 different_GPI_calcute_method 函数源程序

```
function [ GPI_calcute_value ] = different_GPI_calcute_method...
    ( model_statics,statics_select_num,num,model_num )
% different_GPI_calcute_method 该函数用来计算不同模型的GPI值，且根据指定的系
% 数选择不同的GPI计算方法
% statics_select_num   input   GPI不同计算方法的选择系数
% model_statics       input   需要计算的模型统计参数值
% num                 input   数据集个数
% GPI_calcute_value   output  最终的计算结果

% 在此保存未曾归一化的数据，供调试及方式91调用
model_statics_before_normalize = model_statics;

%% GPI计算之前数据预处理
% 将计算得来的统计参数进行归一化处理，便于之后的GPI值得计算
% 求得每列的最大值和最小值
statistical_max = max(model_statics);
statistical_min = min(model_statics);

% 求统计数据的行列
% 统计数据的行数为模型个数，列数位统计参数类型个数
[ statistical_data_row,statistical_data_cloumn ] = size(model_statics);

% 统计数预处理，即归一化
for i=1:statistical_data_cloumn
    for j=1:statistical_data_row
        model_statics(j,i)=(model_statics(j,i)-statistical_min(:,i))/...
            (statistical_max(:,i)-statistical_min(:,i));
    end
end

%求得每种统计数据的中位数
```

```
statistical_data_median = median(model_statics);


%% GPI计算
GPI = zeros(statistical_data_row,1);
% MBE MAE RMSE MPE U95 RRMSE t_stats erMAX R MARE R2 RMSRE NRMSE


%一: switch-case语句
switch statics_select_num
    case 1
        for i=1:statistical_data_row
            for j=1:statistical_data_cloumn
                % 在这需要注意, 因为不同计算方法中用到的统计参数数目及排序会发生变
化, 可能需要改动
                % MAE RMSE U95 RRMSE t_stats erMAX R MARE R2 RMSRE NRMSE
                % 去除MBE和MPE, R和R2的顺序变为了7和9
                if j==7||j==9  %统计数据为相关系数或拟合优度
                    % 影响系数
                    influence_coefficient = -1;
                else
                    influence_coefficient = 1;
                end
                GPI(i,:)=GPI(i,:)+influence_coefficient.*...
                    (statistical_data_median(:,j)-model_statics(i,j));
            end
        end
%    -------------------------------------------------------------------
    case 2
        for i=1:statistical_data_row
            for j=1:statistical_data_cloumn
                % 在这需要注意, 因为不同计算方法中用到的统计参数数目及排序会发生变
化, 可能需要改动
                %MBE MAE RMSE MPE U95 RRMSE t_stats R MARE R2 RMSRE NRMSE
                % 2: 去除erMAX
                if j==8||j==10  %统计数据为相关系数或拟合优度
                    % 影响系数
                    influence_coefficient = -1;
                else
                    influence_cioncient = 1;
```

```
                  end
              GPI(i,:)=GPI(i,:)+influence_coefficient.*...
                    (statistical_data_median(:,j)-model_statics(i,j));
              end
         end
```
% --
```
    case 3
         for i=1:statistical_data_row
             for j=1:statistical_data_cloumn
```
             % 在这需要注意，因为不同计算方法中用到的统计参数数目及排序会发生变
化，可能需要改动
```
             % MBE MAE RMSE MPE RRMSE erMAX R MARE R2 RMSRE NRMSE
             % 3：去除 U95 和 t
             if j==7||j==9  %统计数据为相关系数或拟合优度
                   %影响系数
                   influence_coefficient = -1;
             else
                   influence_coefficient = 1;
             end
             GPI(i,:)=GPI(i,:)+influence_coefficient.*...
                    (statistical_data_median(:,j)-model_statics(i,j));
             end
         end
```
% --
```
    case 4
         for i=1:statistical_data_row
             for j=1:statistical_data_cloumn
```
             % 在这需要注意，因为不同计算方法中用到的统计参数数目及排序会发生变
化，可能需要改动
```
             % MAE RMSE U95 RRMSE t_stats R MARE R2 RMSRE NRMSE
             % 4：去除 MBE、MPE 和 erMAX
             if j==5||j==8  %统计数据为相关系数或拟合优度
                   %影响系数
                   influence_coefficient = -1;
             else
                   influence_coefficient = 1;
             end
             GPI(i,:)=GPI(i,:)+influence_coefficient.*...
```

```
                    (statistical_data_median(:,j)-model_statics(i,j));
            end
        end
% --------------------------------------------------------------------
    case 5
        for i=1:statistical_data_row
            for j=1:statistical_data_cloumn
                % 在这需要注意, 因为不同计算方法中用到的统计参数数目及排序会发生变
化, 可能需要改动
                % MAE RMSE RRMSE erMAX R MARE R2 RMSRE NRMSE
                % 5: 去除 MBE、MPE、U95 和 t
                if j==5||j==7  %统计数据为相关系数或拟合优度
                    %影响系数
                    influence_coefficient = -1;
                else
                    influence_coefficient = 1;
                end
                GPI(i,:)=GPI(i,:)+influence_coefficient.*...
                    (statistical_data_median(:,j)-model_statics(i,j));
            end
        end
% --------------------------------------------------------------------
    case 6
        for i=1:statistical_data_row
            for j=1:statistical_data_cloumn
                % 在这需要注意, 因为不同计算方法中用到的统计参数数目及排序会发生变
化, 可能需要改动
                % MBE MAE RMSE MPE RRMSE R MARE R2 RMSRE NRMSE
                % 6: 去除 erMAX、U95 和 t
                if j==6||j==8  %统计数据为相关系数或拟合优度
                    %影响系数
                influence_coefficient = -1;
                else
                influence_coefficient = 1;
                end
                GPI(i,:)=GPI(i,:)+influence_coefficient.*...
                    (statistical_data_median(:,j)-model_statics(i,j));
        end
```

```
        end
% --------------------------------------------------------------------
    case 7
        for i=1:statistical_data_row
            for j=1:statistical_data_cloumn
                % 在这需要注意，因为不同计算方法中用到的统计参数数目及排序会发生变
化，可能需要改动
                % MAE RMSE RRMSE R MARE R2 RMSRE NRMSE
                % 7：去除 MBE、MPE、erMAX、U95 和 t
                if j==4||j==6   %统计数据为相关系数或拟合优度
                    % 影响系数
                    influence_coefficient = -1;
                else
                    influence_coefficient = 1;
                end
                GPI(i,:)=GPI(i,:)+influence_coefficient.*...
                    (statistical_data_median(:,j)-model_statics(i,j));
            end
        end
% --------------------------------------------------------------------
    case 8
        for i=1:statistical_data_row
            for j=1:statistical_data_cloumn
                % 在这需要注意，因为不同计算方法中用到的统计参数数目及排序会发生变
化，可能需要改动
                % MBE MAE RMSE MPE U95 RRMSE t_stats erMAX R MARE R2
RMSRE NRMSE
                % 8：自定义方式 1：全部公式（13 个）统一分配权值，具体的统计学参数
如下所示：
                if j==9||j==11   %统计数据为相关系数或拟合优度
                % 影响系数
                influence_coefficient = -1;
            else
                influence_coefficient = 1;
            end
            GPI(i,:)=GPI(i,:)+influence_coefficient.*...
                (statistical_data_median(:,j)-model_statics(i,j));
        end
```

```
    end
% ------------------------------------------------------------------
    case 9
        for i=1:statistical_data_row
            for j=1:statistical_data_cloumn
                % 在这需要注意，因为不同计算方法中用到的统计参数数目及排序会发生变
化，可能需要改动
                % abs(MBE) MAE RMSE abs(MPE) RRMSE R MARE R2 RMSRE NRMSE
                % 9：自定义方式 2：MBE 和 MPE 进行绝对值处理，去除 erMAX、U95 和
t_stats
                if j==6||j==8  %统计数据为相关系数或拟合优度
                    % 影响系数
                    influence_coefficient = -1;
                else
                    influence_coefficient = 1;
                end
                GPI(i,:)=GPI(i,:)+influence_coefficient.*...
                    (statistical_data_median(:,j)-model_statics(i,j));
            end
        end
% ------------------------------------------------------------------
    case 10
        for i=1:statistical_data_row
            for j=1:statistical_data_cloumn
                % 在这需要注意，因为不同计算方法中用到的统计参数数目及排序会发生
变化，可能需要改动
                %abs(MBE) MAE RMSE abs(MPE) U95 RRMSE t_stats R MARE R2
RMSRE NRMSE
                % 10：自定义方式 3：MBE 和 MPE 进行绝对值处理，去除 erMAX，U95 与
RMSE平分权值，
                % t_stats、MBE 和 RMSE 平分权值
                if j==1||j==7
                    % t_stats、MBE 和 RMSE 平分权值
                    % 影响系数
                    influence_coefficient = 0.25;
                else if j==3||j==5
                    % RMSE,被 U95 和 t_stats 调用
                        influence_coefficient = 0.5;
```

```
                else if  j==8||j==10
                            %统计数据为相关系数或拟合优度
                            influence_coefficient = -1;
                    else
                            influence_coefficient = 1;
                    end
            end
        end
    GPI(i,:)=GPI(i,:)+influence_coefficient.*...
            (statistical_data_median(:,j)-model_statics(i,j));
        end
    end
%  --------------------------------------------------------------------
    case 11
        for i=1:statistical_data_row
            for j=1:statistical_data_cloumn
                % 在这需要注意，因为不同计算方法中用到的统计参数数目及排序会发生
变化，可能需要改动
                % abs(MBE) MAE RMSE abs(MPE) U95 RRMSE t_stats erMAX R
MARE R2 RMSRE NRMSE
                % 11：自定义方式 4：MBE 和 MPE 进行绝对值处理，erMAX 权值分配以
1/num ,
                % U95 与 RMSE 平分权值，t_stats 、MBE 和 RMSE 平分权值
                if j==1||j==7
                    % t_stats 、MBE 和 RMSE 平分权值
                    %影响系数
                    influence_coefficient = 0.25;
                else if j==3||j==5
                    % RMSE,被 U95 和 t_stats 调用
                        influence_coefficient = 0.5;
                    else if  j==8
                                % erMAX 权值为 1/num
                            influence_coefficient = 1/num;
                        else if j==9||j==11
                                    %统计数据为相关系数或拟合优度
                                influence_coefficient = -1;
                            else
                                    influence_coefficient = 1;
```

```
                         end
                     end
                 end
             end
         GPI(i,:)=GPI(i,:)+influence_coefficient.*...
             (statistical_data_median(:,j)-model_statics(i,j));
     end
   end
% --------------------------------------------------------------------
   case 12
       for i=1:statistical_data_row
           for j=1:statistical_data_cloumn
               % 在这需要注意,因为不同计算方法中用到的统计参数数目及排序会发生变
化, 可能需要改动
               % MAE RMSE RRMSE erMAX R MARE R2 RMSRE NRMSE
               % 自定义方式 5: 去除 MBE、MPE、U95 和 t_stats, erMAX 权值分配以
1/num
               if j==4
                   % erMAX 权值为 1/num
                   influence_coefficient = 1/num;
               else if j==5||j==7
                       %统计数据为相关系数或拟合优度
                       influence_coefficient = -1;
                   else
                       influence_coefficient = 1;
                   end
               end
           GPI(i,:)=GPI(i,:)+influence_coefficient.*...
               (statistical_data_median(:,j)-model_statics(i,j));
           end
       end

% --------------------------------------------------------------------
   case 13
       for i=1:statistical_data_row
           for j=1:statistical_data_cloumn
               % 在这需要注意, 因为不同计算方法中用到的统计参数数目及排序会发生
变化, 可能需要改动
```

```
                    % abs(MBE) MAE RMSE abs(MPE) U95 RRMSE t_stats R MARE
R2 RMSRE NRMSE
                    % 13：自定义方式 6：去除 erMAX，MBE 和 MPE 进行绝对值处理
                    if j==8
                            % erMAX 权值为 1/num
                        influence_coefficient = 1/num;
                    else if j==9||j==11
                            %统计数据为相关系数或拟合优度
                            influence_coefficient = -1;
                        else
                                influence_coefficient = 1;
                        end
                        GPI(i,:)=GPI(i,:)+influence_coefficient.*...

(statistical_data_median(:,j)-model_statics(i,j));
                        end
                end
        end
% -----------------------------------------------------------------------


    otherwise
            % 对于参数输入错误的选项,统一返回自定义方式 4:MBE 和 MPE 进行绝对值处理,erMAX
权值分配以 1/num ,
                % U95 与 RMSE 平分权值, t_stats 、MBE 和 RMSE 平分权值
                for i=1:statistical_data_row
                    for j=1:statistical_data_cloumn
                        % 在这需要注意,因为不同计算方法中用到的统计参数数目及排序
会发生变化, 可能需要改动
                        % abs(MBE) MAE RMSE abs(MPE) U95 RRMSE t_stats
erMAX R MARE R2 RMSRE NRMSE
                        %11:自定义方式 4:MBE 和 MPE 进行绝对值处理, erMAX 权值
分配以 1/num ,
                % U95 与 RMSE 平分权值, t_stats 、MBE 和 RMSE 平分权值
                    if j==1||j==7
                            % t_stats 、MBE 和 RMSE 平分权值
                            %影响系数
                            influence_coefficient = 0.25;
                        else if j==3||j==5
```

```
                              % RMSE,被 U95 和 t_stats 调用
                        influence_coefficient = 0.5;
                  else if j==8
                           % erMAX 权值为 1/num
                           influence_coefficient = 1/num;
                     else if j==9||j==11
                                    %统计数据为相关系数或拟合优度
                                 influence_coefficient = -1;
                           else
                              influence_coefficient = 1;
                           end
                     end
               end
         end
         GPI(i,:)=GPI(i,:)+influence_coefficient.*...
               (statistical_data_median(:,j)-model_statics(i,j));
      end
   end
end


% %二: if-else 语句
% if statics_select_num == 1
%    for i=1:statistical_data_row
%        for j=1:statistical_data_cloumn
%                %在这需要注意, 因为不同计算方法中用到的统计参数数目及排序会发生变化, 可能
需要改动
%                % MAE RMSE U95 RRMSE t_stats erMAX R MARE R2 RMSRE NRMSE
%                %去除 MBE 和 MPE, R 和 R2 的顺序变为了 7 和 9
%            if j==7||j==9 %统计数据为相关系数或拟合优度
%                %影响系数
%                influence_coefficient = -1;
%            else
%                influence_coefficient = 1;
%            end
%            GPI(i,:)=GPI(i,:)+influence_coefficient.*...
%                (statistical_data_median(:,j)-model_statics(i,j));
%        end
%    end
```

```
% %  ------------------------------------------------------------
%     else if statics_select_num == 2
%             for i=1:statistical_data_row
%                 for j=1:statistical_data_cloumn
%                     % 在这需要注意，因为不同计算方法中用到的统计参数数目及排序会
发生变化，可能需要改动
%                     % MBE MAE RMSE MPE U95 RRMSE t_stats R MARE R2 RMSRE
NRMSE
%                     % 2：去除 erMAX
%                     if j==8||j==10 %统计数据为相关系数或拟合优度
%                         % 影响系数
%                         influence_coefficient = -1;
%                     else
%                         influence_coefficient = 1;
%                     end
%                     GPI(i,:)=GPI(i,:)+influence_coefficient.*...
%                         (statistical_data_median(:,j)-model_statics(i,j));
%                 end
%             end
% %  ------------------------------------------------------------
%     else if statics_select_num == 3
%             for i=1:statistical_data_row
%                 for j=1:statistical_data_cloumn
%                     % 在这需要注意，因为不同计算方法中用到的统计参数数目及排序会发生
变化，可能需要改动
%                     % MBE MAE RMSE MPE RRMSE erMAX R MARE R2 RMSRE NRMSE
%                     % 3：去除 U95 和 t
%                     if j==7||j==9 %统计数据为相关系数或拟合优度
%                         % 影响系数
%                         influence_coefficient = -1;
%                     else
%                         influence_coefficient = 1;
%                     end
%                     GPI(i,:)=GPI(i,:)+influence_coefficient.*...
%
(statistical_data_median(:,j)-model_statics(i,j));
%                 end
%             end
```

```
% % --------------------------------------------------------------
%     else if statics_select_num == 4
%                 for i=1:statistical_data_row
%                     for j=1:statistical_data_cloumn
%                         % 在这需要注意，因为不同计算方法中用到的统计参数数目及
%                         % 排序会发生变化，可能需要改动
%                         % MAE RMSE U95 RRMSE t_stats R MARE R2 RMSRE NRMSE
%                         % 4: 去除 MBE、MPE 和 erMAX
%                          if j==5||j==8 %统计数据为相关系数或拟合优度
%                             % 影响系数
%                                 influence_coefficient = -1;
%                             else
%                               influence_coefficient = 1;
%                             end
%                           GPI(i,:)=GPI(i,:)+influence_coefficient.*...
%
(statistical_data_median(:,j)-model_statics(i,j));
%                     end
%             end
% % --------------------------------------------------------------
%     else if statics_select_num == 5
%             for i=1:statistical_data_row
%                 for j=1:statistical_data_cloumn
%                     % 在这需要注意，因为不同计算方法中用到的统计参数数
%                     % 目及排序会发生变化，可能需要改动
%                     % MAE RMSE RRMSE erMAX R MARE R2 RMSRE NRMSE
%                     5: 去除 MBE、MPE、U95 和 t
%                        if j==5||j==7 %统计数据为相关系数或拟合优度
%                           % 影响系数
%                             influence_coefficient = -1;
%                           else
%                             influence_coefficient = 1;
%                           end
%
GPI(i,:)=GPI(i,:)+influence_coefficient.*...
%
(statistical_data_median(:,j)-model_statics(i,j));
%                     end
```

```
%            end
% % ------------------------------------------------------------------
%        else if statics_select_num == 6
%                   for i=1:statistical_data_row
%                   for j=1:statistical_data_cloumn
%                      % 在这需要注意，因为不同计算方法中用到的统计参
%                      % 数数目及排序会发生变化，可能需要改动
%                       % MBE MAE RMSE MPE RRMSE R MARE R2 RMSRE NRMSE
%                       % 6: 去除 erMAX、U95 和 t
%                        if j==6||j==8  %统计数据为相关系数或拟合优度
%                               % 影响系数
%                               influence_coefficient = -1;
%                           else
%                               influence_coefficient = 1;
%                        end
%                        GPI(i,:)=GPI(i,:)+influence_coefficient.*...
%
(statistical_data_median(:,j)-model_statics(i,j));
%                    end
%            end
% % ------------------------------------------------------------------
%         else if statics_select_num == 7
%                for i=1:statistical_data_row
%                    for j=1:statistical_data_cloumn
%                       % 在这需要注意，因为不同计算方法中用到的统
%                       % 计参数数目及排序会发生变化，可能需要改动
%                       % MAE RMSE RRMSE R MARE R2 RMSRE NRMSE
%                       % 7: 去除 MBE、MPE、erMAX、U95 和 t
%                        if j==4||j==6  %统计数据为相关系数或拟合优度
%                               % 影响系数
%                               influence_coefficient = -1;
%                           else
%                               influence_coefficient = 1;
%                        end
%                        GPI(i,:)=GPI(i,:)+influence_coefficient.*...
%
(statistical_data_median(:,j)-model_statics(i,j));
%                    end
```

```
%                   end
% % ----------------------------------------------------------------
%         else if statics_select_num == 8
%                 for i=1:statistical_data_row
%                     for j=1:statistical_data_cloumn
%                         % 在这需要注意，因为不同计算方法中用到
%                     % 的统计参数数目及排序会发生变化，可能需要改动
%                         % MBE MAE RMSE MPE U95 RRMSE t_stats
%                         % erMAX R MARE R2 RMSRE NRMSE
%                         % 8：自定义方式 1：全部公式（13 个）统一分配权值，
%                     % 具体的统计学参数如下所示：
%                         if j==9||j==11  %统计数据为相关系数或拟合优度
%                             %影响系数
%                             influence_coefficient = -1;
%                         else
%                             influence_coefficient = 1;
%                         end
%           GPI(i,:)=GPI(i,:)+influence_coefficient.*...
%             (statistical_data_median(:,j)-model_statics(i,j));
%       end
%     end
% % ----------------------------------------------------------------
%         else if statics_select_num == 9
%                 for i=1:statistical_data_row
%                     for j=1:statistical_data_cloumn
%                         % 在这需要注意，因为不同计算方法中用到的统计
%                     % 参数数目及排序会发生变化，可能需要改动
%                         % abs(MBE) MAE RMSE abs(MPE) RRMSE R MARE
%                     % R2 RMSRE NRMSE
%                         % 9：自定义方式 2：MBE 和 MPE 进行绝对值处理，去除
%                     % erMAX、U95 和 t_stats
%                     if j==6||j==8  %统计数据为相关系数或拟合优度
%                             %影响系数
%                             influence_coefficient = -1;
%                         else
%                             influence_coefficient = 1;
%                         end
%                     GPI(i,:)=GPI(i,:)+influence_coefficient.*...
```

```
%                                  (statistical_data_median(:,j)-model_statics(i,j));
%                    end
%            end
% % --------------------------------------------------------------------
%         else if statics_select_num == 10
%                     for i=1:statistical_data_row
%                         for j=1:statistical_data_cloumn
%                                  % 在这需要注意，因为不同计算方法中用到的统计
%                          % 参数数目及排序会发生变化，可能需要改动
%                                  % abs(MBE) MAE RMSE abs(MPE) U95 RRMSE
%                              % t_stats R MARE R2 RMSRE NRMSE
%                              % 10：自定义方式 3：MBE 和 MPE 进行绝对值处理，去除
%                          % erMAX，U95 与 RMSE 平分权值，
%                            % t_stats、MBE 和 RMSE 平分权值
%                              if j==1||j==7
%                                  % t_stats、MBE 和 RMSE 平分权值
%                                  % 影响系数
%                                  influence_coefficient = 0.25;
%                              else if j==3||j==5
%                              % RMSE,被 U95 和 t_stats 调用
%                                  influence_coefficient = 0.5;
%                              else if j==8||j==10
%                                        % 统计数据为相关系数或拟合优度
%                                         influence_coefficient = -1;
%                              else
%                                      influence_coefficient = 1;
%                                 end
%                             end
%                         end
%                     GPI(i,:)=GPI(i,:)+influence_coefficient.*...
%                         (statistical_data_median(:,j)-model_statics(i,j));
%                     end
%             end
% % --------------------------------------------------------------------
%       else if statics_select_num == 11
%             for i=1:statistical_data_row
%                     for j=1:statistical_data_cloumn
%                             % 在这需要注意，因为不同计算方法中用到的统计
```

```
%                              % 参数数目及排序会发生变化, 可能需要改动
%                              % abs(MBE) MAE RMSE abs(MPE) U95 RRMSE
%                              % t_stats erMAX R MARE R2 RMSRE NRMSE
%                              % 11: 自定义方式 4: MBE 和 MPE进行绝对值处理, erMAX
%                              % 权值分配以 1/num ,
%                              % U95 与 RMSE平分权值, t_stats 、MBE 和 RMSE 平分权值
%                                 if j==1||j==7
%                                       % t_stats 、MBE 和 RMSE 平分权值
%                                       % 影响系数
%                                       influence_coefficient = 0.25;
%                                    else if j==3||j==5
%                                       % RMSE,被 U95 和 t_stats调用
%                                       influence_coefficient = 0.5;
%                                    else if j==8
%                                            % erMAX权值为 1/num
%                                            influence_coefficient = 1/num;
%                                          else if j==9||j==11
%                                            % 统计数据为相关系数或拟合优度
%                                            influence_coefficient = -1;
%                                            else
%                                            influence_coefficient = 1;
%                                            end
%                                       end
%                                    end
%                              end
%                 GPI(i,:)=GPI(i,:)+influence_coefficient.*...
%                                 (statistical_data_median(:,j)...
%                                 -model_statics(i,j));
%              end
%           end
% % ------------------------------------------------------------------

%      else
%           % 对于参数输入错误的选项, 统一返回自定义方式 4:
%           % MBE 和 MPE进行绝对值处理, erMAX 权值分配以 1/num ,
%           % U95 与 RMSE平分权值, t_stats 、MBE 和 RMSE 平分权值
%           for i=1:statistical_data_row
%             for j=1:statistical_data_cloumn
```

```
%       % 在这需要注意，因为不同计算方法中用到的统计
%       % 参数数目及排序会发生变化，可能需要改动
%       % abs(MBE) MAE RMSE abs(MPE) U95 RRMSE
%       % t_stats erMAX R MARE R2 RMSRE NRMSE
%       % 11：自定义方式 4：MBE 和 MPE 进行绝对值处理，erMAX
%       % 权值分配以 1/num,
%       % U95 与 RMSE 平分权值，t_stats、MBE 和 RMSE 平分权值
%       if j==1||j==7
%               % t_stats、MBE 和 RMSE 平分权值
%               %影响系数
%               influence_coefficient = 0.25;
%       else if j==3||j==5
%           % RMSE,被 U95 和 t_stats 调用
%               influence_coefficient = 0.5;
%       else if j==8
%           % erMAX 权值为 1/num
%           influence_coefficient = 1/num;
%       else if j==9||j==11
%               %统计数据为相关系数或拟合优度
%               influence_coefficient = -1;
%       else
%               influence_coefficient = 1;
%           end
%       end
%     end
%   end
%       GPI(i,:)=GPI(i,:)+influence_coefficient.*...
%       (statistical_data_median(:,j)-model_statics(i,j));
%                                                       end
%                                                     end
%                                                   end
%                                               end
%                                           end
%                                       end
%                                   end
%                               end
%                           end
%                       end
```

```matlab
%           end
%          end
%        end
%      end
%    end
%  end
% end


%% 排序函数，进行 GPI 值的排序
% GPI_copy 仅仅为了便于排序使用而特意创建的变量
GPI_copy = GPI;
% 使用 sort 函数进行排序处理
GPI_rank = sort(GPI_copy);
% 用来记录每个 GPI 的排序
GPI_rank_num = zeros(model_num,1);
% 统计 GPI_rank 的行列，并选择列为参考对象，因为我们需要比较的是不同模型的 GPI 值的大小
[ GPI_rank_row,~ ] = size(GPI_rank);


% 首循环，对 GPI_copy（即 GPI 计算值的循环）
% 在此需要注意，是对行进行循环，即对任意一个模型的 GPI 值进行循环，进行比较
for i=1:GPI_rank_row
        % 次循环，对 GPI_rank（即对排序后的值进行判断）
        % 在次循环中同样是对行进行循环，将某模型 GPI 值与按大小进行排序之后的 GPI 不同行
        % 进行比较，确定该模型的 GPI 值在不同模型中具体排序
        for j=1:GPI_rank_row
        % 判断，判断 GPI_copy 中的数据与 GPI_rank 中的哪个数据相等，如果相等，则将
        % 序号赋值给 GPI_rank_num
        if GPI_copy(i,1)==GPI_rank(j,1)
            % 因为 sort 默认是按升序进行排序的，而需要的是 GPI 值按照降序的排名，因为
            % GPI 值越大越好，所以在此对排序进行处理，找到 GPI 值真正的排序
            if statics_select_num == 91
                GPI_rank_num(i,1) = j;
            else
                GPI_rank_num(i,1) = GPI_rank_row-j+1;
            end
        end
    end
  end
end
```

```
% 在此给出最终的 GPI 计算值及其在所有模型中排序的数据
% GPI_value_and_rank 为设置的变量
GPI_value_and_rank = [ GPI_copy GPI_rank_num];


% 在此将不同模型各种统计参数计算值的 GPI 值及 GPI 排序结合到一个变量中
% GPI_calcute_value 为最终的变量
GPI_calcute_value = [ model_statics GPI_value_and_rank ];

end
```

附 4.2　getdata 函数源程序

```
function [ model_calcute_data,measuared_real_data ] = getdata( xlsfile )
% 该函数将要从数据集中读取 35 个模型的计算数据及真实值
% 在数据集中，A 列是真实值，B-AJ 列为不同模型的计算值
% model_1_B: 模型 1，B 为对应的列
% model_2_C: 模型 2，C 为对应的列
% model_3_D: 模型 3，D 为对应的列
% model_4_E: 模型 4，E 为对应的列
% model_5_F: 模型 5，F 为对应的列
% model_6_G: 模型 6，G 为对应的列
% model_7_H: 模型 7，H 为对应的列
% model_8_I: 模型 8，I 为对应的列
% model_9_J: 模型 9，J 为对应的列
% model_10_K: 模型 10，K 为对应的列
% model_11_L: 模型 11，L 为对应的列
% model_12_M: 模型 12，M 为对应的列
% model_13_N: 模型 13，N 为对应的列
% model_14_O: 模型 14，O 为对应的列
% model_15_P: 模型 15，P 为对应的列
% model_16_Q: 模型 16，Q 为对应的列
% model_17_R: 模型 17，R 为对应的列
% model_18_S: 模型 18，S 为对应的列
% model_19_T: 模型 19，T 为对应的列
% model_20_U: 模型 20，U 为对应的列
% model_21_V: 模型 21，V 为对应的列
% model_22_W: 模型 22，W 为对应的列
```

```
% model_23_X: 模型 23，X 为对应的列
% model_24_Y: 模型 24，Y 为对应的列
% model_25_Z: 模型 25，Z 为对应的列
% model_26_AA: 模型 26，AA 为对应的列
% model_27_AB: 模型 27，AB 为对应的列
% model_28_AC: 模型 28，AC 为对应的列
% model_29_AD: 模型 29，AD 为对应的列
% model_30_AE: 模型 30，AE 为对应的列
% model_31_AF: 模型 31，AF 为对应的列
% model_32_AG: 模型 32，AG 为对应的列
% model_33_AH: 模型 33，AH 为对应的列
% model_34_AI: 模型 34，AI 为对应的列
% model_35_AJ: 模型 35，AJ 为对应的列

% 真实值
[measuared_real_data,~]=xlsread(xlsfile,'A5:A8475');
% model_1_B: 模型 1，B 为对应的列
[model_1_B,~]=xlsread(xlsfile,'B5:B8475');
% model_2_C: 模型 2，C 为对应的列
[model_2_C,~]=xlsread(xlsfile,'C5:C8475');
% model_3_D: 模型 3，D 为对应的列
[model_3_D,~]=xlsread(xlsfile,'D5:D8475');
% model_4_E: 模型 4，E 为对应的列
[model_4_E,~]=xlsread(xlsfile,'E5:E8475');
% model_5_F: 模型 5，F 为对应的列
[model_5_F,~]=xlsread(xlsfile,'F5:F8475');
% model_6_G: 模型 6，G 为对应的列
[model_6_G,~]=xlsread(xlsfile,1,'G5:G8475');
% model_7_H: 模型 7，H 为对应的列
[model_7_H,~]=xlsread(xlsfile,'H5:H8475');
% model_8_I: 模型 8，I 为对应的列
[model_8_I,~]=xlsread(xlsfile,'I5:I8475');
% model_9_J: 模型 9，J 为对应的列
[model_9_J,~]=xlsread(xlsfile,'J5:J8475');
% model_10_K: 模型 10，K 为对应的列
[model_10_K,~]=xlsread(xlsfile,'K5:K8475');
% model_11_L: 模型 11，L 为对应的列
[model_11_L,~]=xlsread(xlsfile,'L5:L8475');
```

```
% model_12_M: 模型 12，M 为对应的列
[model_12_M,~]=xlsread(xlsfile,'M5:M8475');
% model_13_N: 模型 13，N 为对应的列
[model_13_N,~]=xlsread(xlsfile,'N5:N8475');
% model_14_O: 模型 14，O 为对应的列
[model_14_O,~]=xlsread(xlsfile,'O5:O8475');

% % model_15_P: 模型 15，P 为对应的列
% [model_15_P,~]=xlsread(xlsfile,'P5:P8475');
% % model_16_Q: 模型 16，Q 为对应的列
% [model_16_Q,~]=xlsread(xlsfile,'Q5:Q8475');
% % model_17_R: 模型 17，R 为对应的列
% [model_17_R,~]=xlsread(xlsfile,'R5:R8475');
% % model_18_S: 模型 18，S 为对应的列
% [model_18_S,~]=xlsread(xlsfile,'S5:S8475');
% % model_19_T: 模型 19，T 为对应的列
% [model_19_T,~]=xlsread(xlsfile,'T5:T8475');
% % model_20_U: 模型 20，U 为对应的列
% [model_20_U,~]=xlsread(xlsfile,'U5:U8475');
% % model_21_V: 模型 21，V 为对应的列
% [model_21_V,~]=xlsread(xlsfile,'V5:V8475');
% % model_22_W: 模型 22，W 为对应的列
% [model_22_W,~]=xlsread(xlsfile,'W5:W8475');
% % model_23_X: 模型 23，X 为对应的列
% [model_23_X,~]=xlsread(xlsfile,'X5:X8475');
% % model_24_Y: 模型 24，Y 为对应的列
% [model_24_Y,~]=xlsread(xlsfile,'Y5:Y8475');
% % model_25_Z: 模型 25，Z 为对应的列
% [model_25_Z,~]=xlsread(xlsfile,'Z5:Z8475');
% % model_26_AA: 模型 26，AA 为对应的列
% [model_26_AA,~]=xlsread(xlsfile,'AA5:AA8475');
% % model_27_AB: 模型 27，AB 为对应的列
% [model_27_AB,~]=xlsread(xlsfile,'AB5:AB8475');
% % model_28_AC: 模型 28，AC 为对应的列
% [model_28_AC,~]=xlsread(xlsfile,'AC5:AC8475');
% % model_29_AD: 模型 29，AD 为对应的列
% [model_29_AD,~]=xlsread(xlsfile,'AD5:AD8475');
% % model_30_AE: 模型 30，AE 为对应的列
```

```
%  [model_30_AE,~]=xlsread(xlsfile,'AE5:AE8475');
%  % model_31_AF: 模型31，AF为对应的列
%  [model_31_AF,~]=xlsread(xlsfile,'AF5:AF8475');
%  % model_32_AG: 模型32，AG为对应的列
%  [model_32_AG,~]=xlsread(xlsfile,'AG5:AG8475');
%  % model_33_AH: 模型33，AH为对应的列
%  [model_33_AH,~]=xlsread(xlsfile,'AH5:AH8475');
%  % model_34_AI: 模型34，AI为对应的列
%  [model_34_AI,~]=xlsread(xlsfile,'AI5:AI8475');
%  % model_35_AJ: 模型35，AJ为对应的列
%  [model_35_AJ,~]=xlsread(xlsfile,'AJ5:AJ8475');
```

%将所有模型的计算值都集中到 data 一个矩阵中

```
model_calcute_data=[model_1_B,model_2_C,model_3_D,model_4_E,model_5_F,...
    model_6_G,model_7_H,model_8_I,model_9_J,model_10_K,model_11_L,...
    model_12_M,model_13_N,model_14_O];

% model_calcute_data=[model_1_B, model_2_C, model_3_D, model_4_E, model_5_F,
model_6_G,model_7_H,...
%
model_8_I,model_9_J,model_10_K,model_11_L,model_12_M,model_13_N,model_14_O,...
%
model_15_P,model_16_Q,model_17_R,model_18_S,model_19_T,model_20_U,model_21_V,...
%
model_22_W,model_23_X,model_24_Y,model_25_Z,model_26_AA,model_27_AB,model_28_AC,...
%
model_29_AD,model_30_AE,model_31_AF,model_32_AG,model_33_AH,model_34_AI,
model_35_AJ];

end
```

1. GPI_statispara_cal 函数源程序

```
function [ model_statics_indicator ] = GPI_statispara_cal ( calcu,measure,num )
%GPI_statispara_cal 此函数用来计算各个统计参数及最终的全球性能指标（GPI）
% calcu                    input  预测值
% measure                  input  测量值
% num                       input  计算值及测量值数目
```

```
% model_statics_indicator   output   统计数据，包括十三个参数
%% statis_para_calcu:该函数计算输入数据的相关参数
% the mean bias error(MBE):均值偏移误差
% the mean absolute error(MAE):平均绝对误差
% the root mean square error(RMSE):均方根误差
% the mean percentage error(MPE):平均误差百分比
% the uncertainty at 95%(U95):95%不确定性
% the relative root mean square error(RRMSE):相对均方根误差
% the t-statistics(t_stats):统计数据 t_stats
% the maximum absolute relative error(erMAX):最大绝对相对误差
% the correlation coefficeient(R):相关系数
% the mean absolute relative error(MARE):平均绝对相对误差
% the coefficient of determination(R2):拟合优度
% root mean squared relative error(RMSRE):均方根相对误差
% normalized root mean square error(NRMSE):标准化均方根误差


% 建立一个结构体，将所有计算所得结果都存储在该结构体中
Statis_para = struct('MBE',[],'MAE',[],'RMSE',[],'MPE',[],'U95',[],'RRMSE',...
    [],'t_stats',[],'erMAX',[],'R',[],'MARE',[],'R2',[],'RMSRE',[],'NRMSE',[]);
%% 1: the mean bias error(MBE):均值偏移误差
% 1.1: The MBE provides information about the long-term performance of the
% correlations by allowing a comparsion of the actual deviation between
% calcuted and measured values term by term.The ideal value of MBE is 'zero'.
% 1.2: Mean bias error states a trend of model to underestimate or
% overestimate a value of diffuse solar radiation.Underestimation results
% in a negative value of MBE while a positive value represents an
% overestimation.Desirable value is 'zero'.
Statis_para.MBE = sum(calcu-measure)./num;


%% 2: the mean absolute error(MAE):平均绝对误差
% It is the absolute sum of total errors values obtained from the
% difference of estimated and measured values divide by number of
% observations.MAE is the indicator to evaluate how close the estimations
% are to the measured values.MAE has an advantage of dimensional
% performance assessments and comparsion of average error as described by
% Yadav and Chandel.
% artical:Yadav AK, Chandel S. Solar radiation prediction using artificial neural
% network techniques: a review. Renew Sustain Energy Rev 2014;33:772-81.
```

```
% http://dx.doi.org/10.1016/j.rser.2013.08.055.
Statis_para.MAE = sum(abs(calcu-measure))./num;


%% 3: the root mean square error(RMSE):均方根误差
% 3.1; The root mean square error can provide information on the short-term
% performance.The value of RMSE is always positive,except for 'zero' in the
% ideal case.
% 3.2:Root mean square error is used to represents the performance of
% model by establishing a comparsion between measured and predicted
% values.The model with smaller value is considered to have best
% performance as compared to model having larger value of RMSE.RMSE
% always have positive value and ideally is zero for perfect estimates.
Statis_para.RMSE = sqrt(sum((calcu-measure).*(calcu-measure))./num);


%% 4:the mean percentage error(MPE):平均误差百分比
% 4.1:The mean percentage error can be defined as the percentage deviation of
% the monthly average daily radiation values estimated by the proposed
% equation from the measured values.
% 4.2;It is described as the measure of extent of the error of values in
% terms of percentage of the observed or measured values.
Statis_para.MPE = 100.*sum((measure-calcu)./measure)./num;


%% 5:the uncertainty at 95%(U95):95%不确定性
% Expanded uncertainty within 95% confidence interval is applied to
% express the data on the deviation of model. This can be mathematically
% expressed using the formula described by the Behar et.al.
% 在 95%置信区间内扩展不确定度，以表达模型偏差的数据。这可以用 Behar 等人描述
% 的公式来表达。
% article:Behar O, Khellaf A, Mohammedi K. Comparison of solar radiation
% models and their Validation under Algerian climate-The case of direct
% irradiance. Energy Convers Manag 2015;98:236-51.
% http://dx.doi.org/10.1016/j.enconman.2015.03.067.
SD = sqrt(sum((calcu-measure).*(calcu-measure))./num);
Statis_para.U95 = 1.95.*sqrt(Statis_para.RMSE^2+SD^2);


%% 6:the relative root mean square error(RRMSE):相对均方根误差
% According to Li et.al,lower value of RRMSE represents suitable
% performance of model.This is expressed as a ratio:
```

```
Statis_para.RRMSE                                                          =
sqrt(sum((measure-calcu).*(measure-calcu))./num)./sum(measure);
% article:Li MF, Tang XP, Wu W, Liu HB. General models for estimating
% daily global solar radiation for different solar radiation zones in
% mainland China. Energy Convers Manag 2013;70:139-48.
% http://dx.doi.org/10.1016/j.enconman.2013.03.004.

%% 7:the t-statistics(t_stats):统计数据 t_stats
% Validation of the models is also done by applying t-statistics error.
% Value close to zero among all models is best performing model.It was
% proposed by Stone and the mathematical equation is described in terms of
% MBE and RMSE as:
Statis_para.t_stats = sqrt(((num-1).*(Statis_para.MBE^2))./...
       (Statis_para.RMSE^2-Statis_para.MBE^2));

%% 8:the maximum absolute relative error(erMAX):最大绝对相对误差
% As the name suggests Maximum Absolute Relative Error,represents the
% maximum value of absolute relative errors obtained for each of the data
% point from a model.Thus,the maximum value of erMAX,the better is the
% performance of the model.
Statis_para.erMAX = max(abs((measure-calcu)./measure));

%% 9:the correlation coefficient(R):相关系数
% 9.1:A correlation coefficeient is a number that quantifies a type of
% correlation and dependence,meaning statistical relationships between two
% or more values in fundamental statistics.
% 9.2:Correlation coefficient is used as a statistical indicator that
% gives information about the best fit model.R ranges from the 0 to 1.
% Higger value of correlation coefficeient represents linear
% association between the estimated and measured values.A value close to
% zero represents the absence of linear association .
Statis_para.R = sum((calcu-mean(calcu)).*(measure-mean(measure)))./...
                   sqrt((sum((calcu-mean(calcu)).*(calcu-mean(calcu)))).*...
                   (sum((measure-mean(measure)).*(measure-mean(measure)))));

%% 10:the mean absolute relative error(MARE):平均绝对相对误差
% It can also be recognized as mean absolute percentage error (MAPE) when
% expressed as a percentage [101]. However, when expressed as fraction,
```

```
% the formula for MARE is:
% article:Despotovic M, Nedic V, Despotovic D, Cvetanovic S. Review and
% statistical analysis of different global solar radiation sunshine models.
% Renew Sustain Energy Rev 2015;52:1869-80.
% http://dx.doi.org/10.1016/j.rser.2015.08.035.
Statis_para.MARE = sum(abs((measure-calcu)./measure))./num;
%% 11:coefficient of determination(R2):拟合优度
% This indicator is often used in statistics for estimating the performance
% of the models. It depicts the fraction of the calculated values that are
% the closest to the line of measurement data. While the ideal values of all
% other statistical indicators used in this study are 0, values of the
% coefficient of determination close to 1 indicate more efficient models:
Statis_para.R2 = 1-sum((measure-calcu).*(measure-calcu))./...
    sum((measure-sum(measure)/num).*(measure-sum(measure)/num));

%% 12:root mean squared relative error(RMSRE)
Statis_para.RMSRE                                              =
sqrt(sum(((measure-calcu)./measure).*((measure-calcu)./measure))/num);

%% 13:normalized root mean square error(NRMSE)
Statis_para.NRMSE                                             =
sqrt(sum((measure-calcu).*(measure-calcu))/num)/(sum(measure)/num);

model_statics_indicator = zeros(1,12);
model_statics_indicator(1,1) = Statis_para.MBE;
model_statics_indicator(1,2) = Statis_para.MAE;
model_statics_indicator(1,3) = Statis_para.RMSE;
model_statics_indicator(1,4) = Statis_para.MPE;
model_statics_indicator(1,5) = Statis_para.U95;
model_statics_indicator(1,6) = Statis_para.RRMSE;
model_statics_indicator(1,7) = Statis_para.t_stats;
model_statics_indicator(1,8) = Statis_para.erMAX;
model_statics_indicator(1,9) = Statis_para.R;
model_statics_indicator(1,10) = Statis_para.MARE;
model_statics_indicator(1,11) = Statis_para.R2;
model_statics_indicator(1,12) = Statis_para.RMSRE;
model_statics_indicator(1,13) = Statis_para.NRMSE;
end
```

2. 测试脚本及附属函数源程序

```
% script:main_models_data_process.m
% 数据集名称: model_data.xls
% 一: 此函数的作用是获取需要参与比较的不同模型的数据, 计算不同模型的各种统计参数值、
% GPI 值及不同模型的 GPI 值在所有模型中的排名, 最终返回的结果为不同模型计算得来的
% 统计参数值、GPI 值及排名
% 二: 此函数为使用者设置了相关参数(根据该参数可以确定具体将要使用的模型性能评定方
% 式), 具体的评定方式有:
    % 1: 去除 MBE、MPE
    % 因为 MBE 和 MPE 计算的既不是绝对值, 也不是开根号, 因此无法保证正负, 所以去除这两个
    % 统计参数
    % 2: 去除 erMAX
    % 因为 erMAX 只能反应模型估算性能的一个极值, 对模型整体的估算性能并不清晰, 因此去
    % 除该统计参数
    % 3: 去除 U95 和 t
    % 因为这两个统计参数是基于其他已经使用到的统计学参数计算而来, 与其他统计学参数存
    % 在权重上的叠加, 故予以排除
    % 4: 去除 MBE、MPE 和 erMAX
    % 5: 去除 MBE、RMSE、U95 和 t
    % 6: 去除 erMAX、U95 和 t
    % 7: 去除 MBE、MPE、erMAX、U95 和 t
    % 8: 自定义方式 1: 全部公式(13个)统一分配权值, 具体的统计学参数如下所示:
      % the mean bias error(MBE):均值偏移误差
      % the mean absolute error(MAE):平均绝对误差
      % the root mean square error(RMSE):均方根误差
      % the mean percentage error(MPE):平均误差百分比
      % the uncertainty at 95%(U95):95%不确定性
      % the relative root mean square error(RRMSE):相对均方根误差
      % the t-statistics(t_stats):统计数据 t_stats
      % the maximum absolute relative error(erMAX):最大绝对相对误差
      % the correlation coefficeient(R):相关系数
      % the mean absolute relative error(MARE):平均绝对相对误差
      % the coefficient of determination(R2):拟合优度
      % root mean squared relative error(RMSRE):均方根相对误差
      % normalized root mean square error(NRMSE): 标准化均方根误差
    % 9: 自定义方式 2: MBE 和 MPE 进行绝对值处理, 去除 erMAX、U95 和 t_stats
    % 10: 自定义方式 3: MBE 和 MPE 进行绝对值处理, 去除 erMAX, U95 与 RMSE 平分权值,
```

```
   % t_stats 、MBE 和 RMSE 平分权值
      % 11：自定义方式 4：MBE 和 MPE 进行绝对值处理，erMAX 权值分配以 1/num ，
   % U95 与 RMSE 平分权值，t_stats 、MBE 和 RMSE 平分权值
      % 12：自定义方式 5：去除 MBE、MPE、U95 和 t_stats，erMAX 权值分配以 1/num
      % 13：自定义方式 6：去除 erMAX，MBE 和 MPE 进行绝对值处理
      % 14：自定义方式 6：去除 erMAX，MBE 和 MPE 进行绝对值处理


%% 读入数据
xlsfile = 'model_data.xls';
[ model_calcute_data,measuared_real_data ] = getdata('model_data.xls');

% 测量数据集总数
[Total_num,nSampDim] = size(model_calcute_data); %数据总数

statics_select_num = 14;

% 用来记录不同模型的统计参数
% model_num 为用来比较的模型数目，特意建立该变量方便后续修改
model_num = nSampDim;
% statics_num 为计算的统计学参数数目，特意建立该变量方便后续修改
statics_num = 13;
model_statics = zeros(model_num,statics_num);

% 进行计算，计算不同模型的统计参数，并返回到 model_statics 中
% 在 model_statics 中，模型数为行，统计数据数为列
for i=1:nSampDim
    model_statics(i,:) = GPI_statispara_cal(model_calcute_data(:,i),...
        measuared_real_data,Total_num);
end

% 在此保存未曾归一化的数据，供调试及方式 91 调用
model_statics_before_normalize = model_statics;

% observed_before_processed_data 用来观察数据计算统计参数之后的初始值
observed_before_processed_data = model_statics;

%% 在此进行不同统计参数的选择
```

```
%一：if-else语句
% statics_select_num为不同模型选择系数
if statics_select_num == 1
    %1.除去MBE和MPE
    model_statics=[model_statics(:,2:3) model_statics(:,5:statics_num)];
else if statics_select_num == 2
    % 2.除去erMAX
    model_statics=[model_statics(:,1:7) model_statics(:,9:statics_num)];
    else if statics_select_num == 3
        % 3.除去U95和t
        model_statics = [model_statics(:,1:4) model_statics(:,6)...
            model_statics(:,8:statics_num)];
        else if statics_select_num == 4
            % 4：去除MBE、MPE和erMAX
            model_statics = [model_statics(:,2:3) model_statics(:,5:7)...
                model_statics(:,9:statics_num)];
            else if statics_select_num == 5
                % 5：去除MBE、MPE、U95和t
                model_statics=[model_statics(:,2:3) model_statics(:,6)...
                    model_statics(:,8:statics_num)];
                else if statics_select_num == 6
                    % 6：去除erMAX、U95和t
                    model_statics = [model_statics(:,1:4) model_statics
(:,6)...
                        model_statics(:,9:statics_num)];
                        else if statics_select_num == 7
                            % 7：去除MBE、MPE、erMAX、U95和t
                            model_statics    =    [model_statics(:,2:3)
model_statics (:,6)...
                            model_statics(:,9:statics_num)];
                        else if statics_select_num == 8
                            % 8：自定义方式1：全部公式（13个）统一分配权值
                            % 统一分配权值即所有统计参数都使用，故对
model_statics不做处理

                                else if statics_select_num == 9
                                % 9：自定义方式2：MBE和MPE进行绝对值处理，去除
erMAX、U95和t_stats
```

```matlab
                         model_statics = [ abs(model_statics(:,1))
model_statics(:,2:3)...
                    abs(model_statics(:,4)) model_statics(:,6)...
                    model_statics(:,9:statics_num)];
                else if statics_select_num == 10
                    % 10：自定义方式 3：MBE 和 MPE 进行绝对值处理，
去除 erMAX，
                        %U95 与 RMSE 平分权值，t_stats、MBE 和 RMSE
平分权值
                        model_statics = [ abs(model_statics
(:,1))model_statics(:,2:3)...
                            abs(model_statics(:,4))
model_statics(:,5:7)...
                            model_statics(:,9:statics_num)];
                        else if statics_select_num == 11
                            % 11：自定义方式 4：MBE 和 MPE 进行绝
对值处理，erMAX 权值分配以 1/num,
                                %U95 与 RMSE 平分权值，t_stats、MBE
和 RMSE 平分权值
                                model_statics            =
[ abs(model_statics(:,1)) model_statics(:,2:3)...
                                    abs(model_statics(:,4))
model_statics(:,5:statics_num)];

                                % 其他错误参数：按照自定义方式 4 进
行计算
                                model_statics            =
[ abs(model_statics(:,1)) model_statics(:,2:3)...
                                    abs(model_statics(:,4))
model_statics(:,5:statics_num)];

                                end
                            end
                        end
                    end
                end
            end
        end
```

```
        end
     end
  end
end


% %二：switch-case语句
% switch statics_select_num
%     case 1
%         %1.除去 MBE 和 MPE
%         model_statics = [model_statics(:,2:3) model_statics(:,5:statics_
num)];
%     case 2
%         % 2.除去 erMAX
%         model_statics = [model_statics(:,1:7) model_statics(:,9:statics_
num)];
%     case 3
%         % 3.除去 U95 和 t
%         model_statics = [model_statics(:,1:4) model_statics(:,6)...
%         model_statics(:,8:statics_num)];
%     case 4
%         % 4：去除 MBE、MPE 和 erMAX
%         model_statics = [model_statics(:,2:3) model_statics(:,5:7)...
%           model_statics(:,9:statics_num)];
%     case 5
%         % 5：去除 MBE、MPE、U95 和 t
%         model_statics = [model_statics(:,2:3) model_statics(:,6)...
%           model_statics(:,8:statics_num)];
%     case 6
%         % 6：去除 erMAX、U95 和 t
%         model_statics = [model_statics(:,1:4) model_statics(:,6)...
%          model_statics(:,9:statics_num)];
%     case 7
%         % 7：去除 MBE、MPE、erMAX、U95 和 t
%         model_statics = [model_statics(:,2:3) model_statics(:,6)...
%           model_statics(:,9:statics_num)];
%     case 8
%         % 8：自定义方式 1：全部公式（13个）统一分配权值
%         %统一分配权值即所有统计参数都使用，故对 model_statics 不做处理
```

```
%       case 9
%           % 9：自定义方式 2：MBE 和 MPE 进行绝对值处理，去除 erMAX、U95 和 t_stats
%               model_statics = [abs(model_statics(:,1)) model_statics(:,2:3)...
%                   abs(model_statics(:,4)) model_statics(:,6)...
%                       model_statics(:,9:statics_num)];
%       case 10
%           % 10：自定义方式 3：MBE 和 MPE进行绝对值处理，去除 erMAX，
%           % U95 与 RMSE平分权值，t_stats 、MBE 和 RMSE 平分权值
%               model_statics = [abs(model_statics(:,1)) model_statics(:,2:3)...
%                   abs(model_statics(:,4)) model_statics(:,5:7)...
%                       model_statics(:,9:statics_num)];
%       case 11
%           % 11：自定义方式 4：MBE 和 MPE进行绝对值处理，erMAX 权值分配以 1/num,
%           % U95 与 RMSE平分权值，t_stats 、MBE 和 RMSE 平分权值
%               model_statics = [abs(model_statics(:,1)) model_statics(:,2:3)...
%                   abs(model_statics(:,4)) model_statics(:,5:statics_num)];
%
%       case 12
%           % 自定义方式 5：去除 MBE、MPE、U95 和 t_stats, erMAX 权值分配以 1/num
%               model_statics = [ model_statics(:,2:3) model_statics(:,6)...
%                   model_statics(:,8:statics_num)];
%
%       case 13
%           % 自定义方式 6：去除 erMAX，MBE 和 MPE进行绝对值处理
%               model_statics = [abs(model_statics(:,1)) model_statics(:,2:3)...
%                   abs(model_statics(:,4)) model_statics(:,5:statics_num)];
%
%           % 其他错误参数：将所有的评定方式都进行一次，并输出结果
%               model_statics = [ model_statics(:,1:3) model_statics(:,5:8)...
%                   model_statics(:,10:12) ];
%       otherwise
%           % 其他错误参数：按照自定义方式 4进行计算
%               model_statics = [abs(model_statics(:,1)) model_statics(:,2:3)...
%                   abs(model_statics(:,4)) model_statics(:,5:statics_num)];
% end

% observed_after_processed_data 用来观察数据计算统计参数之后的初始值
observed_after_processed_data = model_statics;
```

```
%% 不同 GPI 计算程序
GPI_finish_calcute_resule = different_GPI_calcute_method( model_statics,...
    statics_select_num,Total_num,model_num );

% GPI_finish_calcute_resule_1 = data_main_process_program( 1 );
% GPI_finish_calcute_resule_2 = data_main_process_program( 2 );
% GPI_finish_calcute_resule_3 = data_main_process_program( 3 );
% GPI_finish_calcute_resule_4 = data_main_process_program( 4 );
% GPI_finish_calcute_resule_5 = data_main_process_program( 5 );
% GPI_finish_calcute_resule_6 = data_main_process_program( 6 );
% GPI_finish_calcute_resule_7 = data_main_process_program( 7 );
% GPI_finish_calcute_resule_8 = data_main_process_program( 8 );
% GPI_finish_calcute_resule_9 = data_main_process_program( 9 );
% GPI_finish_calcute_resule_10 = data_main_process_program( 10 );
% GPI_finish_calcute_resule_11 = data_main_process_program( 11 );
% GPI_finish_calcute_resule_12 = data_main_process_program( 12 );
% GPI_finish_calcute_resule_13 = data_main_process_program( 13 );
% GPI_finish_calcute_resule_14 = data_main_process_program( 14 );
```